2014全国第十五届微波集成电路与移动通信学术年会论文集

朱晓维　杜正伟　主编

南京　东南大学出版社

图书在版编目(CIP)数据

2014 全国第十五届微波集成电路与移动通信学术年会论文集/朱晓维,杜正伟主编. —南京:东南大学出版社,2014.10

ISBN 978-7-5641-5270-3

Ⅰ.①2… Ⅱ.①朱… ②杜… Ⅲ.①微波集成电路-学术会议-文集 ②移动通信-学术会议-文集 Ⅳ.① TN454-53 ②TN929.5-53

中国版本图书馆 CIP 数据核字(2014)第 243131 号

2014 全国第十五届微波集成电路与移动通信学术年会论文集

出版发行	东南大学出版社
社 址	南京市四牌楼2号(邮编:210096)
出 版 人	江建中
经 销	全国各地新华书店
印 刷	凤凰数码印务有限公司
开 本	850 mm × 1168 mm 1/16
印 张	16.5
字 数	314 千字
版 次	2014 年 10 月第 1 版
印 次	2014 年 10 月第 1 次印刷
书 号	ISBN 978-7-5641-5270-3
定 价	168.00 元

本社图书若有印装质量问题,请直接与营销部联系,电话:025-83791830。

2014 全国第十五届微波集成电路与移动通信学术年会

2014 年 10 月南京

中国电子学会微波分会
MTT-S Chapter IEEE Beijing Section

联合主办

承办单位　东南大学
　　　　　杭州电子科技大学
　　　　　微波毫米波单片集成和模块电路重点实验室
　　　　　云南大学
　　　　　俊英科技有限公司

协办单位　深圳华达微波科技有限公司
　　　　　泰州市旺灵绝缘材料厂
　　　　　深圳高伦技术有限公司
　　　　　成都市克莱微波科技有限公司
　　　　　IEEE ED Hangzhou Chapter
　　　　　IEEE MTT-AP-EMC Joint Nanjing Chapter
　　　　　江苏省电子学会

微波集成电路与移动通信专业委员会

第七届委员会

主任委员

朱晓维

副主任委员

（按姓名拼音顺序）

鲍景富　陈堂胜　杜正伟　冯锦春　黄金和　李秀萍　申东娅　孙玲玲
宋铁成　张海平

委员

（按姓名拼音顺序）

薄亚明　程知群　邓　杰　高桂友　龚　鹏　何文杰　刘　冰　李浩模
刘锦明　刘礼白　刘晓方　刘宗祥　鲁世平　任　萍　王思培　王卫华
夏　蓉　徐锐敏　周晨阳　朱德明　朱学祺　张正平

名誉主任委员

高葆新

名誉委员

（按姓名拼音顺序）

程义凯　杜贵生　过常宁　何　放　李　英　沈楚玉　邵　凯　武志宏
赵国南

中国电子学会微波分会
微波集成电路与移动通信专业委员会

工作章程

一 总 则

1. 微波集成电路与移动通信专业委员会是中国电子学会微波分会领导下的专业学术机构，是从事微波集成电路与移动通信的工程技术人员组成的群众学术团体。
2. 专业委员会的宗旨是团结和组织微波集成电路与移动通信科技工作者、促进技术的普及和推广应用，为社会主义物质文明和精神文明建设作出贡献。
3. 本会惯彻经济建设必须依靠科技进展，科技工作必须面向经济建设的方针，充分发挥民主，倡导科学道德和优良学风。

二 工作内容

1. 开展学术交流，举办各种微波集成电路及移动通信学术研讨会、学术交流会和报告会。
2. 开展社会继续教育，举办微波集成电路及移动通信技术讲座、短训班和继续教育学习班，提高有关人员的业务水平。
3. 开展决策咨询、技术咨询和技术服务。
4. 编写微波集成电路与工艺方面的文献、资料、手册等。

三 组织设置

1. 本专业委员会委员由专业水平较高，并热心学会工作的科学工作者组成。
2. 专业委员会设主任一人、副主任若干人，由专业委员会选举产生。委员由前一届正副主任与有关方面协商提名，由前一届委员会评选并报请微波学会主任审定，委员会的人数为20人左右。
3. 专业委员会主任任职不得超过二届，但隔届可再任，每届任期四年。副主任和委员连任不超过三届。但对学会有较大贡献者可适当延长以利工作继承性，每届委员更换约三分之一。
4. 根据工作需要，可设专职秘书一至二人，人选由正副主任提名决定。
5. 在本学术领域有较高学术威望，对学会建设有较大贡献者可聘为本专业委员会荣誉委员。

四 经费

1. 挂靠单位和骨干单位资助。
2. 举办技术咨询和技术服务收入。
3. 团体和个人捐赠。

1990年8月通过，1999年修订

附：网址http://www.cie-mic.com.cn

中国电子学会微波分会
微波集成电路与移动通信专业委员会
学术交流会办会规程

一 总则

交流学术思想与研究信息，扩大本专业同行间联系，增进团结合作，提高学术水平，逐步扩大国际学术交流，引进国际新技术。

二 时间及征文过程

1. 每二年一次学术交流会，逢双数年召开，与微波年会交叉进行。
2. 在会议年的9～10月期间举行学术交流会，会期三天左右。
3. 会议征文通知，不迟于会前10个月，即前一年第四季度。
4. 会议征文截止于4月底。
5. 审稿会定于5月。审稿会前主办单位将论文分组并完成初审。
6. 录取通知在5月下旬审稿会后寄出，同时寄给作者修改要求。
7. 修改后的正式文稿截止期不迟于6月底。作者将符合格式要求的打印文稿及印刷版面费寄至主办单位，超过截止期的论文不收录。
8. 会议通知应在会议6周前寄给作者。通知中除报到地点和交通路线外还应包括会议日程安排、分组情况、住房标准、会务费用、其它活动内容。通知方式要注意效果和后果。做到会议内容和计划全透明，有利于团结共同努力办好学术会议。
9. 展品征集通知与论文征文通知同时发出，征集截止时间与论文录取通知时间相同。参加展出及广告收费办法见"经费"条款。

三 会议组织

1. 审稿会
   (1) 录取的论文应具有较高水平或新颖见解，无原理概念错误。某些有争议的学术问题也可录取以利于活跃学术讨论。论文格式应符合规定。每篇论文至少有2人审阅。
   (2) 审稿会根据学术内容调整论文分组和排序，以及特邀报告。
   (3) 选出较好论文作为优秀论文的候选论文，大约以5～10%为宜。

2. 学术交流会
   (1) 大会报告及分组报告2天左右。

(2) 会议论文以60—80篇为限,总人数70—100人,分3—4组,每组约20人。经专业委员会及审稿会商定,可约请特邀代表5—10人(包括承办和协办单位各一人)。

(3) 力争在第一天上午将代表名单发到代表手中,以利于交流。应该事先把代表名单输入计算机,根据代表报到情况打印。

(4) 会议期间组织新产品、新材料、新工艺展示,以扩大企业、工厂、研究所、院校之间的技术交流,参展单位可派1—2人参加会议。

(5) 会议期间召开专业委员会工作会议,并确定下届会议承办单位和地点。

(6) 会议设会务组(以承办单位为主)和秘书组(专委会派2人参加),总人数不超过5人。

四　论文集

1. 每篇论文限4页,由作者按规定格式打印成正式文稿,包括图表。清晰度应达到照相胶印出版要求。没有打印条件的作者可申请承办单位代打印,并交打印费。
2. 论文格式:版芯尺寸15×22 CM,正文字型相当于5号铅字(4×4 MM),标题3号黑体,标题下方为作者单位和姓名(5号字)。
3. 论文集质量相当于16开平装书。

五　经费

1. 勤俭办会,不讲排场,不发华而不实的纪念品,经费收入中扣除用于下届审稿会的费用之后全部用于交流会,不得移作它用。
2. 预收论文集版面费和订房费,临时因故未出席会议者不退费。
3. 允许并欢迎非论文作者参加交流,会务费略高于论文作者,以维持会务经费平衡。
4. 争取有关企业和其他单位参加学术会议期间的产品展示并对会议予以赞助。

1992年5月通过,2000年5月修订

前　言

　　全国"微波集成电路与移动通信学术年会"每两年（逢双数年）召开一次，本次会议是第十五届全国年会。

　　移动通信的迅速发展和普及应用是全球信息化进程中最引人注目的成就，极大地推动了社会的发展，并对人们的生活方式带来了深刻的影响。移动通信系统大量的新技术、新体制的发展和应用对微波集成电路技术与工艺技术提出了许多新的研究课题，大量的相关技术和理论有待研究解决。

　　微波集成电路与移动通信专业委员会的学术发展方向适应了这一发展。历届年会都得到了各高等院校、研究所、工业企业的专家学者的热烈支持，近几届会议还得到了从事微波组件、电路、测量仪器及材料、移动通信及部件等生产厂商和国外公司代理商家的支持，并且与会议同步举办展示会，起到了学术交流、相互促进、加强同行联系的作用，极大地推动了微波电路与移动通信事业的发展。

　　本次会议于2014年10月份在江苏省南京市举行，会议由东南大学、杭州电子科技大学、微波毫米波单片集成和模块电路重点实验室、云南大学、俊英科技有限公司联合承办，深圳华达微波科技有限公司、泰州市旺灵绝缘材料厂、深圳高伦技术有限公司、成都市克莱微波科技有限公司、IEEEMTT-AP-EMC Joint Nanjing Chapter、IEEE ED Hangzhou Chapter、江苏省电子学会协办。在会议筹备过程中各承办单位和协办单位都做了大量的组织工作和审稿工作，特此表示感谢！

　　本次会议论文集收录了65篇论文，包含3篇大会特邀报告和62篇论文，内容包括无线通信与系统、微波及射频电路、天线、微波集成电路及工艺和其他共五个部分。年会期间论文以宣讲报告和海报张贴的形式进行交流。希望本论文集对微波集成电路与移动通信领域的科研、生产、教学能起到一定的推动作用。

　　祝各位与会代表身体健康、生活愉快、取得更大成就！

微波集成电路与移动通信专业委员会
2014年10月

目 录

特 邀 报 告

有源相控阵雷达 T/R 组件技术及发展趋势 .... 施鹤年(3)
GaN 功率器件在下一代移动通信系统的应用 .... 陈 辐(4)
5G 大规模协作无线传输关键技术 .... 金 石(5)

论 文 报 告

● 微波集成电路及工艺

800 伏高压 LDMOS 建模 .... 林 煊 李文钧 刘 军(9)
一种改进的 GaN HEMT 工艺晶体管小信号等效电路模型
.... 唐旭升 黄风义 张有明 李 浩 姜 楠(13)
高频寄生效应下的 GaN HEMT 小信号等效电路模型
.... 李剑宏 黄风义 唐旭升 费 亚 姜 楠(16)
硅基 0.13μm CMOS 脉冲超宽带接收机设计 .... 曹佳云 李 南 李秀萍(19)
基于 0.5μm CMOS 工艺设计的两种运算放大器的性能比较与分析 .... 王雅丽 李文渊(22)
射频开关功放专用驱动芯片研究与设计 .... 周 强 谭 笑 陈 江(25)
X 波段多功能芯片的研制 .... 许向前 姜兆国 刘 帅(29)
基于 LTCC 的 90°移相耦合器的设计与仿真 .... 胡嵩松(32)
LTCC 基板介电常数对微波组件传输性能影响的研究 .... 张明辉 张兆华(36)
多芯片组件中芯片至微带金丝键合结构的优化 .... 谢成诚 张 涛(42)

● 天线

基于遗传算法的共形阵列方向图综合 .... 贺 莹 赵永久 王洪李(45)
一种用于手持移动终端的六频双天线系统 .... 王 尚 杜正伟(49)
一种应用于手机的宽带四天线 .... 王 岩 杜正伟(53)
由蝶形弯折缝隙天线和电偶极子组成的新型电磁偶极子天线 .... 李 明 华 光(57)
电磁偶极子 LTE 基站天线设计 .... 张同瑞 薄亚明 张 明(61)

C 型槽陷波超宽带天线研究
……………………周　涛　周江昇　潘　勉　洪阿灌　朱丹丹　程知群　孙玲玲(64)

共面波导馈电石墨烯太赫兹天线研究
…………………………………周　涛　潘　勉　文进才　高海军　程知群　孙玲玲(67)

A Fractal Antenna for GSM/UMTS/LTE/WLAN
……………ZOU Yufeng　WANG Zhongshuang　SHEN Dongya　REN Wenping　SHUAI Xinfang (70)

●微波及射频电路

一种矩形开口波导探头方向图在近远场变换中的应用 ……………………………………陈玉林(74)

X 波段三分贝正交耦合器设计 ………………………………………………………李春利　雷衍成(78)

一种新型微带六通带三工器 ……………………………………………张灵芝　邱　枫　吴　边(82)

新型小型化微带线—波导转换器的设计
……………………………………商远波　周光辉　王　敏　姚凤薇　玄晓波　田晓青(86)

GSM 蜂窝移动通信网络底噪测量技术的研究 ………………………汤之昊　朱晓维　蒋政波(90)

基于 ADF4351 宽带频率合成技术研究 ……………………………夏毛毛　朱晓维　盖　川(93)

宽带正交接收系统校准分析和实验 …………………………………王昶阳　朱晓维　翟建锋(97)

Q 波段毫米波接口电路研究 ……………………………………………………彭小莹　陈继新(101)

带温度补偿的检波对数视频放大器的设计与实现 …………………………诸力群　葛培虎(104)

Design of Broadband T-Junction Substrate Integrated Waveguide Circulator
………………ZHU Shuai　CHEN Liang　WANG Xiaoguang　HUANG Chen　DENG Longjiang (108)

Design of Miniaturized X-band Circulator with Full Band Width Based on Substrate-
  Integrated-Waveguide …………LUO Lijing　CHEN Liang　WANG Xiaoguang　DENG Longjiang (114)

60 GHz 功放单元设计 ……………………………………………………刘　建　陈文华　冯正和(121)

3D 集成工艺对微波集成电路性能的影响 …………沈国策　周　骏　吴　璟　孔月婵　陈堂胜(124)

Ku 波段小型化 T/R 组件设计 ……………………………………………………………刘　杨　柯鸣岗(127)

基于肖特基二极管 3D EM 建模的 V 波段二倍频器设计 ……吴　霆　文进才　孙玲玲　章　乐(130)

K 波段卫星通信转发器系统的仿真设计 ……………………………………………………王培章(133)

基于平面肖特基二极管的太赫兹频段倍频器谐波混频器的研究 ………王培章　邵　尉　李平辉(136)

毫米波频率选择表面滤波技术研究 ……………………孙彦龙　余世里　姜丽菲　苏兴华(140)

0.4 THz InGaAs/InP Double Heterojunction Bipolar Transistor with Fmax=416 GHz and BVCBO =4V
………………………程　伟　牛　斌　王　元　赵　岩　陆海燕　高汉超　杨乃彬(145)

应用寄生参数模型的 J 类功放设计 ……………………郝　鹏　何松柏　游　飞　马　力　侯宪允(149)

K 波段低噪声放大器的设计与测试 ……………………………………薛　静　张　忻　钱　锋(154)

Doherty 功率放大器效率优化 …………………………………方志明　程知群　栾　雅　颜国国(159)

小型化高功率 LTCC 功放模块研究 .... 韩世虎　荣　沫　彭　朗　黄　森(163)
基片集成波导双模腔体滤波器小型化设计 .... 沈　单　刘　冰　朱　芳　刘亚伟(167)
并联谐振可调谐滤波器设计 .... 陈昆和　赵志远　杨　霖　陈　章(170)
高性能微型 LTCC 低通滤波器设计 .... 郑　琨　王子良　徐　利　陈昱晖(173)
2-4GHz 阶跃阻抗环形谐振器带通滤波器的设计 .... 陈　燕　朱晓维　盖　川(176)
Ka 波段带通滤波器设计 .... 倪　新　徐亚军(179)
感性源负载耦合双模宽带滤波器设计 .... 雷　涛　向天宇　张正平(183)
新型的开环短路双模带通微带滤波器设计 .... 黎重孝　盖　川　朱晓维(186)
基于正交多项式的数字预失真研究 .... 曹　瑶　朱晓维(189)
一款应用于 FTTH 光接收机的设计 .... 任　萍(193)

● 无线通信与系统

超高频 RFID 中具有帧尾检测机制的高速解码器设计
.... 齐玲玲　孙智勇　严迪科　陈科明(196)
ETC 系统车载单元发射机设计 .... 郝　清　孙佳文　田林岩　赵煜阳(200)
100G 以太网 PCS 子层接收模块的设计 .... 任　文　胡庆生(204)
基于可见光无线通信的 WiFi 接入系统的设计与实现 .... 沈雅娟　黄嘉乐　胡　静　宋铁成(208)
一种可见光传输链路的设计与实现 .... 黄嘉乐　沈雅娟　胡　静　宋铁成(213)

● 其他

基于 BLT 方程的双绞线电磁耦合特性建模 .... 梁云泽　牛臻弋　刘　峰(219)
开缝腔体内场线耦合特性建模 .... 刘　峰　牛臻弋　梁云泽(223)
嵌入式视频监控网关的设计与实现 .... 梁飞虎　宋铁成　胡　静　刘柏全(227)
40Gb/s 以太网 PCS 层 64B/66B 编码及 IPG 删除的研究与实现 .... 李　伟　高　轩　张大敢(234)
某型雷达天线跟踪方式的原理及算法研究 .... 卢桂琳　徐开清　王绍红(238)
并行交叉熵蜂群算法及其在天线阵方向图中的应用 .... 吴　昊　薄亚明(243)
RLMN 衰落信道模型的研究与仿真 .... 张国亮　任文平　陈剑培　崔燕妮　申东娅(248)

特邀报告

有源相控阵雷达 T/R 组件技术及发展趋势

施鹤年

中国电子科技集团公司第 14 研究所

介绍有源相控阵雷达未来发展趋势及对 T/R 组件的指标需求。重点讨论了 T/R 组件的发展进程及砖式、片式和高集成有源子阵的技术形态和集成架构，并对其发展趋势进行展望。同时介绍了 T/R 组件应用的新一代器件（GaN 等)、封装和散热技术的最新技术研发情况。

施鹤年：中国电子科技集团公司第 14 研究所研究员，天线与微波部有源电路研究室主任。从事微波电路的理论和集成设计研究，长期致力于有源相控阵雷达 T/R 组件在不同平台条件下的设计、制造及工程应用的研发工作，尤其对星载、机载等特殊条件下 T/R 组件的可靠性、环境适应性等方面有深入研究。

GaN 功率器件在下一代移动通信系统的应用

陈 韬

中国电子科技集团公司第 55 研究所

  超宽带、高频段 LTE 业务需求的已经成为未来移动通信基站发展趋势，而传统 LDMOS 在带宽、效率、工作电压、功率密度等方面的限制，已经无法满足下一代 4G 移动通信要求。GaN 作为第三代半导体材料，具有高击穿场强、高热导率、宽禁带、高电子漂移速度等显著的材料性能优势，在微波功率放大应用方面比传统 GaAs、Si 器件有着更高功率密度、更高带宽及工作电压。

  本报告将介绍 GaN 微波功率管在下一代移动通信基站中的应用。

  陈韬：1983 年 01 月生，2005 年毕业于上海复旦大学电子工程系微电子及固体物理专业。2011 年毕业于荷兰代尔夫特大学电子工程系微电子专业，获博士学位。2011 年~2013 年在荷兰 NXP 公司工艺器件研发部，任高级工程师，从事 GaN 微波功率管器件工艺研发。2013 年 12 月加入五十五所宽禁带部从事 GaN HEMT 微波功率管器件、工艺研发。在国内外期刊发表论文 50 多篇，其中被 SCI 收录 8 篇，Ei 收录 20 余篇，IEDM 会议收录 2 篇，专利 1 篇。

5G 大规模协作无线传输关键技术

金 石

东南大学

本报告将系统地介绍面向 5G 系统空中接口的大规模协作无线传输技术。从 5G 的发展现状及基本需求出发，分别针对大规模协作无线传输技术涉及的大规模 MIMO 和密集分布式无线通信，介绍系统设计所需的信道建模和信道信息获取技术、空分多址传输技术、链路自适应传输技术、高性能接收技术和多用户调度技术等。以此为基础，进一步分析 5G 在网络系统结构以及组网技术等方面正在进行的新变革及挑战。

金石：男，1974 年 12 月生，现为东南大学教授，国家自然科学基金优秀青年基金和江苏省杰青获得者。2007 年获得东南大学通信与信息系统专业博士学位，同年起在东南大学移动通信国家重点实验室工作，2007 年 4 月至 2009 年 10 月赴英国伦敦大学学院电气与电子工程系进行博士后研究。目前主要研究方向为 5G/4G 移动通信理论与关键技术、空时无线通信理论与技术、现代信号处理及其在移动通信中应用。已在无线通信领域发表论文近 160 篇，其中 IEEE Trans. IT/SP/COMM/WC/VT 等权威杂志 50 余篇，主要 IEEE 国际学术会议论文 110 余篇。担任 IEEE Trans. on Wireless Communications、IEEE Communications Letters、IET-Communications 编委。研究成果获 2011 年度国际电气与电子工程师协会通信学会（IEEE Communications Society）莱斯论文奖、2010 年度国际电气与电子工程师协会信号处理分会青年最佳论文奖（2010 IEEE Signal Processing Society Young Author Best Paper Award）、以及 2009 年度全国优秀博士学位论文提名奖等。

论 文 报 告

● 微波集成电路及工艺

800伏高压LDMOS建模

林 煊，李文钧，刘 军

(杭州电子科技大学电路与系统省部级重点实验室，杭州，310018)

liwenjun@hdu.edu.cn

摘 要：本文对800V高压LDMOS进行了研究。详细分析了LDMOS准饱和区、击穿区、二极管正向偏置区的直流特性、CV特性和自热效应，提出了适用于高压LDMOS的经验模型。模型由Verilog-A描述，使用ADS、Hspice仿真，取得了较好的仿真结果。

关键词：高压LDMOS；准饱和；Verilog-A

Modeling of a 800V HV-LDMOS Device

LIN Xuan, LI Wenjun, LIU Jun

(Key Laboratory of RF Circuits and Systems, Ministry of Education, Hangzhou Dianzi University of China, Hangzhou 310018)

Abstract: In this paper, a 800V HV-LDMOS device is investigated. Analysis are made on the DC characteristics of Quasi Saturation, breakdown, diode regions of operation, CV behavior and self-heating effects. A new empirical HV-LDMOS model is presented. This model has been implemented in Verilog-A using the ADS and Hspice, and good results are obtained.

Keywords: HV-LDMOS; Quasi Saturation; Verilog-A

1 引言

高压LDMOS兼有双极型晶体管与普通MOS管的优点，具备输入输出阻抗高、跨导高度线性、开关切换快、安全工作区宽、有效避免二次击穿、热稳定性好等诸多特点[1]。广泛应用于开关电源、电机驱动、固态继电器、电源转换电路、逆变器等各种领域[2-3]。

本文根据高压LDMOS特性，在MET模型[4-5]基础上进行改进，可以比较准确的表征各偏置点和温度下的IV、CV特性及自热效应。电流方程在各个区域连续可微。模型由Verilog-A描述，便于仿真器（如ADS、Hspice、Spectre等）集成、仿真和验证。

2 直流特性分析

当LDMOS输出电流上升到一定程度，栅压升高而电流基本不变，此时为准饱和区；当栅压为零，漏电压大到一定程度，电流急剧增加，此时的电压便是击穿电压；当V_{ds}为负，漏电流会随漏电压增加急剧上升，这便是源漏二极管特性。温度的变化导致阈值电压、电阻、Gm、漏-源击穿电压的变化，因此考虑自热效应是 LDMOS 建模必不可少的部分。

3 等效电路模型和方程

等效的大信号模型如图 1 所示。其中，电流源、二极管、电荷源随电压和温度变化，而电阻只与温度有关。热网络用来计算瞬时的温度变化，其中 I_{th} 为晶体管的总瞬时功耗。

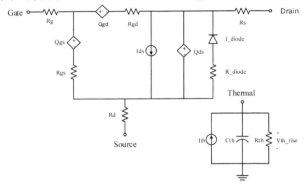

图 1 等效的大信号模型及热网络

电流 I_{ds} 用一个单一的连续可微方程表示，并包含不同区域随偏压 V_{gs} 的变化：

$$V_{gst2} = V_{gs} - V_{to\_f}(Gamma V_{ds})) \tag{1}$$

$$V_{gst1} = V_{gst2} - \frac{1}{2} * (V_{gst2} + \sqrt{(V_{gst2} - V_k)^2 + Delta^2} - \sqrt{V_k^2 + Delta^2}) \tag{2}$$

$$V_{gst} = V_{st} * \ln(e^{\frac{V_{gst1}}{V_{st}}} + 1) \tag{3}$$

$$V_{breff} = \frac{V_{br}}{2} * (1 + \tanh(M_1 - V_{gst} * M_2)) \tag{4}$$

$$V_{breff}1 = \frac{1}{K_2}(V_{ds} - V_{breff}) + M_3 * \frac{V_{ds}}{V_{breff}} \tag{5}$$

$$I_{ds} = (Beta)(V_{gst}^{V_{gexp}}) * (1 + Lambda * V_{ds}) * \tanh(\frac{V_{ds}*Alpha}{V_{gst}}) * (1 + K_1 * e^{V_{breff1}}) \tag{6}$$

电阻、阈值电压 V_{to_f}、beta、击穿电压 V_{br} 随温度的变化呈线性关系。V_{st} 为亚阈值区的斜率，Gamma、Beta、Lambda、V_{gexp}、Alpha、V_k、Delata 为 I_{ds} 的相关参数，K_1、K_2、M_1、M_2、M_3 为击穿区的相关参数。

采用分段函数对 CV 特性进行表征，并确保方程的连续性：

$$C_{gs} = (C_{gs1} + C_{gs2}\tanh(C_{gs6}V_{gs} + C_{gs3})) - C_{gs4}\tanh(V_{gs}C_{gs5}))(1 + C_{gst}\Delta T) \tag{7}$$

$$C_{gd} = \begin{cases} (C_{gd1} + \dfrac{C_{gd2}}{1 + C_{gd3}(V_{gd} - C_{gd4})^2})(1 + C_{gdt}\Delta T) & V_{ds} < V_{ds1} \\ (C_{gd5} + \dfrac{C_{gd6}}{1 + C_{gd7}(V_{gd} - C_{gd8})^2})(1 + C_{gdt}\Delta T) & V_{ds} < V_{ds1} \end{cases} \tag{8}$$

$$C_{ds} = \begin{cases} (C_{ds1} + \dfrac{C_{ds2}}{1 + C_{ds3} \cdot V_{ds}^2})(1 + C_{dst}\Delta T) & V_{ds} < V_{ds1} \\ (C_{ds4} + \dfrac{C_{ds5}}{1 + C_{ds6} \cdot V_{ds}^2})(1 + C_{dst}\Delta T) & V_{ds} < V_{ds1} \end{cases} \tag{9}$$

4 模型验证与总结

使用 Agilent B1505 对 LDMOS 进行 DC、CV 测试，使用 Veriloga 对模型进行描述，并嵌入仿

真器中，根据测试数据进行参数提取和优化，得到了拟合结果较好。如图2所示，趋势正确，误差较小，此模型具有可行性和准确性。

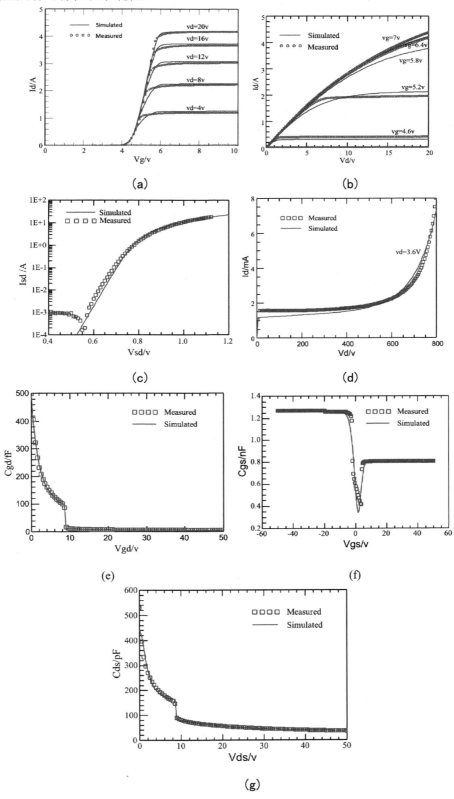

(a)idvg(b)idvd(c)二极管正向偏置(d)击穿区(e)cgd-vgd(f)cgs-vgs(g)cds-vds
图2 仿真数据和实测数据对比

参考文献

[1] DESBIENS D. Trends in power semiconductor packaging [J]. //Proceedings of 6th International Conference on Thermal, Mechanical and Multi-Physics Simulation and Experiments in Micro-Electronics and Micro-Systems, 2005: 6.

[2] Syau T, Venkatraman P, Baliga B J. Comparison of Ultralow Specific On-Resistance UMOSFET Structure [J]. IEEE Trans Electron Device, 1994, 41: 800-808.

[3] Baliga B Jayant. The Future of Power Semiconductor Device Technology[C]. //Proceeding of the IEEE, 89 (6): 822-832,2001.

[4] W. Curtice, J. Plá, D. Bridges, T. Liang and E. Shumate. A New Dynamic Electro-Thermal Nonlinear Model for Silicon RF LDMOS FETs .IEEE MTT-S International Microwave Symposium Digest, 2,1999.

[5] Szhau Lai, Nanosci. LDMOS Modeling. Microwave Magazine, IEEE, 14(1):108-116,2013.

一种改进的 GaN HEMT 工艺晶体管小信号等效电路模型

唐旭升[1]，黄风义*[1]，张有明[1]，李 浩[2]，姜 楠[2]

（1.东南大学信息科学与工程学院，南京，210096；
2.爱斯泰克（上海）高频通讯技术有限公司，上海，201203）

fyhuang@seu.edu.cn

摘 要：本文提出一种改进的 HEMT 晶体管小信号等效电路模型，在等效电路本征部分增加了电感元件来表征器件本征部分的电感特性。利用 0.15um GaN HEMT 工艺晶体管测试数据进行参数提取和模型仿真，在测试范围内（100MHz 到 40GHz），该改进的晶体管小信号等效电路模型的 S 参数仿真结果与测试结果有更高的吻合度。

关键词：等效电路模型；本征电感；模型参数；HEMT

An Improved GaN HEMT Transistor Small-signal Equivalent Circuit Model

TANG Xusheng[1], HUANG Fengyi*[1], ZHANG Youming[1], LI Hao[2], JIANG Nan[2]

（1.Sch. of Information Sci. and Eng., Univ. of Southeast, Nanjing, 210096;
2.S-TEK Shanghai High-frequency Communication Tech. Co., Shanghai, 201203）

fyhuang@seu.edu.cn

Abstact: An improved HEMT transistor small-signal equivalent circuit model is proposed in this paper. Inductance characteristics of the intrinsic part have been analyzed through the introduction of an inductance element in the intrinsic part of the equivalent circuit. Parameter extraction and model simulation are based on the test data of 0.15μm GaN HEMT transistor. The S-parameter simulation results based on the present equivalent circuit fit better with measurement in the frequency range of 100MHz to 40GHz.

Keywords: Equivalent circuit model; Intrinsic inductance; Model parameter; HEMT

1 引言

本文所提出的一种新型晶体管小信号等效电路模型引入了一种新的本征电感元件，此本征电感元件存在于栅源极间本征部分。我们在随后的测试结果与仿真结果的比较中，说明仅仅通过传统模型的寄生电感，无法实现等效电路模型和测试结果之间的高精度拟合。本文的晶体管小信号等效电路模型可以高精度的模拟晶体管的性能，有利于电路设计。

2 新型晶体管小信号等效电路模型

传统的晶体管小信号等效电路模型只考虑了寄生部分的电感效应。本文考虑了晶体管本征部分的电感效应，在传统的 18 元件晶体管等效电路模型[1]基础上增加了本征电感元件，如下图 Lgs。

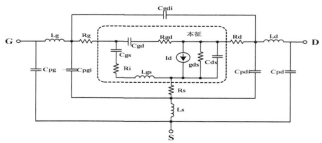

图 1 增加了本征电感的小信号等效电路模型图

参数提取是基于 0.15um GaN HEMT 工艺制备的晶体管，图 2 是传统模型的仿真 S 参数曲线与测试曲线的比较。可以看出，S11 以及 S22 的曲线吻合度较好，但是，S12 和 S21 曲线的差别较大。其中，S12 和 S21 仿真与测试结果之间的偏差，具有相反的趋势，无法通过调节目前模型中的元件参数，实现两者同时达到更高的拟合度。

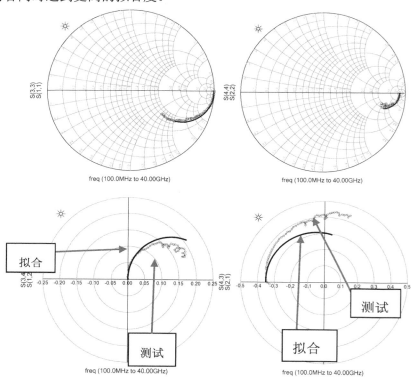

图 2 传统模型 S 参数仿真（线）与测试（点）比较

针对 GaN HEMT 工艺，晶体管内部电流流动将产生电感效应，且随着频率升高，电感效应逐渐增强[2]。但是在传统的晶体管小信号等效电路模型中，只考虑了器件金属的电感效应，而本征区电感效应却没有考虑。更重要的，本征电感元件值随偏置的变化而变化[3]，这种特性无法通过调节传统晶体管小信号等效电路模型中的寄生电感部分来体现。此外，从电路结构的角度出发，本征部分的模型结构会影响 S 参数中的 S12 和 S21[4]。因此我们在传统晶体管小信号等效电路模型的本征部分进行改进，以改善 S12 和 S21 参数的拟合精度。

改进模型的仿真 S 参数曲线与测试曲线比较，如下图 3 所示，加入沟道的本征电感后，有效地解决了图 2 中 S12、S21 曲线吻合度低的问题。在 100MHz-40GHz 的频率范围内，测试和拟合的 S 参数曲线不仅在低频区拟合很好，在高频区也得到了进一步的改善。

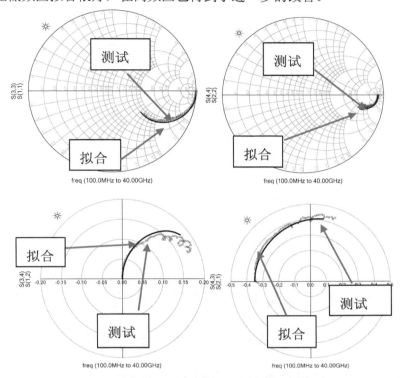

图 3 加入沟道电感时器件 S 参数测量值与仿真值的比较

改进后模型的 S12 误差为 18.36%，S21 误差为 10.54%，而传统模型 S12 误差为 21.2%，S21 误差为 21.6%。另外，S11 和 S22 部分的精度大体不变。可以看出，加入本征电感后，模型仿真值更加接近于测试结果。

3 结论

本文所提出的一种新型晶体管小信号等效电路模型，从器件物理特性的角度出发分析了本征电感元件。通过利用 0.15um GaN HEMT 工艺加工的晶体管测试数据进行参数提取和 S 参数仿真验证，可以看出增加本征部分电感后，S 参数仿真更加接近于测试值，可以高精度的模拟晶体管的性能。

参考文献

[1] F. Y. Huang, J.X. Lu, Y.F. Zhu, N. Jiang, X.C. Wang, and Y.S. Chi. Effect of substrate parasitic effect on silicon-based transmission lines and on-chip inductors. IEEE Electron Dev Lett, 2007, 28(11): 1025-1028.

[2] Anwar Jarndal, Gunter Kompa. A New Small-Signal Modeling Approach Applied to GaN Devices. IEEE Trans. Microwave Theory Tech, 2005,54(11).

[3] Frabz Xaver Pengg."Direct parameter extraction on RF-CMOS. IEEE MTT-S Digest, 2002:271-274.

[4] F.Y. Huang, et al., and Yangyuan Wang. Frequecy-independent asymmetric double-π equivalent circuit for silicon on-chip spiral inductors, physics-based modeling and parameter extraction. IEEE Journel of Solid-State Circuit, 2006,41(10):2272-2283.

高频寄生效应下的 GaN HEMT 小信号等效电路模型

李剑宏[1]，黄风义*[1]，唐旭升[1]，费亚[2]，姜楠[2]

（1. 东南大学信息科学与工程学院，南京，210096；

2. 爱斯泰克（上海）高频通讯技术有限公司，上海，201203）

fyhuang@seu.edu.cn

摘　要：本文提出一种改进的 GaN HEMT 工艺晶体管小信号等效电路模型，考虑了高频下的涡流损耗。针对高频下的寄生效应，在晶体管小信号等效电路中引入了阶梯电阻电感结构。利用 0.15um GaN HEMT 工艺晶体管在冷场条件下的测试数据，进行了寄生电阻和电感参数的提取和仿真。与传统的小信号等效电路模型相比，该改进的晶体管小信号等效电路模型能够很好地反映相关特征函数的非线性效应。

关键词：等效电路模型；　阶梯电阻电感；　模型参数；　HEMT GaN

An Improved GaN HEMT Transistor Small-signal Equivalent Circuit Model at High-frequency

LI Jianhong[1], HUANG Fengyi*[1], TANG Xusheng[1], FEI Ya[1], JIANG Nan[2]

(1.Sch. of Information Sci. and Eng., Southeast Univ., Nanjing, 210096;

2.S-TEK Shanghai High-frequency Communication Tech. Co., Shanghai, 201203)

fyhuang@seu.edu.cn

Abstact: An improved GaN HEMT transistor small-signal equivalent circuit model is proposed in this paper, taking into account of the parasitics at a high frequency. An inductance-resistor ladder structure is introduced in the transistor small-signal equivalent circuit. Based on the test data under cold conditions of 0.15μm GaN HEMT transistor, parasitic resistance and inductance parameters were extracted and simulated. Compared with the traditional small-signal equivalent circuit model, the improved transistor small-signal equivalent circuit model can well reflect the nonlinear effects of related characteristic functions.

Keywords: Equivalent circuit; Inductance-resistor ladder; Model parameter; HEMT GaN

1 引言

本文所提出的一种新型晶体管小信号等效电路模型，是在寄生部分引入了阶梯电阻和阶梯电感结构，以反映金属在高频下的寄生效应如涡流损耗。利用特征函数法对高阶电阻电感元件进行了参数提取，测试结果与仿真结果的比较显示，该改进的等效电路寄生部分相比于传统模型，可以提供更高精度的拟合。

2 新型晶体管小信号等效电路模型

在传统的 18 元件以及 22 元件的晶体管等效电路模型中[1]，对于器件的金属极板，仅考虑了一阶等效寄生电感效应。但随着频率的升高，金属表征出复杂的高阶效应[2]，特别是需要考虑涡流损耗的高阶寄生效应。$V_{gs}=0, V_{ds}=0$ 冷场条件下的晶体管小信号等效电路模型可以通过阶梯电阻电感结构来刻画[3]，如下图 1。

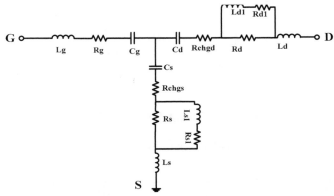

图 1 $V_{gs}=0, V_{ds}=0$ 条件下的新型晶体管小信号等效电路模型

由图 1 得到如下两个特征函数（1）、（2）：

$$S(\omega^2) = \omega * \text{imag}(Z_{12}) \quad (1)$$

$$D(\omega^2) = \omega * \text{imag}(Z_{22} - Z_{12}) \quad (2)$$

其中，Z_{12} 和 Z_{22} 是图 1 所示等效电路的 Z 参数。漏源端拥有相同的阶梯电阻电感结构，如下图 2 所示：

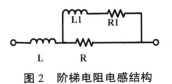

图 2 阶梯电阻电感结构

针对所采用的新型高阶电感模型，得到表达式（3）：

$$\text{Im}(\omega Z) = \omega^2 \left(\frac{L_1 * R^2}{(R_1 + R)^2 + (\omega * L_1)^2} + L \right) \quad (3)$$

上式中，*ωZ* 是角频率与阶梯电阻电感结构的阻抗的乘积，Im(*ωZ*)则是 *ωZ* 的虚部。

测试曲线是晶体管在 $V_{gs}=0, V_{ds}=0$ 冷场条件下，经过去外嵌[4]、以及剥离寄生电容得到的，对阶梯电阻电感结构在 ADS 中进行参数迭代拟合，其仿真结果与测试结果（频率 100MHz~30GHz）有很高的吻合度，如图 3 所示。

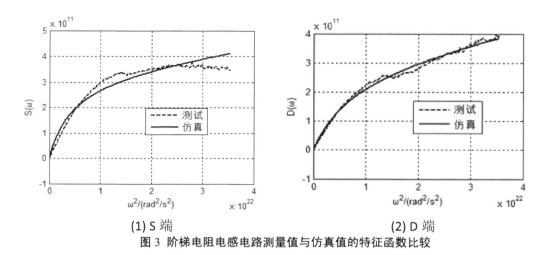

(1) S 端　　　　　　　　　　　(2) D 端

图 3 阶梯电阻电感电路测量值与仿真值的特征函数比较

下表 1 中列出了栅端、源端阶梯电阻电感电路中的各元件值。

表 1

元件	数值	元件	数值
R_{s1}/Ω	12.87	R_{d1}/Ω	20.07
L_{s1}/pH	354.19	L_{d1}/pH	344.36
R_s/Ω	11.04	R_d/Ω	10.25
L_s/pH	3.00	L_d/pH	3.79

3 结论

本文从器件物理特性的角度出发，分析了寄生部分在高频下的高阶电感效应，提出了一种新型阶梯电阻电感结构，并给出了相关寄生参数的特征函数。利用 0.15um GaN HEMT 工艺加工的晶体管测试数据进行参数提取和仿真验证，新结构很好地解释了传统小信号等效电路模型中的非线性效应。相关模型可以提高晶体管模型的精度，为电路设计提供更好的器件模型。

参考文献

[1]马腾. AlGaN/GaN HEMT 器件的建模及放大器设计[D]. 西安电子科技大学, 2010.

Ma Teng.Modeling and Amplifier Design Based On AlGaN/GaN HEMTs [D].Xidian University,2010.

[2] F. Y. Huang, J.X. Lu, N. Jiang, et al. Frequency-independent asymmetric double-equivalent circuit for on-chip spiral inductors: physics-based modeling and parameter extraction[J]. Solid-State Circuits, IEEE Journal of, 2006, 41(10): 2272-2283.

[3]F. Y. Huang, J.X. Lu, Y.F. Zhu, N. Jiang, X.C. Wang, and Y.S. Chi. Effect of substrate parasitic inductance on silicon-based transmission lines and on-chip inductors[J]. Electron Device Letters, IEEE, 2007, 28(11): 1025-1028.

[4] M. Ferndahl, C. Fager, K. Andersson, et al. A general statistical equivalent-circuit-based de-embedding procedure for high-frequency measurements[J]. Microwave Theory and Techniques, IEEE Transactions on, 2008, 56(12): 2692-2700.

硅基 0.13μm CMOS 脉冲超宽带接收机设计

曹佳云，李　南，李秀萍

(北京邮电大学电子工程学院，北京，100876)

cjyitnese@gmail.com

摘　要：本文设计了适用于脉冲超宽带系统的接收机。该接收机基于 0.13μm CMOS 工艺设工作频段在 3GHz~5GHz。接收机电路包括低噪声放大器、有源巴伦、乘法器以及积分器。接收机的版图设计尺寸为 1.7mm*1mm。接收机电路在仿真条件下测得直流功耗为 44mW,电压增益达到 60dB。

关键词：脉冲超宽带，0.13μm CMOS 工艺，接收机电路，超宽带

Impulse-Radio UWB Receiver Based on 0.13μm CMOS Technology

CAO Jiayun, LI Nan, LI Xiuping

(School of Electronic Engineering,Beijing University of Posts and Telecommunication, Beijing,100876)

Abstract: This paper presents a UWB-IR receiver operating in the 3-5GHz band. The receiver includes an LNA, an Active Balun, a squarer and an integrator. The whole receiver was integrated in 0.13um CMOS technology provided by global foundry company. The size of receiver in the layout is 1.7mm*1mm. The proposed circuit dissipates dc 44mW and exhibits a maximum voltage gain of 60dB in the schematic level.

Keywords: Impulse Radio;0.13μm CMOS technology; Receiver circuit; Ultra-wideband(UWB)

1 引言

超宽带系统由于带宽资源丰富，传输速率可以达到较高水平。其中，脉冲超宽带系统电路由于是在一段时间内发射一个脉冲，电路功耗也能做到较低水平。因此，脉冲超宽带系统应用非常广泛例如精确定位、高速通信以及医疗探测等。不同应用情况其对应的接收机结构类型也有所不同。常见的脉冲超宽带接收机有非相关接收机，零中频直接变换接收机，正交接收机以及能量接收机。本文设计的脉冲超宽带接收机是基于非相关接收机的模型，与其他接受类型相比，非相关接收机的实现较为简单，不需要在接收端有同步的脉冲产生电路[1-2]或者正交频率合成电路[3]。

2 脉冲超宽带系统电路介绍

本文设计的接收机系统基于非相关接收机的电路结构。接收机系统芯片部分电路结构如图 1 所示。低噪声放大器被设计成增益可控分为高增益和低增益以提高系统的接收范围和灵敏度。有源巴伦电路采用的是两级共源共栅级联结构将单端信号转换为正负两路的差分信号。乘法器是基于吉尔

伯特单元结构，积分器是基于 Gm-C 结构将电压信号转换为电流输出信号，输出电容和输出电阻构成了基本的 RC 积分电路。

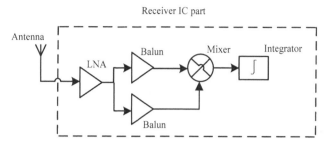

图1 接收系统射频芯片部分

3 电路仿真结果分析

在 Cadence layout XL 下进行电路版图的绘制并进行设计规则检查(DRC)，原理图连接和版图连接对比检查(LVS),以及寄生参数提取(PEX)包括寄生电容和寄生电阻的提取。图 2 显示的是低噪声放大器(LNA)输入端的 S 参数，S11<-10dB 的带宽涵盖了 3GHz-5GHz。

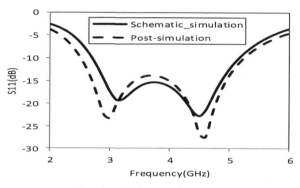

图2 低噪声放大器输入端 S11

接收机性能主要是从时域波形的角度来分析。图 4 显示的是输入到低噪声放大器的信号，输入信号是峰值为 6mV 的脉冲信号，乘法器的输出是信号与自己相乘并且放大得到的结果，积分器的输出是乘法器输出后信号的包络。

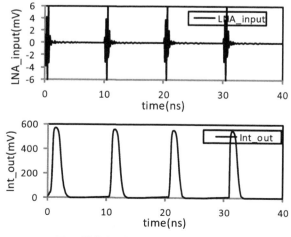

图3 接收机系统输入、输出时域波形

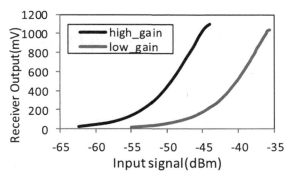

图 4 不同增益下接收机输出幅度随输入功率的变化

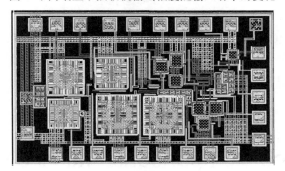

图 5 接收机版图电路设计

4 结论

本文展示了工作在 3GHz~5GHz 超宽带接收机原理图和版图后仿真时域上的波形结果。低噪声放大器的输入阻抗匹配已根据芯片的连接线的电感寄生参数。有源巴伦电路将单端信号转化为双端差分信号以及乘法器将信号相乘后，由低功耗的积分器将信号的包络输出。

5 致谢

论文由国家自然基金项目 61372036 和中央高校基本科研业务费资助。

参考文献

[1] H . L. Xie, X. Wang , A. Wang, B. Zhao, L. Yang, and Y . M .Zhou. A broadband CMOS multiplier-based correlator for IR-UWB transceiver SoC.//Proc. IEEE Radio Frequency Integr. Circuit Symp,2007,493-496.

[2] Y. J. Zheng, Y.P.Zhang and Y.Tong. A novel wireless interconnect technology using impulse radio for interchip communications. IEEE Transactions on Microwave Theory and Techniques, 2006,54:1912-1920.

[3] C.Zhang. Hardware Development of an Ultra-Wideband System for High Precision Localization Applications. PhDdissertation,University of Tennessee,2008.

基于 0.5μm CMOS 工艺设计的两种运算放大器的性能比较与分析

王雅丽[1]，李文渊[2]

(1. 东南大学信息学院，南京，211100；
2. 东南大学信息学院，南京，210000)

1290553021@qq.com

摘　要: 本文基于 CSMC 0.5 μm 工艺，设计了几种常用的 CMOS 运算放大器，通过 Cadence 软件进行前仿真测试，版图设计，后仿真测试，对设计的两种运算放大器进行了性能比较。该论文对集成电路中运算放大器的选择具有较好的理论指导意义。

关键词: CSMC 0.5μm；CMOS 运算放大器；性能比较

Performance Comparisons and Analysis of Two Operational Amplifiers Based on the Process of 0.5μm CMOS

WANG Yali[1], LI Wenyuan[2]

(1. School of Information, Southeast University of China, Nanjing, 211100；
2. School of Information, Southeast University of China, Nanjing, 210000)

Abstract: In this paper, based on the CSMC 0.5 μm process, two commonly used CMOS operational amplifiers were designed, and their performance comparisons were made by pre-simulation, layout design, after-simulation in the Cadence Spectre. The paper has a good theoretical guidance for the operation amplifier integrated circuit design.

Keywords: CSMC 0.5μm; CMOS operational amplifiers;　Performance comparisons

1　引言

随着 CMOS 晶体管沟道长度的不断减小，各种 CMOS 运算放大器被设计并应用到各种模拟和数字电路，和 BJT 运算放大器相比，CMOS 运算放大器具有功耗低，集成度高，更重要的价格低等显著优点。本文基于 CSMC 0.5 μm 工艺，设计了两种 CMOS 运算放大器。

2　两种 CMOS 运算放大器的介绍

本文设计的两种 CMOS 运算放大器分别为交叉耦合输出级的轨到轨运算放大器和跨导线性环控制输出级的轨到轨运算放大器，分别如图1和如图2，两种运算放大器采用相同的偏置电路（如图3）和输入级。

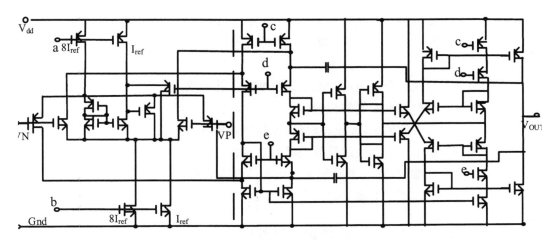

图 1 交叉耦合输出级轨到轨运算放大器

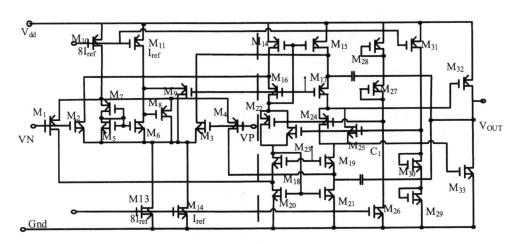

图 2 跨导线性环控制输出级的轨到轨运算放大器

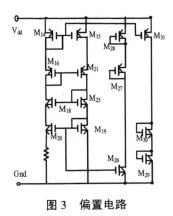

图 3 偏置电路

3 两种运算放大器的工作原理分析

本文采用的偏置电压电路由两对相同宽长比构成的共源共栅 PMOS 管构成电流镜，NMOS 管电流镜也由共源共栅结构组成，最下面的一对 NMOS 管分别为大尺寸和小尺寸构成，大尺寸 NMOS 管的源端连接电阻，构成一个的电流源，为了防止电阻正反馈形成环形震荡，大尺寸 NMOS 管的宽长比至少是小尺寸 NMOS 管宽长比的 4 倍。

输入级由两对 PMOS 管和 NMOS 管构成，以实现输入轨到轨的共模电压范围，为了减小输入跨导的变化波动，本文采用电子齐纳二极管固定当两对输入管同时工作时的源漏端电压，误差可减小为 6%。

交叉耦合输出级运算放大器由两对 PMOS 管和 NMOS 管构成，分别将其漏端和栅端相连，构成二极管的形式，NMOS 管和 PMOS 管的源端相连，第一级的输出端通过一个反相器和 MOS 管构成的二极管实现的负单位增益的放大器，反相输出控制对称的端口，并通过电流镜结构镜像输出电流。

跨导线性环控制的输出级轨到轨运算放大器由一对相同宽长比的 PMOS 管和一对相同宽长比的 NMOS 管固定输出级的栅源电压，并且驱动输出晶体管的电流来自同一路，因此相位相同，这样，一只晶体管开启，另一只关闭，交流阻抗无穷大，从而提高了增益。

4 两种运算放大器（OTA）的性能指标比较

本文设计的运算放大器是基于 Cadence 软件的 Spectre 模型下测试的，在单电源 5V 电压下，10KΩ 电阻和 1pF 电容并联负载下，其各项指标如下：

表 1 两种运算放大器的性能指标表

性能指标	跨导线性环控制的 OTA	交叉耦合输出级 OTA
GBW（Hz）	6.5M	3.965M
3 dB 带宽(Hz)	755.4	67.76K
增益(dB)	110.71	58.9
相位裕度(°)	72.18	74.69
CMRR（dB）	144.1575	114.6237
PSRR(dB)	111.7371	55.501
输入输出电压范围(V)	0.1~4.9	0.99~4.155

5 结论

本文基于 CSMC 0.5μm 工艺，设计了两种不同工作原理控制的输出级的输入输出轨到轨运算放大器，通过 Spectre 仿真测试，表明跨导线性环控制的输出级运算放大器的性能优于交叉耦合输出级运算放大器，输入输出电压范围大，单位增益带宽积和开环增益比较高，但是 3dB 带宽比较低，适合低频段，适合低频段，由于采用差分对输入级，两种运算放大器的共模抑制比都很高，100dB 以上，由于交叉耦合输出级的运算放大器输出晶体管比较少，沟道长度调制效应比较明显，所以其容易受电源电压的影响，电源抑制比比较低。

参考文献

[1] Willy M.C.Sansen. 模拟集成电路设计精粹[M].陈莹梅,译. 北京：清华大学出版社，2008.3：208-250.

射频开关功放专用驱动芯片研究与设计

周 强，谭 笑，陈 江

(南京电讯技术研究所，南京，210007)

nuaa_zq@126.cn

摘 要：本文提出了一种针对 GaN HEMT 高频开关应用的驱动电路架构，并采用 GaAs HBT 集成电路工艺，成功研制了基于该电路架构的射频开关功放（SMPA）专用驱动芯片。经过仿真和实验验证，该芯片以 5.5V 驱动输出电压摆幅驱动 2.5mm 栅宽 GaN HEMT 管芯，在占空比变化小于 3%的条件下，最高可以实现 500MHz 的开关工作频率，芯片功耗 0.5W，基本可以满足 HF 和 VHF 频段 SMPA 研究与工程应用的需求。

关键词：射频开关功放；GaN HEMT；驱动；专用芯片；GaAs HBT

Research and Design of a Special Driver IC for Switch-Mode RF Power Amplifier

ZHOU Qiang, TAN Xiao, CHEN Jiang

(Nanjing Telecommunication Technology Institute, Nanjing, 210007)

Abstract: A circuit architecture of driver for GaN HEMT with RF switching applications is proposed to achieve better performance. Base on the proposed architecture, a special driver IC has been designed and implemented for GaN HENT switch-modern RF power amplifiers in GaAs HBT technology. Under the duty-cycle change less than 3%, the special driver IC operates up to 500MHz with 5.5V peak-to-peak output voltage swing and consumes 0.5W dc power, while driving a 2.5mm GaN HEMT die. This special driver IC can basically meet the researches and the application demands of HF and VHF SMPA.

Keywords: RF SMPA; GaN HEMT; Driver; Special IC; GaAs HBT

1 引言

中国博士后科学基金项目（资助号：2013M532239）.

D 类、E 类等开关模式射频功放[1]（Switch-Modern RF Power Amplifier，SMPA）的功率晶体管工作在开关状态，理论效率可达 100%且易于数字化，适合在数字发信机中应用。为高效放大并减小失真，SMPA 需在极短时间（5%～10%开关周期）内完成开关切换，其功率晶体管须具备很高的开关速率和瞬时过冲电压。而 GaN HEMT 因其低寄生参数、高击穿电压等优势已成为 SMPA 首选功率器件[2]。但 GaN HEMT 需要 4V～5V 以上的驱动电压摆幅才能实现高效开关，高速数字器件输出电压摆幅仅几百 mV 量级，需要增加专门驱动电路。

近年来，针对 SMPA 研究与应用需求，国外 NXP 半导体公司基于特殊的高压 65nm COMS

（ED-MOS）工艺研制了多款专用驱动芯片[3,4]，其最高工作频率大于 3.6GHz，最大输出电压摆幅大于 8V。但在上述驱动芯片中，为实现变占空比的负压驱动，需采用动态偏置电路，增加了驱动电路的复杂度。受制于半导体技术和工艺，国内在 SMPA 专用驱动芯片方面还未见报道。为支撑 SMPA 研究和工程应用，本文对 GaN HEMT 高频开关驱动电路进行了研究，提出了不需外加动态偏置的驱动电路架构，并基于 GaAs HBT 工艺完成了版图设计和流片。经实验测试，该专用驱动芯片基本达到设计目标要求。

2 专用驱动芯片设计目标及工艺选择

根据 GaN HEMT 的特性，本文首先确定专用驱动芯片的设计目标为：①输入信号接口采用差分输入的标准 LVDS 电平，以实现与高频数字信号的接口；②输出电压摆幅大于 5V，其中低电平小于-4.5V；③瞬时驱动电流大于 200mA；④驱动输出信号占空比变化小于±5%（相对于输入的数字信号）；⑤最高工作频率大于300MHz；⑥输出驱动电压上升/下降时间小于 350ps；⑦无信号输入时，强制输出低电平，使 GaN HMET 截止，以起到保护作用。

针对上述目标，对驱动芯片半导体工艺需求如下：①截止频率（fT）要达到 20GHz 以上；②晶体管最高工作电压大于 7V，最大工作电流大于 300mA，并支持负压工作。综上所述，采用峰值 fT 可达 25GHz、击穿电压可达 10V 以上的 2μm GaAs HBT 工艺，可满足设计要求。

3 专用驱动芯片的功能设计

对芯片的功能架构进行总体设计，本文提出的驱动电路架构如图 1 所示。该驱动电路架构由输入差分信号接收级、占空比调整级、预缓冲级和输出驱动级共四个部分构成。

图 1 驱动器架构

1. 差分信号接收级设计。差分信号接收级实现对输入差分信号的阻抗匹配和差分信号接收。输入端接电阻形式如图 2 所示，输入差分端接电阻 R_1 为 100 Ω，共模电压由 R_3 和 R_2、R_5 和 R_4 分压得到，并使 $R_4<R_2$，以在输入悬空时默认输入低电平。输入端接电阻后，采用差分对将输入信号转换为固定共模电平和差分摆幅的内部信号，并经射随输出至下一级。

2. 占空比调整级和预缓冲级设计。占空比调整电路由一级延迟门和一级与门级联而成，输入信号和自身延迟后的信号相与将产生一个占空比降低的信号，通过控制延迟级的延迟量即可对占空比进行调整。如图 3 所示，预缓冲级采用差分对电路，两路输出 VoP 和 VoN 分别驱动输出驱动级的两个缓冲电路，二极管 D_1 确保 Q_2 截止时 VoN 输出为负压。

输出驱动级设计。如图 4 所示，输出驱动级由输出缓冲电路和末级输出电路构成。在末级输出电路中，我们引入反馈电阻 R_{10}，在实现大电流驱动的同时尽可能降低电路的静态功耗，同时加速末级输出电路的导通关断过程，从而实现较短的上升/下降时间。

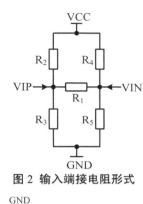
图 2 输入端接电阻形式

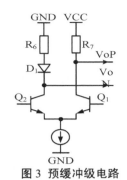
图 3 预缓冲级电路

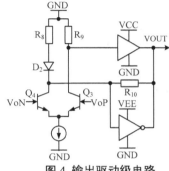
图 4 输出驱动级电路

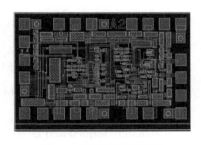
图 5 专用驱动芯片版图

4 专用驱动芯片性能测试

基于上述驱动电路架构，完成芯片版图设计，得到的芯片版图如图 5 所示，芯片尺寸约 1mm×2mm。对该芯片进行实验测试，采用 Triqunt 公司 2.5mm 栅宽 GaN HEMT 管芯和 E 类 SMPA 电路，VDD 为 10V。测试电路和实测波形如图 6 所示，其中实测波形上通道为驱动芯片输出电压（纵坐标：2V/div），下通道为 GaN HEMT 输出电压（纵坐标：10V/div），输入信号为占空比 50%的 LVDS 差分信号。经测试，该芯片输出电压摆幅在 5.5V 以上，低电平小于-5V；芯片输出电压上升/下降时间约 300ps，GaN HEMT 输出电压上升/下降时间约 200ps；对应输入信号频率 200MHz 和 500MHz，GaN HEMT 输出电压占空比分别为 48.1%和 47.3%，功耗为 0.34W 和 0.51W，均到达设计目标要求。

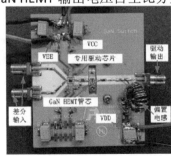
(a) 测试电路实物照片

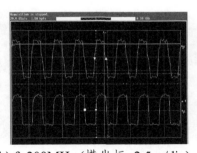
(b) f=200MHz (横坐标: 2.5ns/div)

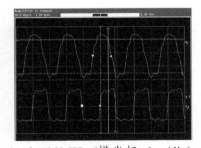
(c) f=500MHz (横坐标: 1ns/div)

图 6 芯片测试电路及实测波形

5 结论

针对 SMPA 的研究与应用需要，本文提出了一种针对 GaN HEMT 开关功放的驱动电路架构，基于 GaAs HBT 集成电路工艺，设计实现了基于该电路架构的专用驱动芯片，并对芯片性能进行了实验验证。经实验测试表明，该专用驱动芯片达到了最初的设计目标，可基本满足 HF、VHF 频段数字功放的使用要求。

6 致谢

在该专用驱动芯片的设计、流片以及测试过程中，中科院微电子所的刘新宇研究员、金智研究员和吴旦昱博士提供了大量的帮助和支持，在此一并表示感谢。

参考文献

[1] A. Grebennikov, N. O. Sokal. Switchmode RF Power Amplifiers [M]. Oxford: Elsevier Inc., 2007.

[2] S.Gao, H.Xu, S.Heikman, et al. Microwave Class-E GaN Power Amplifiers[C]//Proc. Asia-Pacific Microwave Conf. (APMC), 2005.

[3] D. A. Calvillo-Cortes1, M. Acar, M. P. van der Heijden, et al. A 65nm CMOS pulse-width-controlled driver with 8Vpp output voltage for switch-mode RF PAs up to 3.6GHz[C]. ISSCC 2011, 58-60.

[4] M. Acar, M. P. van der Heijden and D. M. W. Leenaerts. 0.75 Watt and 5 Watt Drivers in Standard 65nm CMOS Technology for High Power RF Applications [C]. 2012 IEEE Radio Frequency Integrated Circuits Symposium, 2012, 283-286.

X波段多功能芯片的研制

许向前，姜兆国，刘 帅

(中国电子科技集团公司第十三研究所，石家庄,050051)

摘 要：采用 GaAs pHEMT 工艺，研制了一款 X 波段收发多功能芯片。在一个芯片上集成了双平衡混频器、本振驱动放大器、低噪声放大器、射频开关等电路，能够分别实现接收下变频和发射上变频的功能。该芯片的面积仅为 $2.8 \times 2.2 mm^2$。在射频频率 7~13GHz，本振频率 7~17GHz，中频频率 DC~4GHz，本振输入功率-3dBm 情况下，接收变频增益大于 10dB，噪声系数小于 3.5dB，输出 P-1 大于 0dBm；发射变频增益大于 11dB，输出 P-1 大于 9dBm。

关键词：微波单片集成电路;放大器;混频器;多功能芯片;系统级封装

Design of an X Band Multifunctional MMlC Chip

XU Xiangqian, JIANG Zhaoguo, LIU Shual

(The 13th Research Institute, CETC, Shijiazhuang, 050051, China)

Abstract: This article introduces an x band Multifunctional MMlC chip using GaAs PHEMT(Pseudomorphic High Electron Mobility Transistor) technology developed by 13th Research Institute of CETC. The Multifunctional MMlC chip contains a mixer, driver amplifier, LNA, Switch in this single chip. The chip size is about $2.8 \times 2.2 mm^2$. This multifunctional chip operates at RF frequency range from 7~13GHz, LO frequency range from 7~17GHz, IF frequency up to 4GHz. The down conversion gain is greater than 10dB and the N_f is less than 3.5dB. The up conversion gain is greater than 11dB, the output P-1 is better than 9dBm with the LO input power less than -3dBm.

Keywords: MMIC; Amplifier; Mixer; multifunctional MMIC chip; SIP

1 引言

有源数字阵列雷达是一种接收和发射波束都采用数字波束形成技术的全数字阵列雷达，数字阵列雷达以其优越的性能，正在成为相控阵雷达的一个重要发展方向。数字 TR 组件是数字阵列雷达的核心部分，它是一个完整的收发子系统。多功能芯片集成了多种通用芯片的电路功能，通过单片化集成设计，能够提高电路集成度、减少电路面积，实现数字 TR 组件的系统化集成。多功能芯片是第三代微波电路向第四代发展的过渡阶段，是 SIP 的基础。伴随着半导体集成电路的发展，采用多功能芯片等芯片化系统集成技术，可以实现数字 TR 组件的系统集成，对数字 TR 组件的发展有重要意义。

2 多功能芯片原理框图

本文介绍的收发多功能芯片主要包含射频双向放大器、双平衡混频器、本振驱动放大器三个部分。收发多功能芯片的原理框图如图 1 所示。通过改变双向放大器的传输方向，可以分别实现接收下变频和发射上变频的功能。射频双向放大器内部集成了四个单刀双掷开关和一个低噪声放大器。该收发多功能芯片的接收、发射通道共用一个低噪声放大器，能够显著的减小芯片面积，降低收发控制的复杂性。在集成一个低噪声放大器的情况下，通过控制开关（S1、S2、S3、S4）的导通方向，实现双向放大器传输方向的切换。

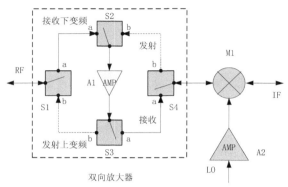

图 1　收发多功能芯片的原理图

当接收下变频时，射频输入信号 RF 与本振信号 LO 混频输出中频信号 IF，同时选择四个开关的导通至 a 节点，信号的传输路径为：RF→S1→S2→A1→S3→S4→M1→IF，实现 RF 至 IF 的信号传输。

当发射上变频时，中频输入信号 IF 与本振信号 LO 混频输出射频信号 RF，选择开关的导通至 b 节点，信号的传输路径为：IF→M1→S4→S2→A1→S3→S1→RF，实现 IF 至 RF 的信号传输。

3　多功能芯片的设计

采用了中国电子科技集团公司第十三研究所的 GaAs PHEMT 多功能工艺技术，集成了开关 FET、低噪声 FET、功率 FET、二极管、数字电路和无源器件等多种电路工艺。在一个面积 $2.8\times 2.2mm^2$ 的单片集成电路上，实现了射频开关、低噪声放大器、双平衡混频器、本振驱动放大器等电路。图 2 为收发多功能芯片的版图。

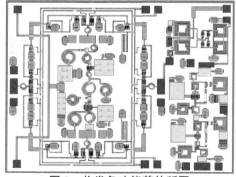

图 2　收发多功能芯片版图

4　研制结果

单电源 V_{dd}=+5V, I_{dd}=105mA，控制电压-5V 和 0V，该款收发多功能芯片的变频特性测试曲线见下图，测试结果表明，在射频频率 7～13GHz，本振频率选择高本振，中频频率为 0.1GHz，本振输入功率-3dBm 情况下，接收增益大于 10dB，噪声系数小于 3.5dB，输出 P-1 大于 0dBm；发射增益大于 11dB，输出 P-1 大于 9dBm。在本振频率保持 7GHz，中频带宽大于 4GHz。

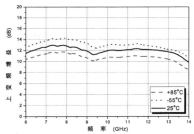

图3 多功能芯片下变频增益

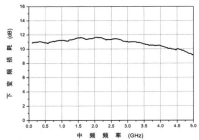

图4 多功能芯片上变频增益

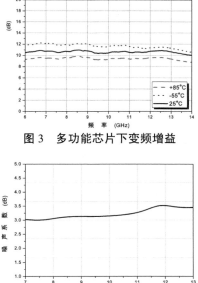

图5 多功能芯片下变频噪声特性

图6 多功能芯片中频频带特性

5 结论

本文采用 GaAs PHEMT 工艺，研制了 X 波段收发多功能芯片，介绍了多功能芯片的系统原理和单元电路设计。采用多功能芯片的设计方法，在一个芯片里集成开关、低噪声放大器、混频器、本振驱动放大器，甚至控制电路，不仅能够大大减少收发系统中芯片数目、减少芯片互联工序与连线，还能够从整体上优化设计各个功能单元的指标，提高多功能模块的综合性能，大大提高射频系统的集成度。该收发多功能芯片的设计方法、系统架构可广泛地用于各种频率的射频收发系统，有利于实现射频收发系统的小型化和标准化，具有非常高的系统集成度。

参考文献

[1] 徐锐敏，陈志凯，赵伟. 微波集成电路的发展趋势. 微波学报，2013,29（5/6）:55-60.

[2] Satoshi Masuda, Masao Yamada, Y ouichi Kamada, Toshihiro Ohki, Kozo Makiyama, Naoya Okamoto, Kenji Imanishi, Toshihide Kikkawa, and Hisao Shigematsu. GaN Single-Chip Transceiver Frontend MMIC for X-Band Applications, 2012, IEEE.

[3] 吴亮，侯阳，李凌云，等.毫米波宽带多功能芯片研制. 电子测量与仪器学,2009（增刊）: 337-342.

基于 LTCC 的 90° 移相耦合器的设计与仿真

胡嵩松

(中国电子科技集团公司第三十六研究所,嘉兴,314033)

摘 要:低温共烧陶瓷(LTCC)技术是无源元件集成的主流技术之一。本文介绍了一种基于 LTCC 工艺的 90° 移相耦合器的设计原理和方法,设计了一种用于微波组件的工作频带为 2.0~2.5GHz 的新型三维移相耦合器,在工作频带内该耦合度为 3dB,插入损耗≤0.5dB,隔离度≥20dB,回波损耗≥20dB。使用 HFSS 软件对模型进行了仿真,得到了理想的结果。

关键词:LTCC;90°移相耦合器;仿真

Design and Simulation of 90° Phase Shift Coupler Based on LTCC Technology

HU Songsong

(No.36 Research Institute of CETC, Jiaxing, 314033)

Abstract: Low Temperature Co-fired Ceramic (LTCC) is one of mainstream technologies of integrated passive components. In this paper a theory and method of 90° phase shift coupler based on LTCC technology is introduced, and the authors design a new 3D phase shift coupler that works in a frequency range from 2.0 to 2.5 GHz used in microwave modules. In the working frequency band the coupler works with coupling coefficient of 3dB, IL≤0.5dB, isolation≥20dB and RL≥20dB. The ideal result is obtained by simulation of model using HFSS.

Keywords: LTCC; 90° Phase shift coupler; Simulatio

1 引言

微波技术的不断发展和电子装备性能的不断改进对元器件集成度的要求也越来越高,小型化和轻量化的微波器件日益受到广泛的重视。微波器件的小型化和轻量化取决于材料科学技术与电磁技术的发展,基于低温共烧陶瓷(LTCC)技术的多层结构大大减小了器件的尺寸[1-2],为微波器件的小型化和轻便化奠定了良好的基础。

定向耦合器是一种具有方向性的功率耦合元件,用途广泛,一直是各种微波集成电路的重要组成部件。由带状线和微带线构成的定向耦合器由于具有结构小巧紧凑,易于制造,工作频带较宽等优点,得到了广泛的应用。本文选用的是以宽边耦合形式的带状线定向耦合器的结构,该耦合器的两个输出信号的相位相差 90°。这种定向耦合器不但结构简单,体积小,频带较宽,还能充分利用 LTCC 的技术特点,易于内部埋置。

2 耦合器结构设计选择

本文设计的 90°移相耦合器将埋置在 LTCC 基板中,其耦合线以带状线的形式存在,工作频带为 2GHz~2.5GHz,耦合度 C 为 3dB,插入损耗 IL≤0.5dB,隔离度 I≥20dB,回波损耗 RL≥20dB。带状线定向耦合器基本上采用两种耦合形式,即宽边耦合和窄边耦合,其结构图分别如图 1 所示。其中 b 为上下接地层的间距,s 为耦合带状线之间的线间距,w 为耦合带状线的线宽。由于 3dB 耦合度属于强耦合,如果采用窄边耦合的形式,会使两条带状线的线间距很小,从而靠得很近,以目前的工艺水平还很难达到这样的精度。而采用宽边耦合的形式,由于两条带状线属于上下层的结构,因此可以充分利用 LTCC 的技术特点,通过控制流延膜片的厚度来控制带状线之间的线间距。而且采用宽边耦合形式的耦合器形成了三维结构,相比采用窄边耦合形式的平面结构耦合器,其尺寸要更小。因此本文采用这种耦合形式来设计 90°移相耦合器。

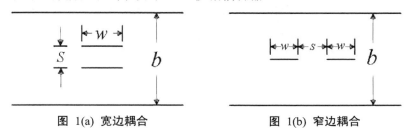

图 1(a) 宽边耦合　　　　图 1(b) 窄边耦合

3 耦合器参数计算及仿真

根据本文中耦合器的设计指标,利用 ADS 软件中的 Linecalc 工具,并选择宽边耦合的模式,输入相关的技术指标以及上下接地层的间距等参数进行计算。根据 Linecalc 工具计算出的物理参数,在 HFSS 软件中建立耦合器的电路模型,进行优化仿真。最终确定 LTCC 90°移相耦合器的模型如图 2 所示。

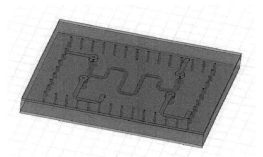

图 2　LTCC 90°移相耦合器模型

本次设计采用 Ferro 公司的介电常数为 5.9 的 A6M 基板材料,烧结后每层基板厚度为 94um。15 层 94um 后的生瓷片构成上下两层接地层。上下两层带状线构成两条耦合线,耦合线之间的间距为 94um,即一层生瓷片的厚度,其中上层耦合线距上层接地层 7 层,离下层接地层 8 层,上层接地层以上 3 层。输入输出端 50Ω 匹配,考虑到材料烧结后有 15%左右的收缩率以及 LTCC 的工艺水平,设定每条耦合线的长度为 19.4mm,线宽为 0.3mm。输入输出 50Ω 微带线的线宽为 0.4mm,通过半径为 0.1mm 的通孔,并穿过半径为 0.4mm 的地孔与 50Ω 的带状线相连,带状线的线宽为 0.5mm。在整个微波组件中,耦合器的四周可以打上接地通孔栅实现与其他器件的电磁隔离,烧结后 90°移相耦合器的尺寸约为 11mm×14mm。

在设计中,由于耦合线的长度 1/4 波长,且频率较低,造成了耦合线的长度较长,因此耦合带状线并没有采用普通的直线段形式,文献[3-4]分别提出了曲折型、螺旋型耦合带状线,本文采用曲折型的形式。采用这种结构的耦合线，不但减小了耦合器的尺寸，而且由文献[5]可知，它对层间对位精度等工艺指标的要求比采用直线段形式的耦合线要低，从而降低了制作难度。与此同时，折叠线中的拐角以及连接微带线和带状线的信号通孔都会带来不连续性，对耦合器的性能产生影响，因此对折角的处理和信号通孔结构的设计十分重要。目前常见的拐角处理方式有直角拐弯、外侧切角、内外两侧切角、圆弧等，根据不同拐角的性能比较以及 LTCC 工艺加工难度，本文选择外侧切角处理方式，切角的具体处理方法可参考文献[6]。影响通孔性能的因素很多，如通孔长度、直径、传输线导带与通孔连接处覆盖区的大小、地孔直径和介质介电常数等，可通过软件不断仿真优化。

最终仿真优化好的 90°移相耦合器的仿真结果如图 3 所示。由图 3 (a)可知，在 2GHz~2.5GHz 的工作频带内，90°移相耦合器的耦合端和直通端这两个输出端的插入损耗均小于 0.5dB，且耦合度大约为 3dB，实现了功率等分。耦合器的回波损耗大于 20dB，隔离度在工作频带内也基本大于 20dB。由图 3 (b)可以看出，在工作频带内直通端的输出信号比耦合端的输出信号相位滞后大约为 90°。因此 90°移相耦合器的仿真结果满足设计指标。

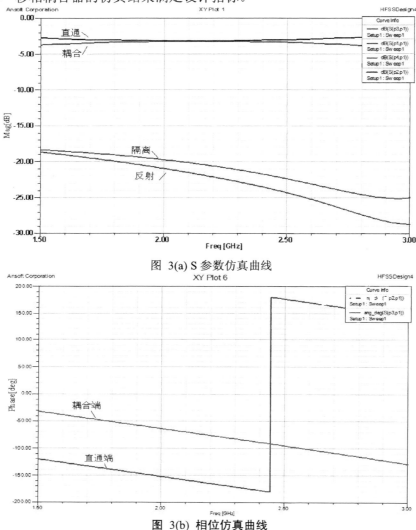

图 3(a) S 参数仿真曲线

图 3(b) 相位仿真曲线

4 结论

本文设计了一种基于 LTCC 工艺的新型 90°移相耦合器，并通过 HFSS 软件仿真优化达到了设计指标。这种新型的耦合器既结构简单，又能充分利用 LTCC 技术多层结构的技术特点进行无源埋置，从而实现器件的小型化，并且适用于各种微波组件。

参考文献

[1] Bradley, P.D. Ruby, R. Barfknecht, et al. A 5 mm ×5 mm ×1.37 mm hermetic FBAR duplexer for PCS handsets with wafer-scale packaging. Ultrasonics Symposium 2002 Proceedings 2002 IEEE, 2002,1: 931 - 934.

[2] Kryshtopin, A. Kravchenko, R. Chernyakov, et al. Novel high-accuracy LTCC-integrated power monitors for 2.4 and 5 GHz Wireless-LAN applications. 2004 IEEE MTT-S International Microwave Symposium Digest, 2004,2: 1277 - 1280.

[3] Gruszczynski Slawomir, Wincza Krzysztof, Sachse Krzysztof. Design Of Compensated coupled stripline 3 dB directional couplers, phase shifters, and Magic T'S Part I: Single Section Coupled Line Circuits. IEEE Transactions on Microwave Theory and Techniques, 2006, 54(11): 3982-3994.

[4] Al-Taei S, Lane P, Passiopoulos G. Design of high directivity directional couplers in multilayer ceramic technologies. IEEE MTT-S International Microwave Symposium Digest, 2001, 1: 51-54.

[5] 谢廉忠, 符鹏. 用于微波组件的 LTCC 3dB 耦合器. 现代雷达, 2008, 30(2): 100-102.

[6] 清华大学微带电路编写组. 微带电路. 北京: 人民邮电出版社, 1976: 95-96.

LTCC 基板介电常数对微波组件传输性能影响的研究

张明辉，张兆华

(南京电子技术研究所，南京，210039)

archerzmh@163.com

摘　要：微波组件是相控阵雷达的关键部件，要求具有良好的稳定性。低温共烧陶瓷（LTCC）技术制作的基板因其具有的优良高频特性及高布线密度等优点，被广泛应用于相控阵雷达的微波T/R 组件中。本文主要研究了 LTCC 基板介电常数离散性对 T/R 组件传输性能的影响，并通过 LTCC 微带线试验样品的制作与测试，验证了仿真结果。

关键词：微波组件；LTCC 基板；微波传输性能

Study on the Impact of LTCC Substrates' Permittivity upon Microwave Module Transmission

ZHANG Minghui, ZHANG Zhaohua

(Nanjing Research Institute of Electronics Technology, Nanjing, 210039)

Abstract: As the key parts of phased array radars, Microwave Modules are asked for the high stability. Because of the advantage of excellent high frequency property and routing density, LTCC substrates are widely used in the Microwave T/R Modules of phased array radars. In this paper, the impact of LTCC substrates' permittivity upon T/R module transmission is researched. The sample of LTCC microstrip line is fabricated and tested. Compared with the testing data, the simulation result is proved as expected.

Keywords: Microwave modules; LTCC substrates; Microwave transmission

1　引言

随着有源相控阵雷达在军事、导航、通讯等各个领域的广泛应用，天线阵面上数量巨大的 T/R 组件的性能直接关系到整机性能的优劣。作为最为重要的部件之一，T/R 组件被提出了极为苛刻的要求，必须具有高功率、低噪声和高精度移相/衰减等优良的电性能指标，以保证雷达系统的技战术指标要求。因此，如何研制出体积小、重量轻、可靠性高和性能一致性好的 T/R 组件越来越受到人们的关注[1]。

低温共烧陶瓷（LTCC）技术制作的基板因其具有的低介电常数、小损耗角正切值等优点，成为 T/R 组件中基板体系的优选方案之一。LTCC 技术利用微波传输线、逻辑控制线和电源线进行混合信号设计的方法，将它们组合在同一个三维微波传输结构中，大幅提高了布线密度，提供了比传统的厚膜、薄膜技术更加灵活的设计方法[2]。自九十年代初期进行研究开始，现在已广泛应用在有源相控阵雷达和通讯领域。

LTCC 基板是由陶瓷粉体、玻璃介质与有机溶剂流延干燥后所形成的生料带经过深加工烧结成型的。由于一个雷达阵面的组件数量巨大，LTCC 生料带使用量大，在组件的批生产中可能会用到几个批次的原材料。不同批次生料带存在的差异将直接导致组件基板的电性能，特别是传输性能的不一致。本文针对微带线和带状线这两种在 T/R 组件中经常用到的微波传输线形式，利用电磁场分析软件 HFSS 进行了电路设计仿真，研究了 LTCC 基板介电常数的稳定性对 T/R 组件传输相位的影响，并通过制作微带线实例，将仿真结果与试验样品的测试结果进行了对比，验证了仿真结果。

2 LTCC 生料批次性影响分析

2.1 LTCC 生料批次性

LTCC 技术是为了适应高密度封装而发展起来的一种多层信号互连结构方式。其生产的工艺流程为单层生料经过冲孔和通孔的金属化填充后，通过丝网印刷工艺形成表面图形，再经过垂直过孔的对位叠层和层压形成生胚，生胚在较低温度下烧结最终形成立体电路，如图 1 所示[3]。

本文针对 DuPont 公司提供的 DuPont 9K7 材料进行分析，其出厂报告显示该材料的介电常数为 7.1 ± 0.2。利用开腔式谐振腔法[4]对多批次来料进行介电性能测试后发现，其介电常数分布在 6.82~7.20 之间，排除测试工具与方法对测试的影响，基本符合出厂报告中介电常数的分布范围，同时也可以证明 LTCC 基板的生产过程中，确实会因为来料批次不同导致基板的介电性能存在差异。

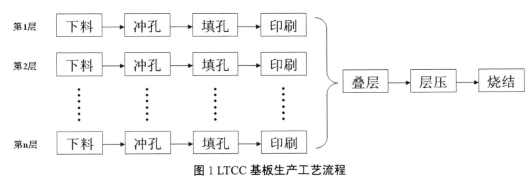

图 1 LTCC 基板生产工艺流程

2.2 性能影响分析

LTCC 技术提供了便利的多层混合布线条件，微波传输线特别是带状线和微带线的设计在 T/R 组件被大量使用。针对本文研究的 DuPont 9K7 材料，采用三维有限差分模型技术和 HFSS 软件进行分析、计算和仿真设计，可以得到产生 50 Ω 特性阻抗时的传输线宽度，其线宽与介质的介电常数是呈唯一对应关系的。以下内容将针对 LTCC 生料介电常数的波动进行分析，看其是如何影响 T/R 组件基板的传输性能，特别是对其插入相位的影响。

2.2.1 带状线

带状线是在无源微波集成电路中最广泛使用的传输线之一。它是置于两个平行的地平面之间一根高频传输导线，在这两个地平面之间充满了均匀的电介质，其结构示意图见图 2。带状线是均匀传输线，传输的为 TEM 模。

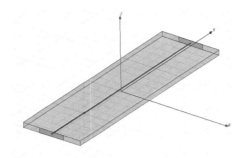

图 2 带状线结构示意图

根据本文研究的 DuPont 9K7 材料（其介电常数中心值为 7.1，单层烧结厚度为 0.11mm），设计了长度为 50mm 的 10 层 LTCC 带状线，总厚度为 1.1mm。为得到 50Ω 的特性阻抗，带状线的导体宽度为 0.3mm。

带状线的插入相位的计算公式如下[5]：

$$\theta = -\beta l = -2\pi f \sqrt{\varepsilon_r \varepsilon_0 \mu_0} = -2\pi f \sqrt{\varepsilon_0 \mu_0} \sqrt{\varepsilon_r} \tag{1}$$

由公式（1）分析可知，带状线的插入相位只与 LTCC 基板的介电常数有关系，与基板的厚度、传输线的阻抗等参数无关。在 X 波段内，当介电常数由 6.8 变化至 7.2 时，其插入相位随介电常数的变化如图 3 所示。在 10GHz 时，对于长度为 50mm 的 LTCC 带状线，其相对介电常数每变化 0.1，插入相位变化约为 10 度。

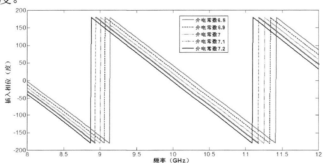

图 3 X 波段内 50mm 带状线插入相位随介电常数的变化

2.2.2 微带线

微带线是一种带状导线，与地平面之间用电介质隔开，另一面直接接触空气，其结构示意图见图 4。微带线与带状线不同，它是非均匀的传输线，因为微带线和地平面之间的导线不完全包含在电介质之内。因此，沿微带线传播的模不是纯 TEM 模，而是准 TEM 模。本文中设计了 50mm 长的 5 层微带线，厚度为 0.55mm，其中导线的宽度为 0.71mm。

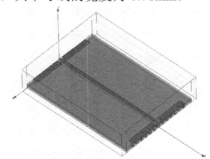

图 4 微带线结构示意图

微带线的插入相位和带状线的结果较为类似，但它是一个与基板厚度有关的量。为研究介电常数对传输性能的影响，本文中我们假设不同批次的 LTCC 生料带烧结厚度一致，以简化模拟过程。

微带线插入相位的公式如下[5]：

$$\theta = -\beta l = -lk_0\sqrt{\varepsilon_e} = -lk_0(\frac{\varepsilon_r+1}{2} + \frac{\varepsilon_r-1}{2}\frac{1}{\sqrt{1+12d/W}}) \tag{2}$$

同样是 50mm 长，5 层生料的微带线，假设其厚度一定，在 X 波段内的模拟结果如图 5 所示。在 10GHz 时，当 LTCC 基板的介电常数每变化 0.1，其插入相位与带状线的结构类似，也约变化 10 度左右。

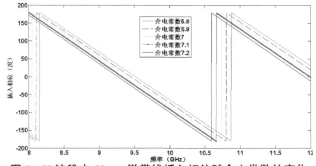

图 5 X 波段内 50mm 微带线插入相位随介电常数的变化

3 实验验证及解决方案

为验证介电常数对 T/R 组件微波传输性能的影响，我们利用现有 LTCC 生料带进行了传输线的样品制作及性能测试验证。为尽可能排除样品制作及测试所带来的误差，试验中选取了出厂报告中介电常数相差最大的两批生料，其介电常数分别为 6.82 和 7.2。

3.1 样品制作

带状线是埋置在 LTCC 基板内部的，一旦制作完成，无法精确测量传输线的线宽，且测试时还需通过制作垂直互连的通孔将传输线转至 LTCC 基板表面进行测试，增加了内部转接及 LTCC 加工精度所带来的误差。

微带线是通过丝网印刷的方式直接将线条印刷在 LTCC 基板表面的，烧结后其线条宽度可通过工具测量显微镜进行测试，用以评判其线条精度是否符合设计需求。测试时，将微带线直接与矢量网络分析仪相连，可极大程度地减少外部电路对其插入相位的影响。

通过以上分析，优选制作微带线作为本次试验的样品。样品设计时，在微带线两侧分别设置了从表面贯穿至底部大面积底层的金属化通孔，用以保证测试接头的接地性能良好，其示意图见图 6。利用来料时介电常数相差较大的两批生料进行加工制造，经过烧结、切割后，得到了微带线的试验样品。我们规定介电常数 6.82 的生料带制作的微带线为 1#样品，介电常数 7.2 的生料带制作的微带线为 2#样品。

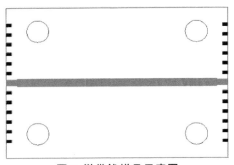

图 6 微带线样品示意图

3.2 测试分析

利用工具显微镜和游标卡尺分别测量了 2 个样品的线条宽度及基板厚度，利用 Agilent 公司 N5242A 矢量网络分析仪和微带线测试夹具（Southwest Microwave 公司的 SMA 转接头）对微带线样品进行了测试，得到了试验的 S 参数。

两个样品的线宽、厚度以及 10GHz 下的电性能测试结果如表 1 所示，在 X 波段内（8~12GHz）两个样品的实测插入相位性能如图 7 所示。从实测结果看，两批生料制作的样品线宽精度较高，基本达到 0.71mm 的设计值。两者烧结厚度相差不大，基本认为该厚度差异对微带线插入相位的影响可以忽略不计。

通过图 7 与图 5 的比较可以看出，测试结果与仿真数据的规律基本相符，介电常数越大，在同频率点下的插入相位越小，但图 7 所示的实测微带线所经过的电长度比图 5 的模拟值略大，超过 2 个波长（模拟图电长度接近 2 个波长）。而由表 1 中在 10GHz 下的插入相位也可知，实测两个样品插入相位差约为 45°，相当于介电常数每增大 0.1，插入相位变化约 11.25°，比上一节中模拟结果的 10°也略大一些。

分析认为，由于测试时微带线两侧必须连接 SMA 转接头，而矢量网络分析仪记录的是自身两个电缆头之间的电性能，引入的 SMA 转接头实际上等效于增加了微带线的长度，这是导致实际测试结果比模拟数据电长度大的主要原因，同样也是导致实测结果中微带线插入相位对介电常数更加敏感的主要因素。

表 1 10GHz 下微带线的电性能测试

样品编号	介电常数	厚度（mm）	线宽（mm）	插入相位（°）
1#	6.82	0.55	0.707	149.10
2#	7.2	0.56	0.712	103.61

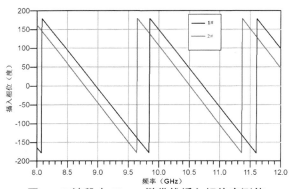

图 7 X 波段内 50mm 微带线插入相位实测值

3.3 解决方案

为得到插入相位一致性好的组件，除尽可能加强在微组装装配过程中的稳定性及精度控制外，设计师们也已经通过在组件外配置调相电缆的方式对 T/R 组件的初始插入相位进行调节。这种方式属于后期调制，是目前较为成熟的一种方案。由于此方式需要对组件进行测试与分类，工作量繁重，同时受制于空间的局限性，在实际操作中难度也很大。

本文意从组件的设计和生产过程着手，从前期提出一些可能的解决方案，尽可能减小 T/R 组件的相位不一致性。

1、在 LTCC 生料来料时加强管控，通过开腔式谐振腔法或印制谐振环电路等方式精确测量来料的介电常数，尽可能选择介电常数一致或相差不大的批次进行组件基板的生产，从源头减小 LTCC 基板对组件插入相位的影响。

2、在组件内部增加调相芯片或者在设计时加入调相块，在组件装配及测试的过程中，通过金丝键合的方式调整微波信号的电长度，从而在组件生产交付之前将组件的插入相位调成尽可能一致的状态。

4 结论

微波 T/R 组件对产品性能的一致性要求越来越高，LTCC 技术制造的多层板因其稳定的高频特性收到设计师的青睐，被广泛应用于微波 T/R 组件的设计制造中。制造基板用的生料因为其供料的批次性不同会导致基板介电常数的批次间差异，从而导致组件插入相位的不一致。本文通过对带状线和微带线的模型分析及样品制作后的实际数据测试证明了这点，对组件的插入相位不一致性提供了理论依据，同时也提出通过 LTCC 生料带的来料参数控制以及从组件设计和装配进行前期干预的方案，减少组件批产时由 LTCC 基板导致的相位差。

参考文献

[1] 张德智，李佩. LTCC 技术在组件电路设计中的应用. 第八届全国雷达学术年会论文集，2002.

[2] 严伟，洪伟，薛羽. 低温共烧陶瓷微波多芯片组件. 电子学报，2002.

[3] 谢廉忠，微波组件用带腔体 LTCC 基板制造技术. 现代雷达，2006.

[4] J. Krupka, A. P. Gregory, O. C. Rochard, R. N. Clarke, B. Riddle, and J. Baker-Jarvis. Uncertainty of complex permittivity measurements by split-post dielectric resonator technique, J. Eur. Ceram. Soc., 2001.

[5] David M. Pozar. Microwave Engineering. Third Edition. Publishing House of Electronics Industry, 2006.

多芯片组件中芯片至微带金丝键合结构的优化

谢成诚，张 涛

(安捷伦科技，EEsof EDA)

cheng-cheng_xie@agilent.com; tao_zhang@agilent.com

摘 要：本文使用 JEDEC 键合线模型，对微带至芯片互连结构进行建模，并在微带端建立通用匹配电路，通过优化快速确定适当的匹配电路结构。该方法可适用于不同基片及芯片焊盘的微带至芯片互连结构，对于微波多芯片组件的工程设计具有很好的参考价值。

关键词：多芯片组件；键合线；ADS； 仿真

The Optimization of Microstrip to Chip Bond-wire Interconnect Used in MCM

XIE Chengcheng，ZHANG Tao

(Agilent Technologies, EEosf EDA)

Abstract: In this paper, a JEDEC bond-wire model is built to connect micro-strip and chip structure. A matching network is designed and optimized using fast optimization method on the Micro-strip side. The proposed modeling and optimization approach can be applied to micro-strip to chip interconnection structure of different substrates and bonding pad. This method has great benefit to the microwave multi-chip-module (MCM) design.

Keywords: MCM; Bond-wire; ADS ; Simulation

1 引言

由于电子系统小型化的需求，使用多芯片组装技术是实现微波电路小型化的有效途径之一。在微波多芯片组件(MCM)中，键合线互连是实现多芯片组件电气互连的关键技术。目前虽然有很多新技术可以用来实现信号的传输，如倒装焊、硅过孔等，但键合线互连仍因工艺简便和价格低廉在实际生产中被普遍采用。但随着频率的升高，键合线的寄生效应对微波传输性能有很大的影响。因此，在微波电路设计中，对键合线互连结构进行分析、优化非常重要。

2 键合线模型

键合线的等效电路模型可以用并联电容 $C1$、串联电感 L 和串联电阻 Rs、并联电容 $C2$ 组成的低通滤波器网络来表示，如图 1 所示。

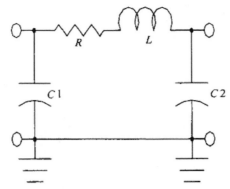

图1 金丝键合线等效电路模型

使用键合线等效电路模型对互连结构进行分析，不容易对焊盘大小及键合线之间的耦合等效应进行建模。更准确且直观的方法是使用三维电磁场仿真工具，对键合线结构进行建模及仿真。

使用安捷伦先进设计系统（ADS）中的键合线模型，能够对芯片至微带键合结构进行表征。ADS 版图环境下的键合线定义分为两类：一种使用描点的办法描绘键合线形状，另外一种遵循标准键合线定义（EIA/JESD59 标准）。JEDEC 标准键合线模型使用五个变量及两个限制条件来对键合线形状进行描述[1]。ADS 能够在版图环境下使用 JEDEC 键合线，对不同层的金属焊盘进行连接。图 2 为 JEDEC 键合线模型参数示意图以及 ADS 中的三维视图，其不仅能够对键合线进行描述，还能够考虑不同大小、不同位置的焊盘效应。

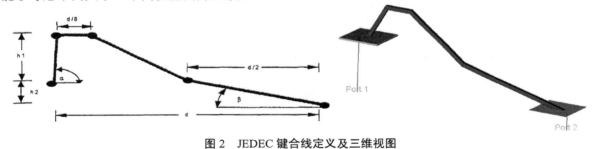

图2 JEDEC 键合线定义及三维视图

3 微带至芯片键合结构优化

针对微带至微带键合结构，有较多途径对键合结构进行优化：如使用多根金丝或金带进行键合，同时在满足工艺操作要求前提下尽量降低拱高、减小跨距[2-3]；对键合线焊盘形状进行优化，使整个键合结构成为 C-L-C 低通滤波网络[4]等。

在进行芯片至微带金丝互联时，由于芯片焊盘大小有限，在微带之间进行互联能够用到的一些手段，如双金丝、金带等无法正常使用，因而提高互联质量的需求也更加迫切。在 ADS 中建立微带及芯片的叠层结构，并添加 JEDEC 键合线模型，能够对芯片至微带键合结构进行精确建模。使用 ADS 中的 FEM 三维电磁场仿真器，能够对整个键合结构进行精确仿真。

由于受限于工艺条件以及芯片焊盘大小，直接对金丝键合结构进行改变非常困难。此时仅能够从优化微带端性能入手。对微带端进行简单匹配，构成 L-C-L 低通滤波网络后，能够大幅度改善高频段的反射[5]。在原理图中，对微带端匹配电路进行建模，考虑微带电路的基片特性，再将三维电磁场仿真获得的微带至芯片互连结构模型带入，进行联合仿真。通过设置合理的优化变量，能够快速获得特定键合结构对应微带匹配电路参数。

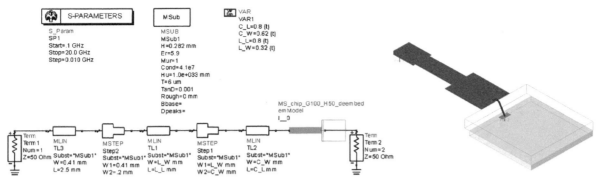

图 3 微带-芯片金丝互连优化原理图对应三维结构

对微带电路进行匹配后，能够大幅度改善键合互连结构的高频特性。图 4 对未进行匹配的微带-芯片键合结构及进行匹配后结构的回波损耗仿真结果进行了比较。可以看到，由于原理图仿真没有考虑微带焊盘与键合线的失配等因素，导致原理图仿真结果和电磁场仿真结果有一定差异。

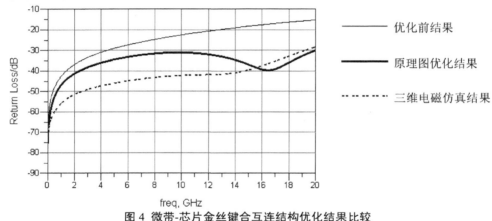

图 4 微带-芯片金丝键合互连结构优化结果比较

5 结论

本文在版图中使用 JEDEC 键合线模型构建了微带至芯片互连结构。采用三维电磁场仿真结合原理图优化的方法，对互连结构进行了仿真分析。通过构建低通滤波网络，能够在不增加成本及工艺难度的基础上大幅度提高单根金丝键合结构的使用频率。

参考文献

[1] EIA/JEDEC. Bond Wire Modeling Standard, 1997

[2] 邹军,谢昶.多芯片组件中金丝金带键合互连的特性比较.微波学报，2010,26（增刊 1）.

[3] 严伟,符鹏,洪伟.LTCC 微波多芯片组件中键合互连的微波特性.微波学报，2003,19(3).

[4] D Nicholson, H Lee. Characterization and modeling of bond wires for high-frequency applications. Microwave Engineering Europe,2006(Aug/Sep).

[5] 许向前,毛伟,朱文举.键合线互连电路的优化设计.半导体先进制造技术，2012.

● 天 线

基于遗传算法的共形阵列方向图综合

贺 莹，赵永久，王洪李

(南京航空航天大学雷达成像与微波光子技术教育部重点实验室，南京，210016)
heying0709@163.com

摘 要：本文采用遗传算法（Genetic Algorithm，GA）对锥台共形天线阵列辐射方向图进行综合优化。在确定阵元分布的情况下，首先通过坐标变换推导出共形天线阵列远场辐射方向图函数；然后利用遗传算法，根据期望的计算目标进行方向图进行综合。结果表明，该算法在共形阵列方向图综合问题上是有效可行的。

关键词：共形阵列；方向图综合；遗传算法；坐标变换

Pattern Synthesis of Conformal Antenna Array Based on Genetic Algorithm

HE Ying, ZHAO Yongjiu, WANG Hongli

(The Key Laboratory of Radar Imaging and Microwave Photonics, Nanjing University of Aeronautics and Astronautics, Nan Jing, 210016)

Abstract: The Genetic Algorithm (GA) is utilized in the pattern synthesis of conformal antenna array on conical carriers. Under the condition of knowing the elements distribution, the far field radiation pattern function of the conformal arrays is deduced by adopting the theory of coordinate transformation. Then the pattern of the aforementioned conformal array is optimized by using the genetic algorithm. The simulated results verifies the effectiveness and feasibility of the aforementioned algorithm in the application of conformal array pattern synthesis.

Keywords: Conformal array; Pattern synthesis; Genetic Algorithm; Coordinate transformation

1 引言

锥台共形阵列在导弹导引头等场合有着广泛的应用[1]，其最主要的优点是可以通过控制不同阵元的激励来产生接近于期望形状的方向图。根据期望的方向图形状来求解阵列中各阵元的位置、激励幅度和相位的过程称为方向图综合。共形阵列方向图分析与综合是共形天线设计中的核心步骤，直接决定着设计的成功与否。由于共形阵列是与载体共形的曲面结构，其方向图综合问题比直线阵和平面阵复杂和困难得多，且通常没有唯一解[2]。遗传算法作为一种智能算法，具有较强的全局搜索能力，适合解决共形阵列方向图综合等复杂问题[3-4]。

本文首先通过坐标变换推导出共形天线阵列远场辐射方向图函数，然后根据期望方向图指向、波束宽度、副瓣电平和零点位置，利用遗传算法对锥台共形阵列辐射方向图进行综合。结果表明，该算法在解决共形阵列方向图综合等复杂问题上是行之有效的。

2 锥台共形天线阵列远场辐射方向图

图1给出了阵列中某阵元n与空间观察点的位置关系，在观察点阵元n的辐射贡献为：

$$F_n(\theta,\varphi) = I_n f_n(\theta,\varphi) \exp\left(j\left(\psi_n + k\left(x_n \sin\theta\cos\varphi + y_n \sin\theta\sin\varphi + z_n \cos\theta\right)\right)\right) \quad (1)$$

其中，I_n 为阵元的激励幅度，Ψ_n 为阵元初始相位，$f_n(\theta,\varphi)$ 为阵元方向图函数，(x_n, y_n, z_n) 为阵元位置坐标。

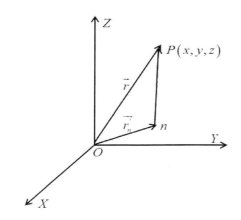
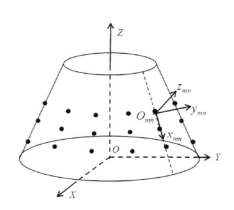

图1 阵列中阵元n与观察点的位置关系　　　　**图2 锥台共形阵列模型**

在共形阵列中，由于各单元的指向不同，空间任意一点的总辐射场不能根据上述公式直接叠加，需要首先进行坐标变换。图2给出了圆锥台共形阵列的模型，阵元以圆环阵列的方式分布在锥台载体上，共分布 M 层圆环阵列，每个圆环阵列分布 N 个阵元。从图2还可得到整体坐标系和局部坐标系之间的关系，场点坐标从整体坐标系到第(m,n)（第 m 层，第 n 个）阵元局部坐标系的坐标变换为：

$$\begin{bmatrix} x'_{mn} \\ y'_{mn} \\ z'_{mn} \end{bmatrix} = \begin{bmatrix} \cos\gamma & \sin\gamma & 0 \\ -\sin\gamma & \cos\gamma & 0 \\ 0 & 0 & 1 \end{bmatrix} \begin{bmatrix} \cos\beta & 0 & -\sin\beta \\ 0 & 1 & 0 \\ \sin\beta & 0 & \cos\beta \end{bmatrix} \begin{bmatrix} \cos\alpha & \sin\alpha & 0 \\ -\sin\alpha & \cos\alpha & 0 \\ 0 & 0 & 1 \end{bmatrix} \begin{bmatrix} X - x_{mn} \\ Y - y_{mn} \\ Z - z_{mn} \end{bmatrix} \quad (2)$$

其中，(x_{mn}, y_{mn}, z_{mn}) 是阵元在整体坐标系下的位置坐标，α 为阵元所处位置与 X 轴正向的夹角，β 为单元的法向与 Z 轴正向的夹角，γ 为阵元所在局部坐标系的 x 轴与锥台母线之间的夹角。根据直角坐标系与球坐标之间的关系，由 $(x'_{mn}, y'_{mn}, z'_{mn})$ 可计算得 $(\theta'_{mn}, \varphi'_{mn})$，则共形阵列远场辐射方向图函数为：

$$F(\theta,\varphi)=\sum_{m=1}^{M}\sum_{n=1}^{N}I_{mn}f_{mn}(\theta'_{mn},\varphi'_{mn})\exp\left(j\left(\psi_{mn}+k(x_{mn}\sin\theta\cos\varphi+y_{mn}\sin\theta\sin\varphi+z_{mn}\cos\theta)\right)\right) \quad (3)$$

为了使天线阵列最大指向在(θ_0,φ_0)，则第(m,n)阵元的初始相位为

$$\psi_{mn}=k\left(x_{mn}\sin\theta_0\cos\varphi_0+y_{mn}\sin\theta_0\sin\varphi_0+z_{mn}\cos\theta_0\right) \quad (4)$$

3 锥台共形阵列方向图综合的遗传算法模型

遗传算法是模拟生物在自然界的遗传和进化过程而形成的一种优化算法，具有较强的稳健性和全局搜索能力。根据公式(4)改变不同阵元的初始相位可以实现阵列最大辐射方向。但实际应用中，仍需要考虑波瓣宽度和副瓣电平的影响。本文采用遗传算法优化各阵元的幅度加权以实现对副瓣电平的抑制。阵元按照上述 $M\times N$ 的形式分布于载体上，且每一层阵列沿 $\varphi=\varphi_0$ 对称分布。阵元幅度归一化范围为[0~1]，本文采用实数编码表示幅度信息。

（1）基因、染色体。在本算法中，基因表示各阵元待优化的归一化幅度加权系数，一条染色体即所有基因组成的一个 $M\times N$ 的二维数组。

（2）选择、交叉、变异。采用轮盘赌选择算子，并设置交叉概率 P_c，变异概率 P_m。

（3）适应度函数。$f=\dfrac{1}{P}\sum_{i=1}^{P}|T_i-F_i|^2$，其中 T_i 和 F_i 分别表示在 i 点处期望方向图值和计算所得的方向图值。

4 应用实例

为了验证上述算法的有效性，现选取 M=10，N=5，阵元最大指向为(90°，0°)，波瓣宽度为30°，副瓣电平为-25dB进行优化，其中阵元选取为矩形贴片天线，将其仿真所得三维方向图数据保存为离散数据格式进读取。优化后所得方向图如图3所示。

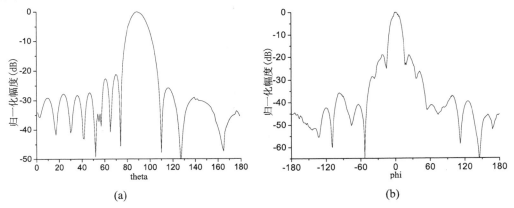

图3 采用遗传算法优化后所得共形阵列辐射方向图 (a)phi=0°平面；(b)theta=90°平面

从图3可以看出，在两个主平面上，方向图主瓣宽度和副瓣电平均满足期望目标，其中副瓣电平基本在-25dB以下，从而说明遗传算法在锥台共形阵列方向图综合中的有效性。

5 结论

首先通过坐标变换推导共形阵列远场辐射方向图函数,并采用遗传算法优化每个阵元的幅度加权系数,从而得到低副瓣的方向图,基本满足期望的计算目标。

参考文献

[1] 张凡. 锥台共形阵天线与特定用途天线研究[D].西安:西安电子科技大学,2011.

[2] 陈汉辉,张智军,郭博. 基于改进遗传算法的圆柱共形天线阵方向图综合[J].火力与指挥控制,2010,35(11).

[3] Johnson, J.M , Rahmat-Samii, Y, Genetic algorithm optimization and its application to antenna design[J]. IEEE AP-S Intl. Symp. Digest. 1994, 6(20): 326 - 329.

[4] 路占波,孙丹,陈亚军. 遗传算法在共形天线阵方向图综合中的应用[J]. 系统仿真学报,2009,21(5).

一种用于手持移动终端的六频双天线系统

王　尚，杜正伟

(清华大学电子工程系，清华信息科学与技术国家实验室（筹），北京，100084)
wangshang10@mails.tsinghua.edu.cn

摘　要：提出了一种应用于手持移动终端的六频双天线系统。该双天线系统由两个对称的天线单元、解耦地枝和两条短路金属带构成。天线单元由驱动分枝、耦合分枝和寄生地枝构成，能够工作在高、低两个频带。通过使用解耦地枝和两条对称的短路金属带，低频带工作带宽得到拓展，同时低频带内的互耦得到降低。天线样品的实测 $S_{11}<-6$ dB 的工作频带为 724-876 MHz 和 1792-2792 MHz，覆盖了 LTE B13、PCS、UMTS、2.4-GHz WLAN 和 LTE2300/2500 频段。该双天线系统在工作频带内具有良好的分集性能。

关键词：多频天线；多输入多输出；手持移动终端；长期演进

A Hexa-Band Dual-Antenna System for Mobile Handsets

WANG Shang，DU Zhengwei

(Tsinghua National Laboratory for Information Science and Technology, Department of Electronic Engineering, Tsinghua University, Beijing,100084, China)

Abstract: A hexa-band dual-antenna system for mobile handsets is proposed. The dual-antenna system consists of two symmetrical antenna elements, a decoupling ground branch and two shorting strips. The antenna element incorporates a driven branch, a coupling branch and a parasitic branch, operating in a lower band and a higher one. Owing to the decoupling ground branch and two symmetrical shorting strips, the bandwidth of the lower band is enhanced, meanwhile the mutual coupling in the lower band is reduced. The measured operating frequencies with S11<-6 dB of the antenna prototype ranges from 724 to 876 MHz and from 1792 to 2792 MHz, covering the LTE B13, PCS, UMTS, 2.4-GHz WLAN and LTE 2300/2500 bands. Good diversity performance is achieved within the operating bands for the dual-antenna system.

Keywords: Multiband antennas; Multi-input Multi-output; Mobile handsets; Long term evolution

1　引言

多输入多输出（Multi-Input Multi-Output，MIMO）技术通过在收发两端均安装多个天线，可以极大提高通信容量、改善通信质量。长期演进（Long Term Evolution，LTE）能够为用户提供优质的宽带多媒体服务。多功能集成和多制式并存，要求移动终端天线能够实现多频覆盖。移动终端多频多天线设计中，需要降低各天线之间的互耦。常用的解耦技术包括中和线[1]、解耦网络[2]等。然而，已报道的相关文献中，很少有能兼顾到 700 MHz 附近的 LTE 频段的多频多天线设计方案。本文提出的应用于手持移动终端的六频双天线系统的带宽能够覆盖 LTE B13（746-787 MHz）、PCS（1850-1990 MHz）、UMTS（1920-2170 MHz）、2.4-GHz WLAN（2400-2484 MHz）和 LTE2300/2500（2300-2400/2500-2690 MHz）频段。

2 天线结构与设计

双天线系统的结构及详细尺寸如图 1（a）和（b）所示。双天线系统包括天线单元、解耦部分和地板，并左右对称地印制在一块尺寸为 120 mm×60 mm×0.8 mm 的环氧树脂（FR4）介质板上。介质板的相对介电常数为 4.4，损耗角正切为 0.02。天线单元包括印制在介质板正面的驱动分枝以及印制在介质板背面的耦合分枝和寄生地枝。解耦部分包括印制在介质板背面的解耦地枝和印制在介质正面的两条短路金属带。尺寸为 100 mm×60 mm 的地板印制在介质板背面，用来模拟手持移动终端中除天线外的金属部分。馈线采用特征阻抗为 50 Ω 的半刚同轴线。馈电点位置及短路金属带的短路点位置如图 1（a）和（b）所示。

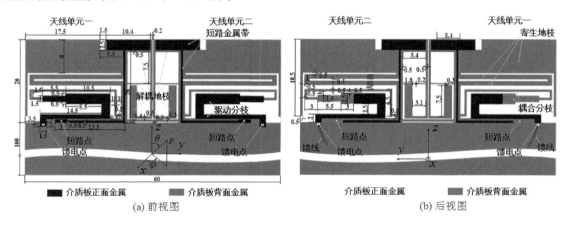

图 1 双天线系统结构与尺寸（单位：mm）

为了说明双天线系统的设计思路，图 2 给出了天线结构演进过程及相应的 S 参数仿真结果，其中仿真结果通过三维全波电磁仿真软件 HFSS（High Frequency Structure Simulator）得到。在演进过程中，首先仅将两个天线单元对称放置，记为天线#1。天线#1 的-6 dB 阻抗带宽包括高、低两个频带，低频带的互耦最高达到-6.08 dB，高频带内的互耦低于-10 dB。然后，在天线#1 基础上加入解耦地枝，记为天线#2。天线#2 在 770 MHz 附近引入一个新的谐振模式，同时低频带内的互耦得到降低。加入两条对称的短路金属带后，得到最终设计方案。此时，低频带内的两个谐振模式形成连通的双谐振模式，低频段内互耦得到进一步改善。需要指出，在天线演进过程中，高频段内的互耦保持在-10 dB 以下。

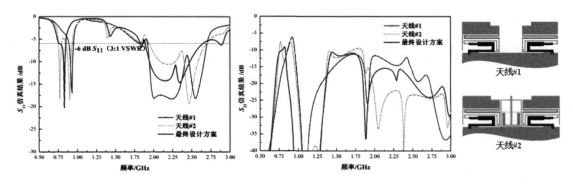

图 2 天线结构演变与对应的 S 参数仿真结果

3 测试结果及分析

根据图 1 中天线结构尺寸制作了天线样品，并进行了测试。由图 3（a）可知，天线样品的 S_{11}<-6 dB 的工作频带为 724-876 MHz 和 1792-2792 MHz，覆盖了 LTE B13、PCS、UMTS、2.4-GHz WLAN 和 LTE2300/2500 频段，带内互耦低于-10 dB。图 3（b）给出了天线样品的两个天线单元分别工作在 750 MHz 和 2200 MHz 时的三维辐射方向图测试结果。两个天线单元的远场辐射方向图基本互补，可以提供方向图分集以对抗无线传播环境中的多径衰落。

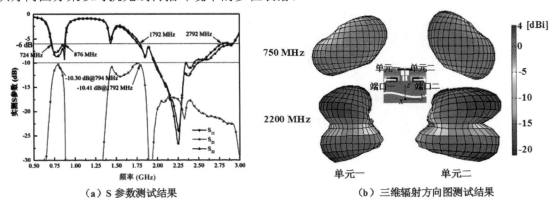

（a）S 参数测试结果　　　　　　　　　（b）三维辐射方向图测试结果

图 3 天线样品 S 参数及三维辐射方向图的测试结果

包络相关系数 ρ_{e12}、平均有效增益（Mean Effective Gain，MEG）和分集增益是评估多天线系统分集性能的重要指标。根据实测三维辐射方向图可以参照文献[3]中的方法得到以上各项参数。表 1 中所列各种情况下，双天线系统都表现出良好的分集性能，具有较低相关性（ρ_{e12}<0.5）、比较均衡的平均接收功率（|MEG1-MEG2|<3 dB）以及较高的分集增益。

表 1 天线性能（Γ 取 0 dB 和 6 dB 分别表示典型室内环境和市区环境，计算分集增益时取 1%截断概率）

频率（MHz）	交叉极化率 Γ（dB）	包络相关系数 ρ_{e12}	单元一的平均有效增益 MEG$_1$（dB）	单元二的平均有效增益 MEG$_2$（dB）	分集增益（1%）（dB）
750	0	0.141	-6.29	-5.90	9.65
	6	0.026	-7.91	-7.68	9.92
2200	0	0.003	-3.68	-3.59	9.97
	6	0.118	-5.15	-5.03	9.70

4 结论

提出了一种应用于手持移动终端的六频双天线系统。天线样品的 S11<-6 dB 的工作频带覆盖了 LTE B13、PCS、UMTS、2.4-GHz WLAN 和 LTE2300/2500 频段。测试结果表明该双天线系统具有良好的分集性能，在手持移动终端 MIMO 应用中具有良好前景。

5 致谢

承蒙国家科技重大专项（2012ZX03003002-004）、国家自然科学基金项目（61371010，60971005）和项目（9140A33020411JW27）的资助，特此致谢。

参考文献

[1] Ban Y L, Chen Z X, Chen Z, Kang K, Li J L W. Decoupled hepta-band antenna array for WWAN/LTE smartphone applications [J]. IEEE Antenna Wireless Propag. Lett., 2014, 13: 999-1002.

[2] Lin K C, Wu C H, Lai C H, Ma T G. Novel dual-band decoupling network for two-element closely spaced array using synthesized microstrip lines [J]. IEEE Trans. Antennas Propag., 2012, 60(11): 5118-5128.

[3] Ding Y, Du Z, Gong K, Feng Z. A novel dual-band printed diversity antenna for mobile terminals [J]. IEEE Trans. Antennas Propag., 2007, 55(7): 2088–2096.

一种应用于手机的宽带四天线

王 岩，杜正伟

(清华大学电子工程系，清华信息科学与技术国家实验室（筹），北京，100084)
tt.yanwang@163.com

摘 要：提出了一种应用于手机的宽带四天线，分析了四天线的耦合机理并给出了减小互耦的方法。天线样品的 S11<-10dB 的工作频带可以覆盖 GSM1800、GSM1900、UMTS、LTE2300 和 LTE2500 频段，工作频带内天线间的互耦均低于-15dB。

关键词：四天线；双天线；宽带解耦；T 形槽

A Wideband Quad-Antenna for Mobile Phone

WANG Yan, DU Zhengwei

(Tsinghua National Laboratory for Information Science and Technology, Department of Electronic Engineering, Tsinghua University, Beijing, 100084, China)

Abstract: A wideband quad-antenna for mobile phone is proposed. The coupling mechanism of the quad-antenna is analyzed and the decoupling method is presented. The measured S11<-10dB operating band covers the GSM1800, GSM1900, UMTS, LTE2300, and LTE2500 bands and the measured mutual couplings are all below -15 dB within the operating band.

Keywords: Quad-antenna; Dual-antenna; Broadband decoupling; T-shaped slot

1 引言

第四代移动通信系统（the fourth generation, 4G）已经在很多国家或地区组网运营。多输入多输出（Multiple Input and Multiple Output, MIMO）技术是 4G 中的关键技术之一，通过在收发端安装多个天线，利用多天线提供的并行子信道成倍地提高系统性能。有关在手机中安装两个天线已经得到了广泛的研究，相关研究成果[1-2]具有很大的工程应用价值。然而，由于手机中可供天线安装的空间有限，在手机内集成四个天线相对比较困难，相关研究较少。文献[3]提出了一款四天线，但是它只能工作在 UMTS 频段，且工作频带内的互耦达到了-11.5dB。本文提出了一种四天线，该四天线由两个对称的双天线和一个解耦单元构成，可以覆盖 GSM1800（1710-1880MHz）、GSM1900（1850-1990MHz）、UMTS（1920-2170MHz）、LTE2300（2300-2400MHz）和 LTE2500（2500-2690MHz）频段，且带内互耦小于-15dB。

2 天线结构与设计

所提出的天线的结构和具体尺寸如图 1 所示，该天线结构的三维视图、正面视图和背面视图分别如图 1（a）、(b) 和（c）所示。该天线印制在水平主板、左侧板以及右侧板上，三个板子均为厚度为 0.8mm、相对介电常数为 4.4、损耗角正切为 0.02 的 FR4 介质板。该天线由两个对称的双天线和一个解耦单元构成，双天线 1 和双天线 2 位于主板的上下两端，两个双天线的解耦单元位于主板两侧、左侧板和右侧板的中间。每个双天线由两个天线单元和一个带有"山"字形槽的突出地构成，天线单元由一个 F 形激励分枝和一个倒 L 形寄生接地分枝构成，F 形激励分枝和倒 L 形寄生分枝共同谐振，扩展天线带宽使其覆盖 GSM1800、GSM1900、UMTS、LTE2300 和 LTE2500 频段，四天线的解耦单元由两个折叠 T 形槽构成。

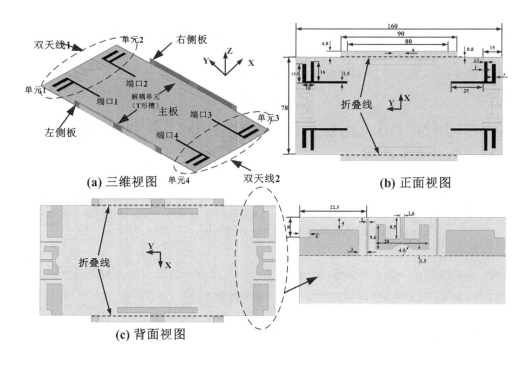

图 1 天线结构和尺寸（黑色为正面金属，黄色为背面金属，单位：mm）

为了理解该天线的工作原理，首先分析四天线的耦合机理。当仅仅把两个双天线安装在主介质板的上下两端时，在金属地板上存在表面波传播。当一个双天线激励时，表面波会从主介质板的上（下）端流到介质板的下（上）端，从而使两个双天线之间的耦合很强。图 2 给出了没有解耦单元时四天线的仿真 S 参数（由于结构的对称性，只给出了 S11、S21、S31 和 S41）。从图 2（a）可以看出，S21、S31 和 S41 在工作频带内大于-15dB。对于 S21，解耦方法类似于双天线的解耦方法，可以通过优化带有"山"字形槽的突出地来减小。对于 S31 和 S41，现有文献研究较少，本文主要研究减小 S31 和 S41 的方法。为了减小 S31 和 S41，需要抑制表面波的上下传播。本文提出使用 T 形槽来抑制表面波，且为了减小 T 形槽所占用的面积，将 T 形槽折叠在主板和两个侧板上。由图 2（b）可知，由于 T 形槽的作用，S31 和 S41 都小于-15dB。此外，由于 T 形槽改变地板电流分布，也会改变 S11 和 S21。

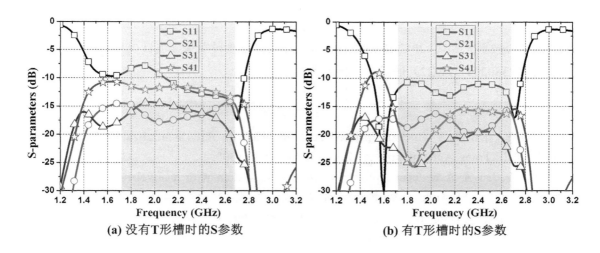

图2 有无T形槽时的S参数

3 天线测试结果与分析

为了验证上述仿真结果,根据图1所述天线结构和尺寸加工天线样品进行测试。图3给出了天线样品的实测S参数和实测三维辐射方向图。由图3(a)可知,该天线的-10 dB阻抗带宽为1.26GHz(1.53~2.79 GHz),在1.69 GHz~2.79 GHz的频带内,四个天线单元之间的互耦都小于-15dB,可以覆盖GSM1800、GSM1900、UMTS、LTE2300和LTE2500频段。由图3(b)可知,四个天线单元的辐射方向图在空间互补,可以提供较好的天线分集,适用于MIMO无线通信系统应用。

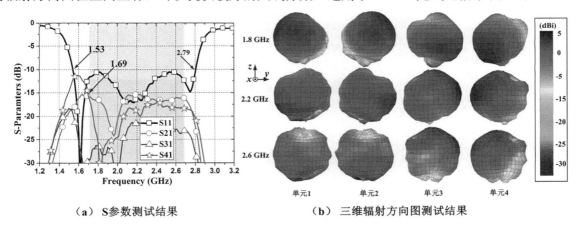

图3 天线样品S参数及三维辐射方向图的测试结果

4 结论

本文提出了一种四天线,该四天线由两个对称的双天线和一个解耦单元构成。文中分析了两个双天线之间的耦合机理,并提出了使用T形槽来减小四天线的互耦。该四天线可以工作在GSM1800、GSM1900、UMTS、LTE2300和LTE2500频段,适用于2G/3G/4G手机。

5 致谢

承蒙国家科技重大专项（2012ZX03003002-004）、国家自然科学基金项目（61371010，60971005）和项目（9140A33020411JW27）的资助，特此致谢。

参考文献

[1] Wang Y , Du Z. A wideband printed dual-antenna with three neutralization lines for mobile terminals [J]. IEEE Trans. Antenna Propag., 2014, 62 (3): 1495-1500.

[2] Wang Y, Du Z. A wideband printed dual-antenna system with a novel neutralization line for mobile terminals [J]. IEEE Antenna Wireless Propag. Lett., 2013, 12: 1428-1431.

[3] Ding Y, Du Z., Gong K., Feng Z. A four-element antenna system for mobile phones [J]. IEEE Antenna Wireless Propag. Lett., 2007, 6: 655-658.

由蝶形弯折缝隙天线和电偶极子组成的新型电磁偶极子天线

李 明，华 光

(东南大学毫米波国家重点实验室，南京，211189)
liming.seu@gmail.com

摘　要：蝶形弯折缝隙天线在弯折缝隙天线基础上采用了蝶形包络，在实现小型化的同时获得了相对较宽的带宽，但仍然无法满足现代通信系统的要求。本文在此基础上提出了由蝶形弯折缝隙天线与寄生电偶极子组成的一种新型电磁偶极子天线。实验结果表明，单独缝隙天线的相对阻抗带宽为2.7%，而本文所提出的天线则提高到了26.2%（$|S_{11}|$<-10dB）。同时，此天线表现出了良好的单向辐射特性。

关键词：蝶形弯折缝隙天线；寄生电偶极子；阻抗带宽增强技术；单向辐射特性

A Novel Electro-Magnetic Antenna Composed of Bowtie-shaped Meander Slot Antenna and Dipole

LI Ming，HUA Guang

(State Key Lab of Millimeter Waves, Southeast University, Nanjing, 211189)

Abstract: Bowtie-shaped meander slot antenna is a variation of meander-slot antenna, which applies bow-tie-shaped envelope to realize a more compact structure with a relatively large bandwidth. However, the bandwidth of this antenna cannot satisfy the need of modern wireless communication systems. In this work, we propose a novel antenna composed of a bowtie-shaped meander slot antenna and a parasitic electric dipole. Measurement results show that this technique enhances the impedance bandwidth significantly from 2.7% of the conventional structure to 26.2% of the proposed antenna with $|S_{11}|$<-10dB. Meanwhile, it indicates good unidirectional radiation characteristic.

Keywords: Bowtie-shaped meander slot antenna; Parasitic electric dipole; Bandwidth enhancement; Unidirectional radiation

1 引言

缝隙天线以其交叉极化低、结构简单紧凑、辐射性能良好等优点，在各种无线通信设备中得到广泛应用。其中，蝶形弯折缝隙天线综合了蝶形缝隙天线[1]与弯折缝隙天线[2]的特点，在尺寸及带宽上取得了折中的性能[3]。

但随着通信系统的进步，其对天线的性能提出了更高的要求：更宽的阻抗带宽、更稳定的辐射方向图及增益、单向辐射特性等。传统的缝隙天线已无法满足这些要求。通过在缝隙天线上添加寄生电偶极子,可以实现较宽的阻抗带宽[4],然而其辐射方向图并不对称。在本文中,我们在蝶形弯折缝隙天线的基础上,通过添加寄生电偶极子的方法,使阻抗带宽得到了明显的提高,并且实现了单向辐射。

2 天线结构及原理介绍

本文提出的电磁偶极子天线的结构如图 1 所示。该天线由底层反射板、中层蝶形弯折缝隙天线、顶层电偶极子组成。设计参数如表 1 所示:

表 1 天线各参数值（以 mm 为单位）

Dw	Dl	s	shorting_wall_h	Sl1	Sl2	Sl3
15	45	16	40	9	12	16.8
Sl4	G1	G2	F1_w	F2_l	F2_w	sub_h
22	2.5	3	2.8	5.4	2	1
sub_l	sub_w	reflector_l	reflector_w	reflector_h		
140	60	150	70	37.5		

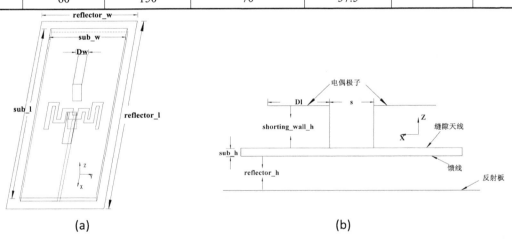

图 1 整体天线结构 (a)斜视图; (b)侧视图

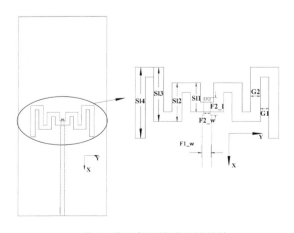

图 2 蝶形弯折缝隙天线结构

中层蝶形弯折缝隙天线结构如图 2 所示。介质基板为 1mm 的聚四氟乙烯板，相对介电常数 ε_r 为 2.65。介质基板上层（图 2 实线所示）为缝隙天线，介质基板下层（图 2 虚线所示）为微带馈线。馈线分为两部分：一部分特征阻抗为 50 欧姆，便于与射频系统相连；另一部分起阻抗变换的作用。通过两颗短路钉相连，实现了微带线对缝隙天线的馈电[5]。

天线工作原理如下：蝶形弯折缝隙天线可以等效为磁偶极子。在 E 面内，电偶极子的方向图呈 8 字形状，磁偶极子的方向图呈 O 字形状；在 H 面内，电偶极子的方向图呈 O 字形状，磁偶极子的方向图呈 8 字形状。本文中，电偶极子距磁偶极子约 1/4 波长处。磁偶极子首先通过微带馈线被激励，所辐射的电磁波对电偶极子进行电磁耦合。由于电偶极子距磁偶极子约 1/4 波长，所以其相位滞后磁偶极子约 90 度。天线的辐射方向图由电偶极子和磁偶极子共同决定。对上半平面（z>0），电偶极子与磁偶极子的电场同向叠加；对下半平面（z<0），电偶极子与磁偶极子电场反向相消，背瓣被压缩，实现单向辐射特性，提高了天线的前后比。

3 仿真及测试结果

使用商业软件 Ansys HFSS 进行模拟仿真，并加工制作出实物。天线回波损耗如图 4 所示。未加电偶极子时，蝶形弯折缝隙天线的相对阻抗带宽为 2.7%；添加寄生电偶极子之后，相对阻抗带宽提高到 26.2%（$|S_{11}|$<-10dB，1.86-2.42GHz）。实测结果与仿真结果相吻合。

该天线在中心频率 f_0=2.1GHz 的天线方向图如图 5 所示。可以看出，实测结果与仿真结果较为一致。E 面与 H 面的方向图体现了很好的对称性，并且实现了单向辐射特性。在图 4 中可以看出，添加电偶极子之后，天线的前后比（FBR）提高了 8dB 以上。测试结果表明，在低频段（1.8-2.2GHz）内，前后比大于 20dB；在高频段（2.2-2.4 GHz）内，前后比下降至 16.8 dB。这证明了电磁偶极子天线良好的单向辐射特性。

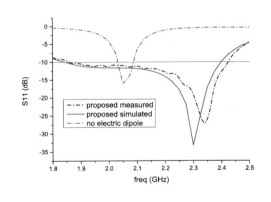 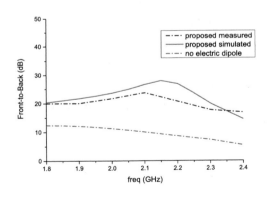

图 3 天线回波损耗曲线　　　　　　　图 4 前后比曲线

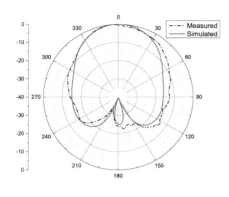
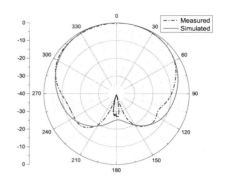

(b)

图 5 天线方向图（f0=2.1GHz）：（a）E 面； （b）H 面

4 总结

本文提出了一种新型的电磁偶极子天线。通过在蝶形弯折缝隙天线上添加寄生电偶极子，阻抗带宽得到了明显的提高，并实现了单向辐射特性。

参考文献

[1] E.A. Soliman, S. Brebels Delmotte, G.A.E. Vandenbosch, and E.Beyne. Bow-tie slot antenna fed by CPW. Electron Lett. 35 (1999):514 –515.

[2] J.-M. Kim, K.-W. Kim, J.-G. Yook, and H.-K. Park. Compact stripline-fed meander slot antenna. Electron Lett: 37 (2001), 995–996.

[3] Wi S H, Kim J M, Yook J G. Microstrip－fed bow－tie－shaped meander slot antenna with compact and broadband characteristics[J]. Microwave and optical technology letters, 2005, 45(1): 88-90.

[4] A. Clavin, D. A. Huebner, and F. J. Kilburg. An improved element for use in array antennas. IEEE Trans. Antennas Propag,1974, AP-22(4):521-526.

[5] Ramesh Garg, Prakash Bhartia, Inder Bahl, Apisak Ittipiboon. Microstrip Antenna Design Handbook. Boston: Artech House, 2001: 441-442.

电磁偶极子 LTE 基站天线设计

张同瑞，薄亚明，张 明

(南京邮电大学电子科学与工程学院，南京，210003)
zhangming@njupt.edu.cn

摘 要：本文利用电偶极子与磁偶极子辐射方向图的互补性质，设计出一款电磁偶极子互补水平极化天线，实现工作频带内稳定的增益与方向图。利用加载周期性交指电容实现了非电小环上电流的同相性，用扇形印刷偶极子天线作电偶极子单元提升天线的带宽，并用双面平行带线作馈线和阻抗转换器，进一步提升了带宽。

关键词：电磁偶极子；电容加载；宽频带；定向天线

Design of Magneto-electric Dipole Antenna for LTE Base-station

ZHANG Tongrui, BO Yaming, ZHANG Ming

(College of Electronic Science and Engineering, Nanjing University of Posts and Telecommunications, Nanjing, 210003)

Abstract: This paper presents the design of a new wideband magneto-electric dipole antenna for wireless communication based on the radiation patterns of electric dipole and magnetic dipole. The gain and radiation pattern of the antenna are shown stable over the operating band. The magnetic dipole of the antenna is a loop loaded with periodical capacitors which make the current in phase over the loop. The electric dipole of the antenna is a coplanar bowtie-dipole which provides wide bandwidth for the antenna. The antenna is fed by double-sided parallel-strip line (DSPSL), which also works as an impedance transformer and improves the bandwidth further.

Keywords: Magneto-electric dipole; Capacitive loading; Broadband; Directional antenna

1 引言

随着移动通信系统的快速发展[1]，基站对定向天线[2]的各项性能指标要求也随之提升，对于天线的电性能要求包括大阻抗带宽、低交叉极化、低后向辐射以及工作频段内稳定的增益，同时考虑到基站环境与加工成本因素，要求减小天线的尺寸与加工复杂度。定向基站天线可采用定向偶极子或贴片天线实现。但这些天线存在较高的交叉极化和无法在工作频带内保持稳定的增益、波瓣宽度以及辐射方向图等缺陷。电磁偶极子天线利用电偶极子与磁偶极子方向图互补的特性实现在 E 面与 H 面两个极化面内一致的方向图并可获得阻抗带宽内稳定的增益。

2 电磁偶极子天线设计原理

电流元与磁流元在远场区的两个极化面内拥有方向图互补性，即电流元在 E 面呈 ∞ 形，H 面呈 O 形；磁流元在 E 面呈 O 形，H 面 ∞ 形。因此可以通过合理设计将电偶极子与磁偶极子组合在一起使其总方向图在两个极化面内一致，以改善天线的增益及前后比等指标。

本文设计的电磁偶极子互补天线是由扇形印刷领结天线与加载交指电容的半圆型金属环以及正方形金属反射板结合而成的立体结构天线，天线通过双面平行带线（DSPSL）馈电如图 1 所示。本天线的电偶极子部分由扇形印刷领结天线实现以改善天线的阻抗匹配性能，印刷领结天线的两个振子臂印刷在相对介电常数为 $\varepsilon_r = 2.2$，厚度为 h_0 的圆形介质板上，水平放置与金属底板平行。天线的磁偶极子部分由垂直于底板放置的加载交指电容的半圆型金属环与反射板构成，两个四分之一圆环分别印刷在相对介电常数为 $\varepsilon_r = 2.2$ 厚度为 h_0 的矩形介质板两侧。

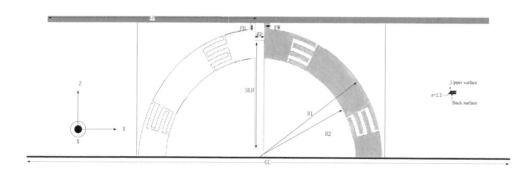

图 1（a）电磁偶极子天线的正视图

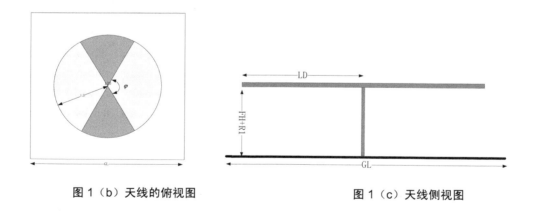

图 1（b）天线的俯视图　　　　　图 1（c）天线侧视图

3 仿真与测量

为覆盖中心频率为 2.5GHz 的 LTE 频段，采用电磁仿真软件对设计的天线进行了仿真优化。

（1）天线的电流分布

图 2 为天线电流密度分布情况，可以发现由于加载了交指电容，半圆环部分的电流密度基本一致。

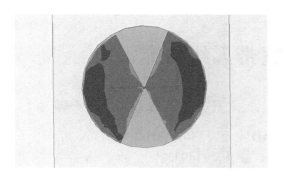
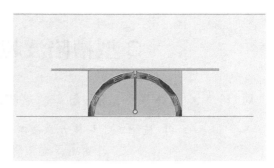

图 2（a）电偶极子的电流分布　　　　图 2（b）磁偶极子的电流分布

（2）天线 VSWR、增益与方向图

仿真与测量结果显示 VSWR≤1.5 的频率范围是 1.9~2.75GHz，如图 3 示。天线的增益变化范围是 7.4~8.4dBi，如图 4 所示，增益波动范围较小。由工作频段内 2.1、2.3、2.5 和 2.7GHz 天线主极化的归一化方向图可以发现天线在工作频段内的半功率波束宽度基本保持在 60°且交叉极化低于 -20dB，符合基站定向天线要求。

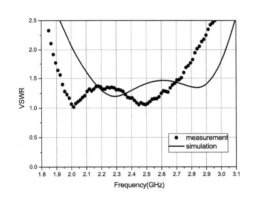
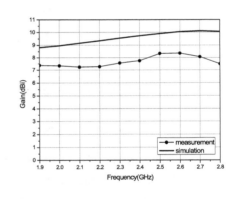

图 3 仿真和测量 VSWR 曲线　　　　图 4 仿真和测量增益曲线

4　结论

本文利用混合左右手传输线的性能设计了加载交指电容的等效磁流元，使非电小环电流同相；利用扇形印刷偶极子作电流元，实现电磁偶极子的宽带性。测试结果显示，VSWR≤1.5 带宽覆盖 2.1~2.7GHz LTE 频段，工作频段内增益稳定，方向性良好，交叉极化低，满足 4G 基站的要求。

参考文献

[1] Andrea Goldsmith. Wireless Communication[M].杨鸿文，李卫东，郭文彬，译．北京:人民邮电出版社, 2007: 10-19.

[2] Zhi-Ning Chen, Kwai-Man Luk. Antennas for Base Stations in Wireless Communications[M]. Singapore: McGraw-Hill Companies, 2009: 180-186.

C型槽陷波超宽带天线研究

周涛[1]，周江昇[2]，潘勉[3]，洪阿灌[1]，朱丹丹[1]，程知群[1]，孙玲玲[1]

(1. 杭州电子科技大学微电子CAD中心，杭州，310018；
2. 江南电子通信研究所，嘉兴，314033；
3. 杭州电子科技大学电子信息学院，杭州，310018)
zhou.tao@hdu.edu.cn

摘　要：本文提出了一种共面波导馈电的新型陷波超宽带天线，该天线采用五边形贴片作为辐射单元，通过在贴片上开C形槽来实现陷波特性。研究结果表明，该天线的陷波频段可完全覆盖WLAN频段（5.15 GHz~5.825 GHz），从而能有效阻隔WLAN系统对超宽带系统的影响；天线在整个工作频段内具有优良的阻抗带宽、稳定的增益和良好的辐射方向特性。

关键词：超宽带天线；陷波；五边形贴片；C型槽

Research on C-shaped Slot Band-notched Ultra Wide Band Antenna

ZHOU Tao[1], ZHOU Jiangsheng[2], PAN Mian[3], HONG Aguan[1], ZHU Dandan[1],

CHENG Zhiqun[1], SUN Lingling[1]

(1. Microelectronics CAD Center, Hangzhou Dianzi University, Hangzhou, 310018；
2. Jiangnan Electronic and Communications Research Institute, Jiaxing, 314033；
3. School of Electronics and Information, Hangzhou Dianzi University, Hangzhou 310018)

Abstract: In this paper, a compact coplanar waveguide fed planar ultra-wide band antenna with band notch is presented. By taking the pentagonal metal patch on a printed circuit board as the radiator, and by embedding a C-shaped slot in the rectangular patch, a frequency band notch is implemented. The proposed antenna yields a voltage-standing wave ratio of less than 2 in the impedance bandwidth range of 3.1 - 10.6 GHz, except the bandwidth of 4.9 -5.92 GHz for band notch. Thus, the negative effect of WLAN frequency band on ultra wide band is eliminated, the stable gain as well as good radiation patterns are obtained in the whole operation band range.

Keywords: Ultra-wide band antenna; Band notch; Pentagonal metal patch; C shaped slot

1　引言

2002年美国联邦通信委员会（FCC）将3.1GHz~10.6GHz频段划归为民用频段之后[1]，超宽带（UWB）天线受到研究者的广泛关注，是目前研究热点之一[2-4]。超宽带天线设计的主要指标包括在频带范围内的阻抗匹配、辐射方向特性及增益特性，兼顾天线的小型化、低损耗和高效率等[5-8]。

同时,为了避免干扰现有C波段通信系统(3.7 GHz~4.2 GHz)和WLAN系统(5.15 GHz ~5.825 GHz),超宽带天线需具有陷波特性[9-12]。

本文针对国内外超宽带天线的发展现状,设计了一种新型共面波导馈电带陷波功能的超宽带天线,通过在五边形辐射贴片上开一个 C 形槽实现陷波功能,通过适当地调整 C 形槽的尺寸和位置来调节陷波频率及带宽;并将该带陷波功能的天线和不带陷波功能的天线进行对比。

2 超宽带天线设计

图 1 所示为具有带陷波功能的超宽带天线结构尺寸图,通过在天线贴片上开一个 C 形槽来实现陷波功能,当加入 C 形槽后,之前设计的天线的结构尺寸不需要再做调整。当 C 形槽的长度为陷波频率波长的一半时,在陷波频率附近的输入阻抗就会失配,从而实现陷波功能。C 形槽的长度 L 可以通过陷波中心频率波长来计算。

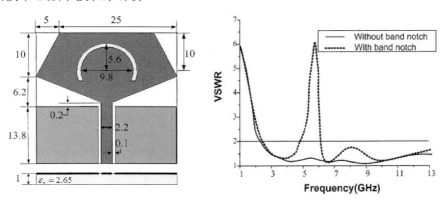

图 1 陷波超宽带天线结构示意图　　图 2 两种天线驻波比对比图

3 天线特性分析

图 2 所示为陷波天线驻波比的仿真结果。从图中可以看出,天线通过开 C 形槽,取得了很好的陷波特性。带陷波特性的超宽带天线在 4.9GHz~5.92GHz 驻波比大于 2,陷波频段覆盖了整个 WLAN 频段。

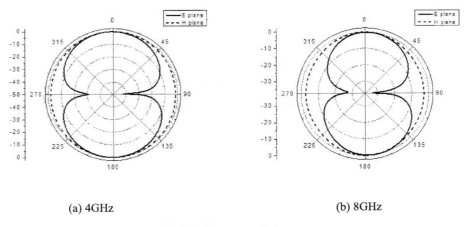

(a) 4GHz　　　　　　　　　　　　　(b) 8GHz

图 3 陷波超宽带天线的辐射方向图

图3给出了陷波超宽带天线在4GHz 和8GHz 的E面(yoz平面)和H面(xoz平面)的辐射方向图。在H面上，天线在各个频率上都有很好的全向辐射特性。在E面上，天线的辐射方向图为8字型，类似于偶极子天线的辐射特性。天线在整个工作频段内，辐射方向图都保持稳定，没有发生急剧的变化。

4 结论

本文提出了一种共面波导馈电陷波超宽带天线，该天线在辐射片上引入C形槽，通过调整其尺寸和位置来调节陷波频率及带宽；使天线在4.9~5.92 GHz 频段内具有陷波特性，抑制了WLAN系统对超宽带频段的干扰。在工作频段内，该超宽带天线的VSWR 小于2；天线的增益稳定，在5.5GHz 频率点附近增益显著下降至-2dB 左右；该天线具有较好的辐射方向图，能广泛应用于超宽带系统中。

5 致谢

本文由国家自然科学基金委重点项目（基金号：61331006）及浙江省自然科学基金委青年项目（基金号：LQ14F010012）资助。

参考文献

[1] Federal Communications Commission. First report and order in the matter of revision of part 1-5 of the commission rules regarding ultra-wideband transmission systems. USA:FCC, 2002.

[2] H-G. Schantz, G.Wolence, E-M. Myszka. Frequency notched UWB antenna. IEEE Conference on Ultra-Wideband Systems and Technologies. Reston VA, USA, 2003.

[3] A-D. Eva, C-F. M, F-B. M. Modal analysis and design of band-notched UWB planar monopole antennas. IEEE Transactions on Antennas and Propagation, 2010.

[3] T. Li, H. Zhai, G. Li. Compact UWB band-notched antenna design using interdigital capacitance loading loop resonator. IEEE Antennas and Wireless Propagation Letters, 2012.

[4] S-W. Su, K-L. Wong, F-S. Chang. Compact printed ultra-wideband slot antenna with a band-notched operation. Microwave and Optical Technology Letters, 2005.

[5] S-J. Hu, G-M. Wang, L. Zheng. Design of a novel triangular wide band microstrip slot antenna with band-notched characteristic. Global Symposium on Millimeter Waves. Harbin: 2012.

[6] B. Li, J-S. Hong, B-Z. Wang. Switched band-notched UWB/dual-band WLAN slot antenna with inverted S-shaped slots. IEEE Antennas and Wireless Propagation Letters, 2012.

[7] S-R. Emadian, C. Ghobadi, J. Nourinia. Bandwidth enhancement of CPW-fed circle-like slot antenna with dual band-notched characteristic. IEEE Antennas and Wireless Propagation Letters, 2012.

[8] Y. Cheng, W-J. Lü, C-H. Cheng. A compact frequency notched ultra-wideband antenna for multiple application. Journal of Microwaves, 2007.

[9] L-H. Ye, Q-X. Chu. Improved notch-band slot UWB antenna with small size. Acta Electronica Sinica, 2010.

[10] W-T Li, Y-Q Hei, W. Feng. Planar antenna for 3G/bluetooth/WiMAX and UWB applications with dual band-notched characteristics. IEEE Antennas and Wireless Propagation Letters, 2012.

[11] M. Mehranpour, J. Nourinia, C. Ghobadi. Dual band-notched square monopole antenna for ultra wide band applications. IEEE Antennas and Wireless Propagation Letters, 2012.

共面波导馈电石墨烯太赫兹天线研究

周涛[1]，潘勉[2]，文进才[1]，高海军[1]，程知群[1]，孙玲玲[1]

(1. 杭州电子科技大学微电子CAD中心，杭州，310018；
2. 杭州电子科技大学电子信息学院，杭州，310018)
zhou.tao@hdu.edu.cn

摘　要：本文提出了一种共面波导馈电的新型宽带石墨烯太赫兹天线，该天线采用圆形石墨烯片代替传统的金属来作为辐射单元。该太赫兹天线具有宽频带、频率动态可调、小型化、易于集成及全向辐射特性；天线在整个工作频段内具有优良的阻抗带宽、稳定的增益和良好的辐射方向特性；非常适合用于纳米尺寸无线通讯系统及传感系统。

关键词：石墨烯；太赫兹；共面波导馈电；宽带；可调

Research on Coplanar Waveguide Fed Graphene Terahertz Antenna

ZHOU Tao[1], PAN Mian[2], WEN Jincai[1], GAO Haijun[1], CHENG Zhiqun[1], SUN Lingling[1]

(1. Microelectronics CAD Center, Hangzhou Dianzi University, Hangzhou, 310018；
2. School of Electronics and Information, Hangzhou Dianzi University, Hangzhou, 310018)

Abstract: A tunable coplanar waveguide fed wideband terahertz antenna based on graphene is presented. The graphene is used to replace the conventional metal radiator, The proposed terahertz antenna has a characteristic of wide operation frequency band, dynamic frequency reconfiguration, high miniaturization, easy integration, and good omnidirectional radiation pattern. The attractive properties of the graphene antenna has the potential to be used in nano-scale wireless communications and sensing systems.

Keywords: Graphene; Terahertz; Coplanar waveguide fed; Wideband; Tunable

1 引言

2004年石墨烯的发现为新型毫米波太赫兹器件的研究提供一种全新的理论思路[1]。目前，国内外已有学者对石墨烯天线展开了研究[2-5]。2010年，欧洲学者提出通过在硅基底的石墨烯上沉积金薄膜，来对偶极子天线辐射方向和辐射效率进行动态调节[6]。随后，美国军方在2011年对石墨烯偶极子天线进行了理论研究[7]。2012年，瑞士学者设想用石墨烯取代金薄膜来构造天线，从微波到太赫兹频段对石墨烯天线电磁特性展开研究[8]。

本文针对国内外石墨烯用于设计天线的研究现状，提出了一种新型共面波导馈电宽带石墨烯太赫兹天线，该天线采用圆形石墨烯片来代替传统的金属作为辐射单元。通过外加电场来调节石墨烯片的化学势降，可动态调节天线的工作频率。

2 石墨烯太赫兹天线设计

图1所示为具有带陷波功能的石墨烯太赫兹天线示意图，天线由共面波导馈电，辐射体为一圆形石墨烯片，石墨烯片位于石英晶体上。可通过石墨烯的等效表面阻抗描述石墨烯太赫兹天线结构的电磁特性，通过对石墨烯表面的面电流、与表面垂直的电场、与表面平行的磁场进行分析，可定义石墨烯表面的边界条件[9,10]。

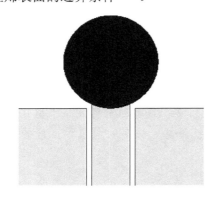

图 1 石墨烯太赫兹天线结构示意图　　图 2 0.1-10THz 频段不同化学势下的石墨烯面电导率

3 天线特性分析

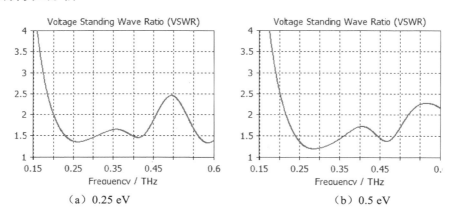

(a) 0.25 eV　　(b) 0.5 eV

图 3 不同化学势下天线的驻波比

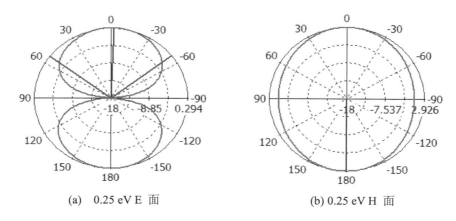

(a) 0.25 eV E 面　　(b) 0.25 eV H 面

图 4 350 GHz，化学势 0.25eV 时天线的方向图

图 3 所示为石墨烯太赫兹天线驻波比,从图中可以看出,在石墨烯的化学势降 0.25eV 时,天线在 200~460GHzVSWR 小于 2,带宽达到 78%;通过调节外加电场,令石墨烯的化学势上升至 0.5eV 时,天线 VSWR 小于 2 工作频率调整至 235~525GHz,带宽达到 76%;可见该天线具有很宽的频带,且工作频率范围随化学势降动态可调。

图 4 给出了石墨烯太赫兹天线化学势降分别为 0.25eV 时,350 GHz 的 E 面(yoz 平面)和 H 面(xoz 平面)的辐射方向图。在 H 面上,天线在各个频率上都有较好的全向辐射特性。在 E 面上,天线的辐射方向图为 8 字形,类似于偶极子天线的辐射特性。天线在整个工作频段内,辐射方向图都保持稳定,没有发生急剧的变化。

4 结论

本文用圆形石墨烯片代替传统的金属来作为辐射单元。研究结果表明,天线在工作频段内具有优良的阻抗带宽、稳定的增益和良好的辐射方向特性;通过外加电场来调节石墨烯片的化学势降,可动态调节天线的工作频率,在化学势降 0.25eV 时,天线在 200~460GHz 的 VSWR 小于 2,当石墨烯的化学势上升至 0.5eV 时,天线 VSWR 小于 2 工作频段调整至 235~525GHz,带宽达到 76%;该天线非常适合用于纳米尺寸无线通讯系统及传感系统。

5 致谢

本文由国家自然科学基金委重点项目(基金号:61331006)及浙江省自然科学基金委青年项目(基金号:LQ14F010012)资助。

参考文献

[1] P. Tassin, T. Koschny. A comparison of graphene, superconductors and metals as conductors for metamaterials and plasmonics. Nature Photonics, 2012.

[2] M. Tamagnone, J.S. Gomez-Diaz, J.R. Mosig, and J. Perruisseau-Carrier. Reconfigurable terahertz plasmonic antenna concept using a grapheme stack. Appl Phys Lett, 2012.

[3] M. Dragoman, A.A. Muller, D. Dragoman, F. Coccetti, and R. Plana. Terahertz antenna based on graphene. J Appl Phys, 2010.

[4] M. Tamagnone, J.S. Gomez-Diaz, J.R. Mosig, and J. Perruisseau-Carrier. Analysis and design of terahertz antennas based on plasmonic resonant graphene sheets. J Appl Phys, 2012.

[5] I. Llaster, C. Kremers, A. Cabellos-Aparicio, J. M. Jornet, E. Alarcon, and D.N. Chigrin. Graphene-based nano-patch antenna for terahertz radiation. Photonics Nanostruct Fundam Appl, 2012.

[6] I. V. Iorsh, I. S. Mukhin. Hyperbolic metamaterials based on multilayer graphene structures. Phys. Rev. B, 2013.

[7] S. H. Lee. Ultrafast refractive index control of a terahertz graphene metamaterial. Scientific reports, 2013.

[8] N. Papasimakis. Graphene in a photonic metamaterial. Optics Express, 2010.

[9] I. Llatser, C. Kremers, D.N. Chigrin, J. Miquel Jornet. Characterization of Graphene-based Nano-antennas in the Terahertz Band. Prague: Antennas and Propagation (EUCAP), 2012.

[10] I. Llatser, C. Kremers. Scattering of terahertz radiation on a raphene-based nano-antenna. AIP Conference Proceedings, 2011.

A Fractal Antenna for GSM/UMTS/LTE/WLAN

ZOU Yufeng, WANG Zhongshuang, SHEN Dongya, REN Wenping, SHUAI Xinfang

(School of Information, Yunnan University of China, Kunming, 650000)

Abstract: In the paper, a fractal antenna with a small size of 37.5×36×1.6 mm3 is proposed based on the conventional Sierpinski fractal patch. The simulated and measured results show that the antenna operates from 1.85-3.2GHz and 4.6-6.0GHz with the return loss less than -10dB. The antenna has almost omnidirectional radiation patterns in two operating bands. The antenna might be useful for GSM/UMTS/WLAN/LTE devices.

Keywords: Antennas; Fractals; Multifrequency antennas

I. INTRODUCTION

The rapid growth of wireless communication has led to great demand for terminal devices which can operate in different standards such as GSM (1710–1880 MHz), UMTS(1920–2170 MHz), LTE(2300MHz–2400MHz and 2570 MHz–2620MHz) and WLAN (2400–2485 and 5150–5825 MHz) bands. Therefore, antennas are required to operate at multiband or wideband.

Fractal geometry is an effective way to generate multi-band or wideband frequency response[1-6]. Literature [1] introduced a monopolar quad-band antenna based on a Hilbert self-affine prefractal geometry. A dual-band Sierpinski fractal planar inverted-F antenna PIFA was proposed in [2] and the tree-like fractal geometry was used in [3] to obtain triband. A dual-band fractal microstrip antenna [4] was designed for radio frequency identification(RFID) reader. Overlapping closely spaced multiple resonance modes can achieve a wide bandwidth [5-6].

Traditional Sierpinski monopole antennas exhibit a log-periodic multi-resonance, which imposes fixed resonant frequency spacing. Modified Sierpinski techniques were presented to achieve different resonant frequency spacing bands [7-12]. [7-10] showed that the scale factor or flare angle of the Sierpinski gasket could change the spacing between resonant frequencies. In [11-12], some variations of the Sierpinski geometry have been studied to control the number and allocation of operation bands.

In this paper, a new modified Sierpinski fractal techniques was proposed to achieve different resonant frequency spacing, enhancing the bandwidth of the antenna. The antenna proposed in the paper works in two resonant bands from 1.85 to 3.2GHz and 4.6 to 6.0GHz, covering GSM1800 (1710–1880 MHz), UMTS(1920–2170 MHz), LTE2300(2300MHz–2400MHz), LTE2500 (2570 MHz–2620MHz) and WLAN (2400–2485 and 5150–5825 MHz) bands.

II. ANTENNA DESIGN

In this paper, The modified fractal antenna is used FR4 substrate with the height of h, dielectric constant $\varepsilon_e = 4.4$ and loss tangent $\tan\delta = 0.02$. The modified antenna is fed by a 50Ω micro-strip. The modified antenna patch achieves based on the conventional Sierpinski fractal patch. The structure of the modified radiation patch is achieved by third iterations. First, the equilateral triangle is divided into three identical isosceles triangles. Then, remove an equilateral triangle with a height which is equal to 1/2 of the isosceles triangle from each three isosceles triangles. The first-iteration is done as shown in Figure 1(a).As shown in Figure 1(b), the rest of isosceles triangles is divided into three isosceles triangles, respectively. According to the first iteration, the second-iteration of the modified antenna is shown in Figure 1(c).Hence, the third-iteration is shown in Figure 1(d).

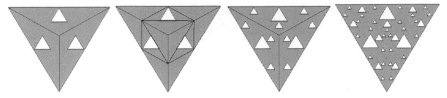

(a) First-iteration (b) Pre-second-iteration (c) Second-iteration (d) Third-iteration

Figure 1. A conceptual process of the modified antenna design

III. RESULTS AND DISCUSSION

The modified fractal antenna is fabricated, and the photograph of the fabricated antenna is shown in Figure 2. The simulated and measured return loss of the modified antenna is shown in Figure 3. From the measured return loss, the operating bandwidths of proposed antenna are 1.85-3.2GHz and 4.6-6.0GHz, which is covering the GMSUMTS/WLAN/LTE bands.

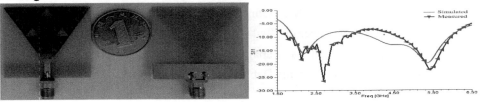

Figure 2. Photograph of the antenna   Figure 3. Simulated and measured return loss

The simulated return loss against frequency for the modified and conventional Sierpinski antennas with the same size and number of iterations is shown in Figure.4. Form the picture, in the lower frequency, the bandwidth of modified antenna is changed litter. In the higher frequency, the modified antenna achieves a wider bandwidth.

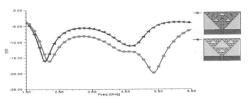

Figure 4. Return loss of the modified and conventional Sierpinski antennas

The simulated radiation patterns of xoz-plane (E-plane) and yoz-plane (H-plane) of the proposed fractal antenna at 2, 2.5, 5.3 and 6.0 GHz are shown in Figure 5. It is observed that the radiation patterns of yoz-plane are almost omnidirectional, which makes it can be well applied in GSM/UMTS/WLAN/LTE devices.

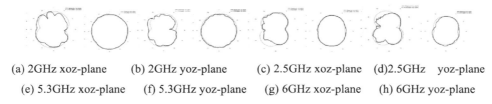

(a) 2GHz xoz-plane (b) 2GHz yoz-plane (c) 2.5GHz xoz-plane (d) 2.5GHz yoz-plane
(e) 5.3GHz xoz-plane (f) 5.3GHz yoz-plane (g) 6GHz xoz-plane (h) 6GHz yoz-plane

Figure 5. Radiation patterns of the modified fractal antenna at 2/2.5/5.3/6GHz.

IV. CONCLUSIONS

In the paper, a modified Sierpinski fractal antenna is proposed. The fractal antenna is fabricated on FR4 substrate, with a modified Sierpinski fractal radiation patch, which results in a size of 37.5×36×1.6mm3. The operating bandwidths of proposed antenna are 1.85-3.2GHz and 4.6-6.0GHz, respectively. From the simulated and measured radiation patterns, the proposed antenna shows quasi omnidirectional characteristic. The modified fractal antenna might be useful for GSM/UMTS/WLAN/LTE devices.

REFERENCES

[1] R. Azaro, F. Viani, L. Lizzi, E. Zeni, and A. Massa. A Monopolar Quad-Band Antenna Based on a Hilbert Self-Affine Prefractal Geometry. IEEE Antennas and Wireless Propagation Letters, 2009,8.

[2] P.J. Soh, G.A.E. Vandenbosch, S.L. Ooi, and M.R.N. Husna. Wearable dual-band Sierpinski fractal PIFA using conductive fabric. Electron. Lett., 2011,47.

[3] C. Varadhan, J.K. Pakkathillam, M. Kanagasabai, R. Sivasamy, R. Natarajan, S.K. Palaniswamy. Triband Antenna Structures for RFID Systems Deploying Fractal Geometry. IEEE Antennas and Wireless Propagation Letters, 2013,12.

[4] Guo Liu, Liang Xu, and Zhensen Wu. Dual-Band Microstrip RFID Antenna With Tree-Like Fractal Structure. IEEE Antennas and Wireless Propagation Letters, 2013,12.

[5] A.R. Maza, B. Cook, G. Jabbour, and A. Shamim. Paper-based inkjet-printed ultra-wideband fractal antennas. IET Microwaves, Antennas Propag., 2012,6(12):1366-1373.

[6] Guangtao Wang, Dongya Shen and Xiupu Zhang. An UWB antenna using modified Sierpinski-carpet Fractal Antenna. IEEE AP-S, 2013.

[7] C. Puente, J. Romeu, R. Bartoleme and R. Pous. Perturbation of the Sierpinski antenna to allocate operating bands. Electron. Lett., 1996,32.

[8] C. P. Baliarda. An iterative model for fractal antennas application to the Sierpinski gasket antenna. IEEE Trans. Antennas Propag.,2000,48(5).

[9] L. Lizzi, A. Massa. Dual-Band Printed Fractal Monopole Antenna for LTE Applications. IEEE Antennas Wireless Propag. Lett., 2011,10.

[10] A. Kumar, M. M., A. Patnaik, and C. G. Christodoulo. Design and Testing of a Multifrequency Antenna With a Reconfigurable Feed. IEEE Antennas Wireless Propag. Lett., 2014,13.

[11] J. Romeu and J. Soler. Generalized Sierpinski fractal multiband antenna. IEEE Trans. Antennas Propag., 2001,49(8):1237–1239.

[12] K. C. Hwang. A modified Sierpinski fractal antenna for multiband application. IEEE Antennas Wireless Propag. Lett., 2007,6: 357–360.

[13] G. Tsachtsiris, C. Soras, M. Karaboikis, and V. Makios. Analysis of a modified Sierpinski gasket monopole antenna printed on dual band wireless devices. IEEE Trans. Antennas Propag., 2004,52(10):2571–2579.

[14] A. Mehdipour, I. D. Rosca, A. R. Sebak, C. W. Tr., and S. V. Hoa. Full-Composite Fractal Antenna Using Carbon Nanotubes for Multiband Wireless Applications.IEEE Antennas Wireless Propag. Lett., 2010,9.

● 微波及射频电路

一种矩形开口波导探头方向图在近远场变换中的应用

陈玉林

（华东电子工程研究所，合肥，230031）

摘 要：对探头H面方向图，国内使用的E面电场积分法，在天线的远区副瓣引入较大误差。针对这种情况，提出一种新的基于边缘电流逼近法的探头方向图应用。通过在微波暗室对某频段天线进行实验测试，分别用国内传统的E面电场法与新方法进行计算比较。结果表明，此方法大大地改善了副瓣精度，为国内高精度测试打下了坚实的基础。

关键词：E面电场积分法； 近远场变换； 边缘电流逼近法； 探头补偿

Application of an Opening Rectangular Waveguide Probe Pattern in Near to Far Field Transformation

CHEN Yulin

(East China Research Institute of Electronic Engineering, Hefei, 230031)

Abstract: The H-plane pattern of probe which is the E-field integration method used at home introduces too much error to the back hemisphere sidelobes in plane near to far field transformation, so an improved method of probe pattern which base on approaching fringe current method is introduced and be used in near to far field transformation. An array antenna was measured in anechoic chamber, and the E-field integration method and this method were used in near to far transformation. The result indicates that the technique proves to improve the precision of sidelobes, and lay the foundation for high precision measurement at home.

Keywords: E-Field Integration Method; Near to far transformation; Approaching fringe current method; Probe correction

1 引言

实现天线测试的前提是准确的得到天线的远场方向图，而探头方向图补偿正确与否更是会给天线的远场方向图带来很大的影响。

目前国内使用的探头方向图逼近公式主要为E面电场积分法。对于探头H面方向图，E面电场积分法因为远区90°时能量为0，则会给70°~90°的远区副瓣带来较大误差[1]。本文运用一种新的探头方向图到近远场变换中，取得了良好的改善效果。

2 边缘电流法

开口矩形波导是最常用的探头形式，其示意图如图1所示。a和b分别为探头的宽边和窄边。

对于其 H 面方向图，早期的 Stratton-chu 积分公式只忽略了边缘电流[2]。则可以考虑将边缘电流加入 Stratton-chu 积分公式。

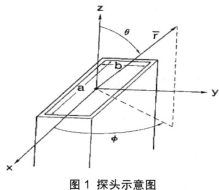

图 1 探头示意图

利用 A.D.Yaghjian[3]提到的 EFIE 数值方法来得到 $x=\pm a/2$ 上边缘电流产生的电场分布函数为：

$$A_H C_0 \cos(\frac{ka}{2}\sin\theta) \tag{1}$$

Stratton-chu 积分公式为：

$$f_{H(\theta)} = A_H \frac{[(\cos\theta+\beta/k)+\Gamma(\cos\theta-\beta/k)]}{\left[\left(\frac{\pi}{2}\right)^2-\left(\frac{ka}{2}\sin\theta\right)^2\right]} \bullet \cos\left(\frac{ka}{2}\sin\theta\right) \tag{2}$$

式中，$A_H = -ikabE_0/8$；E_0 是 TE10 模的幅度值；C_0 为常数；Γ 为探头反射系数；$\beta/k = sqrt(1-(\lambda/2a)^2)$。将（1）式与（2）式相加，即可得到边缘电流法的完整探头 H 面方向图公式为：

$$f_{H(\theta)} = A_H[\frac{(\cos\theta+\beta/k)+\Gamma(\cos\theta-\beta/k)}{\left[\left(\frac{\pi}{2}\right)^2-\left(\frac{ka}{2}\sin\theta\right)^2\right]}+C_0] \bullet \cos\left(\frac{ka}{2}\sin\theta\right) \tag{3}$$

$$f_E(\theta) = A_E \frac{1+(\beta/k)*\cos\theta}{1+\beta/k} \frac{\sin(\frac{b\pi}{\lambda}\sin\theta)}{\frac{b\pi}{\lambda}\sin\theta} \tag{4}$$

探头 E 面方向图为：

其中，$A_E = A_H\{(\pi/2)^2[(1+\beta/k)+\Gamma(1-\beta/k)]+C_0\}$

可以看出，边缘电流法虽然公式完整，考虑了边缘电流的影响，但是计算公式非常复杂，并且需要测量每个探头的反射系数并且需要计算常数 C_0，工作非常复杂与繁琐。

2 边缘电流逼近法

为了能简化公式，并且保证足够的精度，可以对边缘电流法进行简化。我们知道，天线增益的计算公式在 $\Gamma = 0$ 时

$$G_{01} = 4 \Bigg/ \int_0^\pi \left\{ \left[\frac{(1+\frac{\beta}{k}\cos\theta)\sin(\frac{kb}{2}\sin\theta)}{(1+\frac{\beta}{k})\frac{kb}{2}\sin\theta} \right]^2 + \left[(\frac{\pi}{2})^2 \frac{\cos\theta\cos(\frac{ka}{2}\sin\theta)}{(\frac{\pi}{2})^2 - (\frac{ka}{2}\sin\theta)^2} \right]^2 \right\} \sin\theta d\theta \quad (5)$$

而考虑边缘电流，即通过式（3）计算出的另外一个天线增益公式为：

$$G_1 = \frac{\pi k^2 ab}{8(1-|\Gamma|)^2} * \frac{k}{\beta} \left| [1+\frac{\beta}{k}+\Gamma(1-\frac{\beta}{k})](\frac{2}{\pi})^2 + C_0 \right|^2 \quad (6)$$

式(5)与式(6)的精度基本相同，则可以说明（5）同样包括了边缘电流和反射系数的影响。则通过设 $\Gamma = 0$ 与 $\beta/k = 1$ 可以得到

$$G_1 = \frac{\pi k^2 ab}{8} \left| \frac{8}{\pi^2} + C_0 \right| \quad (7)$$

通过 $G_1 = G_{01}$，得到

$$C_0 = \frac{8}{\pi^2\sqrt{2}}(\frac{k}{\beta}-1) \quad (8)$$

则通过将式（3）中的 Γ 设为 0，β/k 设为 1，并且带入式(8)，则可以得到一个与边缘电流法精度相当，但更简单 H 面方向图公式：

$$f_{H(\theta)} = A_H \left[\frac{1+\cos\theta}{(\frac{\pi}{2})^2 - (\frac{ka}{2}\sin\theta)^2} + \frac{8}{\pi^2\sqrt{2}}(\frac{k}{\beta}-1) \right] \cos\left(\frac{ka}{2}\sin\theta\right) \quad (9)$$

边缘电流逼近法相比于前面的方法是公式更为简单且不需要测量探头的反射系数，但是在精度上与 D.Yaghjian 提出的方法十分接近。

4 实验验证及结果分析

在平面近场暗室对某频段垂直线极化阵列天线进行了测试，如图 2。分别用两种方法进行近远场变换的探头补偿，最后与实际测量数据进行比较，并且给出两种方法与实际测量值的差曲线以及最终结果。因为垂直面方向图影响很小，在此主要分析水平面方向图，如图 3~4。

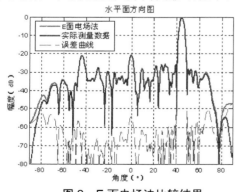

图 2 E 面电场法比较结果

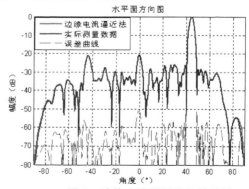

图 3 边缘电流逼近法比较结果

从图 3~4 可以看出，边缘电流逼近法不管在整个角域还是在远区副瓣，副瓣精度都有明显的提高。经过分析，在整个角域范围，边缘电流逼近法比 E 面电场法，平均副瓣精度分别提高了 2.7dB；

70°~90°的远区平均副瓣分别提高了9.2dB，取得了显著的改善效果。

结论

将边缘电流逼近法运用到近远场变换的探头补偿中，并通过实验验证，相比目前国内使用的传统方法，副瓣精度有了很大的改善，基本接近国际先进水平，对于国内近场测试系统的改进有很大的意义。实验结果证明了该方法的有效性和工程易实现性。

参考文献

[1] A. D. Yaghjian.Approximate Formulas for the Far Field and Gain of Open-ended Rectangular Waveguide. IEEE Trans.1984(AP-34).

[2] J.R.Risser.Waveguide and horn feeds. Microwave Antenna Theory and Design. NY: McGraw-Hill, 1949.

[3] A. D. Yaghjian. Approximate Formulas for the Far Field and Gain of Open-ended Rectangular Waveguide. Nat.Bur.Stand.Internal.Rep.83-1689, 1983.

[4] K.T.Selvan. Simple formulas for the gain and far-field of open-ended rectangular waveguides. IEE Proc-Microw Antennas Propag,1998,145(1).

X 波段三分贝正交耦合器设计

李春利，雷衍成

(郑州宇林电子科技有限公司，郑州，450000)

yulin0008@163.com

摘 要：本文主要分析了窄带 X 波段三分贝正交耦合器的设计，通过使用传统理论方法和仿真软件结合，计算得到所需特性阻抗的微带线参数，并加工了样机，经过实测实现了频段在 9.2~10.2GHz 范围内，幅度不平衡度<±0.6 dB,相位不平衡度<±5°，隔离端口隔离度>16 dB，证实了设计的可行性。

关键词：正交耦合器；特性阻抗；微带线；X 波段

The Design of X-band 3 dB Quadrature Coupler

LI Chunli，LEI Yancheng

(Zhengzhou Yu Lin Electronic Technology Co., Ltd., Zhengzhou, 450000)

Abstract: This paper analyzes the design of the narrow-band X-band 3 dB quadrature coupler .Through the combination of traditional theoretical methods and simulation software，we calculated the characteristic impedance of microstrip line,and obtained the related parameters of the microstrip line。More importantly，in the frequency range 9.2-10.2GHz, we tested the prototype , obtained amplitude unbalance <± 0.6 dB, phase imbalance of <± 5 °, the isolation port isolation of >16 dB；this result further confirmed the feasibility of the design.

Keywords: Quadrature coupler; Characteristic impedance; Microstrip line; X-band

1 引言

微波电路的快速演进，推动了相关应用器件的发展，其中作为功率检测、功率合成器以及天线开关等核心电路的无源器件耦合器，得到了广泛使用，尤其是三分贝耦合器。三分贝正交耦合器的两个输出端口位于同一侧，因而结构上易于同半导体器件结合，并且不论其功率分配比值如何，在中心频率的理论相位差总是 90°[1]。

三分贝正交耦合器是一个端口可以互易的四端口网络(如图 1)，由两个平行主传输线与中间若干分支传输线相耦合所构成，分支线的长度及间距都是中心频率的四分之一波长[2]。

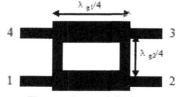

图 1 三分贝正交耦合器

2 原理设计

2.1 性能参数

三分贝正交耦合器主要指标由插入损耗、回波损耗、隔离度、幅度/相位不平度等进行评估和量化[3]。

2.1.1 插入损耗

通过分支传输线并被输出端口接收到的信号功率。理论上插入损耗为 3 dB，但由于辐射和介质损耗，在频率高时损耗会大一些。

2.1.2 回波损耗

指由输入端口反射的信号大小，此值越小越好。通常作为衡量匹配性能的一个决定性标准。

2.1.3 隔离度

耦合器隔离端口对输入端口信号的吸收能力，隔离度越好，性能越好。

2.1.4 幅度/相位不平度

通常用两输出端输出信号的幅度/相位之差来进行描述。

2.2 传统理论方法

三分贝正交耦合器采用分支线耦合形式，由主线、支线组成，根据其归一化导纳网络（如图2），确定三分贝正交耦合器的主线和支线阻抗。

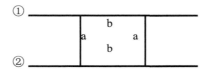

图 2 三分贝正交耦合器归一化导纳

图 2 中的 a 和 b 为各线段的归一化导纳，当信号从 1 端口输入时，4 端口无输出（即隔离端），信号从 2、3 端口输出，两路输出信号之间的相位相差为 90°，当 a=1，b=$\sqrt{2}$ 时。2、3 端口输出幅度相等，理论分配值为-3dB。

为了加工方便，本三分贝正交耦合器微带线的基板采用聚四氟乙烯纤维板，板厚为 0.5mm，介电常数为 2.55。

设传输线阻抗 50Ω，则导纳：　　　　　　　　Y_0=1/50=0.02

主线导纳为：　　　　　　　　　　　　　　　Y 主=0.02a=0.02

主线特性阻抗为：　　　　　　　　　　　　　Z 主=1/0.02=50Ω

支线导纳为：　　　　　　　　　　　　　　　Y 支=0.02b≈0.02828

支线特性阻抗：　　　　　　　　　　　　　　Z 支=1/0.02828=35.4Ω

2.3 微带线计算

微带线的计算，采用射频电路设计与仿真工具软件 ADS2006A 自带的微带线计算工具【LineCalc】(如图3)。调出【LineCalc】的方法是，开始→所有程序→Advanced Design System 2006A 文件夹→ADS Tools 文件夹→【LineCalc】。

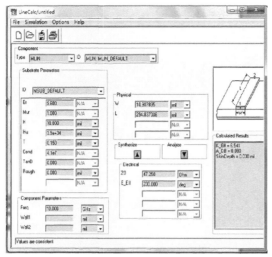

图 3 微带线计算工具 LineCalc

2.3.1 参数设置[4]

在 Component 选项框中设置为：

  Type： MLIN

  ID： MLIN:MLIN_DEFAULT

Substrate Parameters 选项中的参数设置及含义：

  Er：2.55，指微带线的相对介电常数为 2.55。

  Mur：1，指微带线的相对磁导率为 1。

  H：0.5mm，指微带线所在基板的厚度为 0.5mm。

  Hu：10mm，指微带线的封装厚度为 10mm。

  T：0.036mm，指微带线的金属层厚度为近似为 0.036mm。

  Cond：4.1e7，指微带线的电导率为 4.1e7。

  TanD：0.0002，指微带线的损耗角正切为 0.0002。

  Rough：0.0001mm，指微带线的表面粗糙度为 0.0001mm。

设置完成后的 Substrate 选项框（如图 4）：

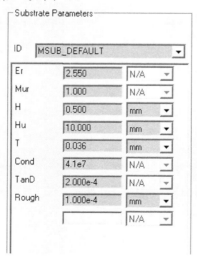

图 4 设置完成后的 Substrate 选项框

2.3.2 计算参数

首先把 Component Parameters 选项中的 Freq 设置频率为 9.7 GHz，然后在 Electrical 中 E_Eff 输入 90°，Z0 中分别输入 50Ω、35.4Ω。点击 Synthesize 按钮，进行 W、L 与 Z0、E_Eff 间的相互换算，最后分别得到 50Ω 微带线的宽约为 1.36mm、长约为 5.3mm，35.4Ω 微带线的宽约为 2.25mm、长约为 5.2mm（如图 5）。

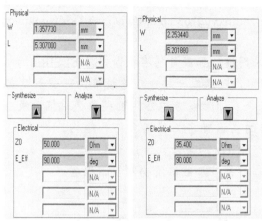

图 5 完成计算后 50Ω、35.4Ω 微带线结果

3 分析测试

根据以上理论与计算基础，所设计的窄带 X 波段三分贝正交耦合器电路实物（如图 6），经测试相关参数在 X 波段（9.2-10.2 GHz）为：插入损耗<0.9dB、隔离度>16 dB、相位不平度<<±5°。

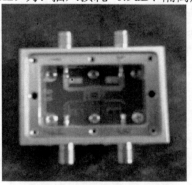

图 6 三分贝正交耦合器实物图

4 结论

本文通过对耦合器的传统理论方法和仿真软件的微带线计算工具，两者结合设计了一个窄带 X 波段三分贝正交耦合器，经过实物测试，满足指标要求，可对类似设计提供参考。

参考文献

[1] 顾其诤,项家桢,袁孝康.微波集成电路设计.北京：人民邮电出版社,1978.

[2] 徐之华. 微波技术基础.国防科学技术大学,1982.

[3] He-Xiu Xu,Guang-Ming Wang,and Ke Lu.微带环形耦合器. IEEE 微波杂志（中文版），2011:62.

[4] 陈艳华,李朝辉,夏玮.ADS 应用详解——射频电路设计与仿真.北京:人民邮电出版社,2008.

一种新型微带六通带三工器

张灵芝，邱枫，吴边

(西安电子科技大学电子工程学院，西安，710071)

zlzddjnxy@163.com, bwu@mail.xidian.edu.cn

摘 要：本文提出一种采用枝节加载阶梯阻抗谐振器(SLSIRs)的新型微带六通带三工器。通过在阶梯阻抗谐振器(SIR)的中间位置加载开路或短路枝节，可引入模式分裂来实现通带距离很近和宽阻带的双通带响应。然后三个双通带通道和公共T型阶梯阻抗馈线组成具有低插损和高隔离的紧凑型三工器。根据本文提出的多通带多工器耦合拓扑结构，设计并加工了一个中心频率分别在 1.9/2.4 GHz, 3.5/4.2 GHz, 5.2/5.8GHz 的微带六通带三工器。

关键词：六通带；三工器；枝节加载；阶梯阻抗谐振器

A Novel Microstrip Six-Band Triplexer

ZHANG Lingzhi, QIU Feng, WU Bian

(School of Electronic Engineering, Xidian University, Xi'an, 710071)

Abstract: In this paper, a novel microstrip six-band triplexer using stub-loaded stepped impedance resonators (SLSIRs) is presented. By adding the open- or short-ended stub at the centre of the SIR, a dual-band response with nearby passbands and wide stop band is achieved due to mode split. Then, three second-order dual-band channels combined with a common T-shaped SIR feed line form a compact six-band triplexer with low insertion loss and high isolation. Based on the proposed multi-band multiplexer coupling scheme, a microstrip six-band triplexer operating at 1.9/2.4 GHz, 3.5/4.2 GHz, 5.2/5.8GHz is designed and realized

Keywords: Six-band; Triplexer; Stub loaded; Stepped impedance resonators.

1 引言

多工器是连接接收与发射电路的重要元件，并且使得接收与发射电路共用一个天线。现代无线通信系统需要高隔离度和小型化的多接收与发射信道，因此设计多通带的多工器是必然的趋势。近年来，越来越多的方法用于设计双工器与多工器[1-5]，传统的T型结传输线[1]和公共谐振器[2]可以用作匹配网络，但是通常尺寸比较大；一个新型的利用公共T型谐振器的微带双工器[3]可以使得两个通带的谐振频率非常近；槽线阶梯阻抗谐振器[4]和分布耦合线[5]是设计多工器的新技术。本文提出了一种新型基于枝节加载阶梯阻抗谐振器(SLSIRs)的小型化六通带三工器。一对耦合的SLSIRs实现通带距离很近和宽阻带的双通带通道，三个双通带通道通过公共的T型阶梯阻抗馈线耦合输出实现六通带三工器的设计。

2 谐振器分析

图1(a)和(b)分别是短路和开路SLSIRs的示意图。由于图中的结构均是对称的，因此可以用奇

偶模分析法来分析图中的结构，折叠的 SIR 的两部分和加载的枝节的特征阻抗和电长度分别为：$Y_1, \theta_1, Y_2, \theta_2, Y_3, \theta_3$。为了简化计算的复杂度，假设 $Y_2 = Y_3/2$，定义 $K = Y_2/Y_1$，$\theta_t = \theta_1 + \theta_2$，$\alpha = \theta_1/\theta_t$，$\beta = \theta_3/\theta_t$。开路枝节和短路枝节中奇偶模的输入导纳在[6]中详细描述。令 $\text{Im}\{Y\}=0$，短路枝节和开路枝节的奇模谐振条件均可以写作

$$K \cdot \cot(\alpha\theta_t) = \tan[(1-\alpha)\theta_t] \quad (1)$$

短路枝节和开路枝节的偶模谐振条件分别为

$$K \cdot \cot(\alpha\theta_t) = \tan[(1-\alpha+\beta)\theta_t] \quad (2)$$

$$K \cdot \cot(\alpha\theta_t) = -\cot[(1-\alpha+\beta)\theta_t] \quad (3)$$

通过调节 K 和 α，SIR 可以产生双通带响应，但是很难实现两个很近的通带。对 SLSIRs 来讲，偶模 f_e 和奇模 f_o 能独立调节，可以很容易实现两个通带很近的双通带响应，而且当 β 从 0 增加到四分之一波长时，在开路枝节情况下 $f_e \geq f_o$；在短路枝节情况下 $f_e \leq f_o$。

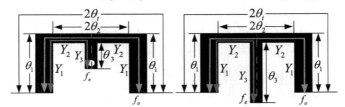

图 1(a) 短路 SLSIRs 结构图　　图 1 (b) 开路 SLSIRs 结构图

3　三工器设计

为了实现六通带三工器，我们提出了如图 2(a)所示的耦合拓扑结构图，该结构有 I, II, III 三个独立的通道，每一个通道均包含一个两阶奇模通带和一阶偶模通带。而且奇模谐振器和偶模谐振器之间存在比较弱的交叉耦合，因此引入两个额外的传输零点。六个通带的具体的设计指标以及相应的耦合系数如表 1 所示。

表 1　六通带三工器设计指标和耦合系数

通道	通带(i)	f_0/GHz	BW/ GHz	m_i	p_i	Q_{ei}
I	1	1.9	0.23	0.087	0.035	11.9
	2	2.4	0.19	0.056	0.100	21.3
II	3	3.5	0.25	0.051	0.050	20.7
	4	4.2	0.24	0.041	0.040	26.1
III	5	5.2	0.15	0.020	0.035	55.2
	6	5.8	0.23	0.029	0.030	38.5

图 2(b)为提出的六通带三工器的结构图，该三工器通过调节一对 SLSIRs 的相对位置来调节内部耦合，因此产生一个双通道通道。对输出端来讲，折叠的 SIR 馈线作为公共馈线来满足每个通带的外部 Q 值；对公共输入端来讲，折叠的 T 型 SIR 馈线用来匹配每个通带的输入阻抗。所有的参数尺寸是：L_{11}=10.4, L_{12}=9, L_{13}=5, L_{14}=21.7, L_{15}=25.6, L_{21}=4.3, L_{22}=4, L_{23}=2.4, L_{24}=12.6, L_{25}=14.2, L_{31}=5, L_{32}=2.9, L_{33}=9.8, L_{34}=10.6, L_{35}=0.5, $W_{11}=W_{13}=W_{23}$=2, $W_{12}=W_{22}=W_{32}$=1, W_{21}=3, W_{31}=1.7, $d_1=d_2$=1, g=0.5(所有单位均为 mm)，该六通带三工器的总体尺寸是 $0.44\lambda_g \times 0.385\lambda_g$，其中，介电常数是 2.45，基板厚度是 1mm，λ_g 是该三工器工作在 1.9 GHz 时的工作波长。

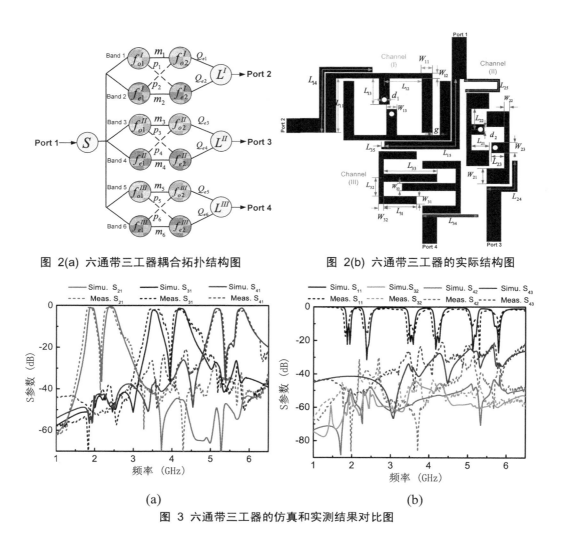

图 2(a) 六通带三工器耦合拓扑结构图 图 2(b) 六通带三工器的实际结构图

(a) (b)

图 3 六通带三工器的仿真和实测结果对比图

图 3(a)和(b)给出了设计的六通带三工器的仿真和实测结果，其中，该仿真是利用 EM 仿真器 Zeland IE3D 实现的，利用 Agilent's 8719ES 矢量网络分析仪得到测量结果的。该六通带的中心频率分别是：1.91/2.4 GHz, 3.55/4.21 GHz, 5.18/5.75 GHz, 所有通带的最小插入损耗是：0.95/1.05 dB, 2.1/1.9 dB, 2.1/2.0 dB, 所有通带的回波损耗均大于 10dB, 大部分信道的隔离都在 40 dB 左右。由上述结果可以发现，该新型的六通带三工器不仅尺寸小和插入损耗小而且频率选择性好和信道隔离度高。

4 结论

本文提出并设计了一种基于开路和短路加载阶梯阻抗谐振器的六通带三工器。由于加载枝节谐振器引入一个偶模模式，可以作为一个宽阻带的双通带谐振单元。根据提出的多通带多工器的耦合拓扑结构，三对枝节加载阶梯阻抗谐振器通过公共 T 型阶梯阻抗馈线耦合输出形成小型化六通带三工器。该三工器频率选择性好，信道隔离度高，可以应用于集成化多通道无线通信系统。

参考文献

[1] Wu, J.-Y., Hsu, K.-W., Tseng, Y.-H., and Tu, W.-H. High- isolation microstrip triplexer using multiple-mode resonators. IEEE Microw. Wireless Compon. Lett., 2012.

[2] Chen, C.-F., Huang,T.-Y., Chou, C.-P., and Wu, R.-B.Microstrip diplexers design with common resonator sections for compact size, but high isolation. IEEE Trans. Microw. Theory Tech., 2006.

[3] Chuang, M.-L., and Wu, M.-T. Microstrip diplexer design using common T-Shaped resonator. IEEE Microw. Wireless Compon.Lett., 2011.

[4] Liu, H.-W. Xu,W.-Y., Zhang, Z.-C., and Guan,X.-H. Compact diplexer using slotline stepped impedance resonator. IEEE Microw. Wireless Compon.Lett., 2013.

[5] Zeng, S.-J., Wu, J.-Y., and Tu,W.-H. Compact and high-isolation quadruplexer using distributed coupling technique. IEEE Microw. Wireless Compon.Lett., 2011.

[6] Sun, S.-J., Su,T., Deng, K., Wu, B., Liang, C.-H. Shorted-Ended Stepped-Impedance Dual-Resonance Resonator and Its Application to Bandpass Filters. IEEE Trans. Microw. Theory Tech., 2013.

新型小型化微带线—波导转换器的设计

商远波[1]，周光辉[2]，王 敏[1]，姚凤薇[1]，玄晓波[1]，田晓青[1]

(1. 上海无线电设备研究所，上海，200090；
2. 中电第55研究所，南京，200090)
yuanboshang@163.com

摘 要：本文介绍了传输线过渡器的几种实现形式,并论述了两种小型化新型波导微带转换器的设计方法。分别以工作频率为17GHz和35GHz波导微带转换器为研究对象,设计出了一种具有低损耗特性的波导微带转换器。运用Ansoft HFSS软件进行仿真计算。在有效的工作带宽内，所设计的转换器带宽宽、损耗小、结构简单、可靠性高。

关键词：波导—微带线过渡器

Design of an Novel Microstrip-to-waveguide Transition

SHANG Yuanbo[1], ZHOU Guanghui[2], WANG Min[1], YAO Fengwei[1], XUAN Xiaobo[1], TIAN Xiaoqing[1]

(1. Shanghai Radio Equipment Research Institute, Shanghai, 200090,China；
2. The CETC 55th Research Institute,Nanjing, 210038,China)

Abstract: This paper presents several microstrip-to-waveguide transitions technologies and a design procedure for waveguide to micro-strip is given. By designing a transformer of waveguide to micro-strip at 17GHz and 35GHz, a proper method for designing was given.Through simulation by Ansoft HFSS, the result show that the waveguide-to-microstrip transition has good performance of low insertion loss and wideband in the effective operational frequency band.

Keywords: Waveguide-to-Microstrip Transition

1 引言

传统传输线过渡器主要分为两类：一种可使用探针、缝隙激励某种电场或磁场分布，另一种是靠结构上的渐变过渡达到模式转变的目的。传输线过渡器的基本要求是：传输损耗和回波损耗要低，而且要有足够的频带宽度；装配容易，并且要有良好的重复性和一致性；与电路协调设计，并便于加工制作[1]。

常用的波导—微带过渡实现方式[2-5]有：波导—同轴—微带过渡、波导—脊波导—微带过渡、波导—鳍线—微带过渡、波导—E面探针(或H面探针)—微带过渡等，本文提出了两种新颖结构，分别为贴片耦合结构和缝隙耦合结构，与传统结构相比，具有结构简单，尺寸小等优点。

2 贴片耦合馈电波导—微带转换器设计

贴片耦合馈电矩形波导—微带过渡转换结构如图1所示。图中,整个过渡段由3个区域部分组成。其中,1区为特性阻抗为50Ω的标准微带线及终端贴片;2区为部分加载的寄生贴片,3区为矩形波导区。三个区域可完成将矩形波导中TE10主模的电场与磁场转变为微带线中准TEM模电磁场，通过调整微带终端贴片的长度p1、宽度pw,以及加载的寄生贴片的长度L1、宽度L2等结构尺寸,可使电磁波通过该过渡时,获得较高的转换效率,以及插入损耗较小的特性。为获得整个过渡电路良好的驻波特性,通过调整寄生贴片的缝隙长度 sl1 和缝隙宽度 sw1 以及终端贴片缝隙深度 sl 等结构尺寸,完成矩形波导接口的阻抗匹配功能。

波导同轴转接器立体图、平面结构图和具体尺寸图如图 1-3 所示,本文所有的波导尺寸为 a=12mm,b=3mm,微带线特性阻抗为 50Ω,微带板选用 Rogers RT/duroid 5880 (tm),厚度 1mm,ε_r =2.2,通过调节 sw1 和 sl1 两个尺寸可以优化驻波系数,对设计非常有利。

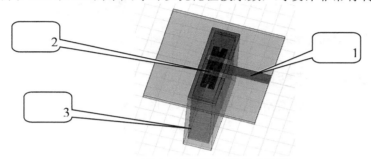

图 1 波导同轴转接器立体图

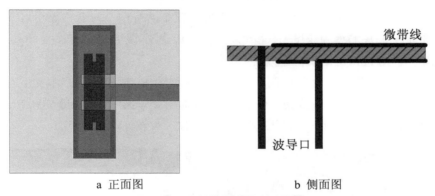

a 正面图　　　　　　b 侧面图

图 2 波导同轴转接器平面结构图

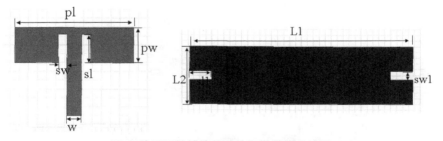

图 3 波导同轴转接器贴片和微带线尺寸图

通过对一个 ku 波段同轴转波导结构的尺寸设计,具体尺寸为：pl=13mm; pw=4mm; sw=0.95mm;sl=3.926mm;w=1.6mm;L1=7.5mm;L2=2mm;通过优化设计,通过 ansoft hfss 软件仿真结果如图 4 所示,可见回波损耗小于-15dB 的带宽大于 1.5G,传输损耗 0.5dB。图 5 为电场分布图,可以看出通过该耦合结构,实现了波导的 TE10 模式与微带线的准 TEM 模式的转换,达到了良好传输性能和阻抗性能。

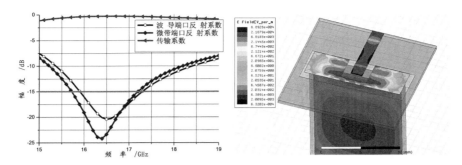

图 4 波导同轴转接器仿真结果　　　　图 5 波导同轴转接器电场分布图

3 缝隙耦合馈电波导—微带转换器设计

缝隙耦合馈电矩形波导—微带转换结构如图 6 所示。图中,整个过渡段也是由 3 个区域部分组成。其中,1 区为特性阻抗为 100Ω 的标准微带线及终端贴片;2 区为波导终端耦合缝,3 区为矩形波导区。三个区域可完成将矩形波导中 TE10 主模的电场与磁场转变为微带线中准 TEM 模电磁场,通过调整微带终端贴片的长度 p1、宽度 pw,以及馈电缝隙的长度 slotl、宽度 slotw 等结构尺寸,可使电磁波通过该过渡时,获得较高的转换效率,以及插入损耗较小的特性。为获得整个过渡电路良好的驻波特性,通过调整寄生贴片的缝隙长度 sl1 和缝隙宽度 sw1 以及馈电缝隙的长度 slotl、宽度 slotw 等结构尺寸,完成矩形波导接口的阻抗匹配功能。

波导同轴转接器立体图、平面结构图和具体尺寸图如图 6~图 8 所示,本文所有的波导尺寸为 a=5.7mm,b=2.5mm,微带线特性阻抗为 100Ω,微带板选用 Rogers RT/duroid 5880 (tm),厚度 1mm,εr=2.2,通过调节 sw1 和 sl1 两个尺寸可以优化驻波系数,对设计非常有利。

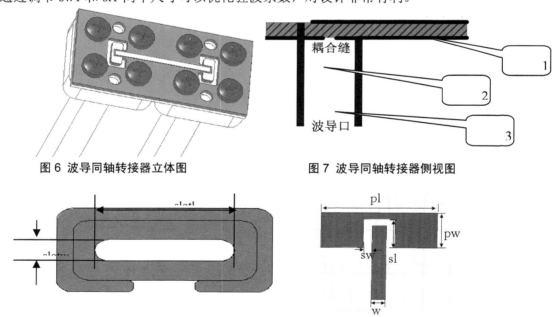

图 6 波导同轴转接器立体图　　　　图 7 波导同轴转接器侧视图

图 8 波导同轴转接器尺寸图

通过对一个 ka 波段同轴转波导结构的尺寸设计,具体尺寸为:pl=5.7mm; pw=2.5mm; sw=0.35mm;sl=1.965mm;w=1.2mm;slotl=4.32mm;slotw=0.9mm;通过优化设计,通过 Ansoft HFSS 软件仿真结果如图 9 所示,可见回波损耗小于-20dB 的带宽大于 1.0G,传输损耗小于 0.5dB(本设计含有两个过渡器而且带线还有辐射)。图 10 为电场分布图,可以看出通过该耦合结构,实现了波导的 TE10 模式与微带线的准 TEM 模式的转换，达到了良好传输性能和阻抗性能。

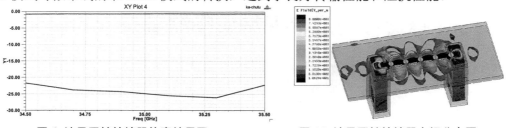

图 9 波导同轴转接器仿真结果图　　　图 10 波导同轴转接器电场分布图

4　结论

本文论述两种新型波导微带转换器结构,进行了设计与仿真 ,从结果来看,该过渡器具有低损耗性能和良好的驻波性能,本文所述的设计方法与结构具有一定的应用价值并且其结构简单,易于加工,具有一定的实用价值。该新型结构并对微波系统和天线系统的开发与应用具有重要的参考价值。

参考文献

[1] 薛良金.毫米波工程基础.哈尔滨：哈尔滨工业大学出版社，2004: 219.

[2] Van Heuven, J H C. A New Integrated Waveguide-Mi-crostrip Transition [C]. European Microwave Confer-ence, 1974: 541-545.

[3] 徐鸿飞,孙忠良.一种新型毫米波集成波导微带转换的分析与设计.固体电子学研究与进展 2004,24(2): 215-218.

[4] 周杨,苏胜皓,李恩,郭高凤.脊波导到微带过渡器的仿真设计.实验科学与技术,6(5): 215-218.

[5] 蒲大雁，李晓辉，徐军.一种基于磁耦合原理的毫米波矩形波导—微带过渡.微波学报,2010,26(6):81-84.

[6] 钟顺时.微带天线理论与应用[M].西安:西安电子科技大学出版社,1991.

GSM 蜂窝移动通信网络底噪测量技术的研究

汤之昊，朱晓维，蒋政波

(东南大学信息科学与工程学院，南京，211100)

tzhang0519@163.com

摘 要：本文概括介绍了 GSM 蜂窝移动通信网络底噪测量系统的主要构成，在此基础上，利用 Verilog 硬件描述语言完成了系统中央处理模块的设计，利用提出的底噪能量算法，为 GSM 蜂窝移动通信网不同频点处的底噪能量计算提供了一种简便可行的方法。通过硬件平台进行测试，绘制得到 GSM 蜂窝移动通信网总体的底噪分布图，通过与原有测量数据比较，证实了本设计结果在一定程度上能够实际反映当前 GSM 蜂窝移动通信网的底噪情况。

关键词：GSM 网络底噪测量；AGC 自动增益控制；底噪能量算法

Research on GSM Cellular Mobile Communication Network Background Noise Measurement Technology

TANG Zhihao, ZHU Xiaowei, JIANG Zhengbo

(School of Information Engineering, Southeast University, Nanjing, 211100)

Abstract: This page presents the main structure of the GSM cellular mobile communication network background noise measurement system. Based on it, the central processing module is designed by the VHDL. Using the background noise measurement algorithm, this paper also provides a simple and feasible method to calculate the GSM cellular mobile communication network background noise at different frequencies. A hardware measurement is processed, presents the GSM cellular mobile communication network background noise. By comparing with the existed results, it proves that the result can represent the GSM cellular mobile communication network background noise condition.

Keywords: GSM background noise measurement; AGC (Automatic Gain Control); Background noise measurement algorithm

1 引言

GSM 蜂窝移动通信网络干扰的大小是影响网络运行的关键因素，对通话质量、掉话、切换、拥塞均有显著影响。当前的 GSM 蜂窝移动通信网络环境日益复杂，无线网络质量日益变差，测量网络底噪成为衡量网络质量、查找问题的有效手段之一[1,3]。

2 GSM 蜂窝移动通信网络底噪测量系统

GSM 蜂窝移动通信网络底噪测量系统整体框图如图 1 所示。

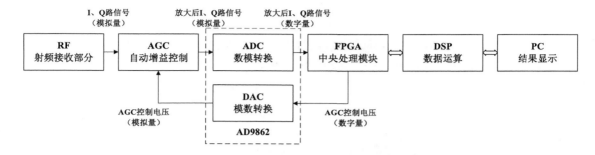

图1 GSM 蜂窝移动通信网络底噪测量系统整体框图

主要模块包括：

1、射频前端。主要完成接收信号的滤波、解调，得到对应的 I 路和 Q 路信号。

2、AD/DA 部分。该部分由高性能混合信号前端(MxFE)处理器 AD9862 实现，该芯片集成两个 12 位 64MSPS ADC 以及两个 14 位 128MSPS DAC，前向 ADC 实现对 I 路和 Q 路信号的量化，送入 FPGA 作进一步的分析处理，反馈支路 DAC 能将 FPGA 输出的 14 位 AGC 控制电平量化值转化为模拟量，以此作为 AGC 模块的增益控制电压。

3、中央处理部分。该部分由 FPGA 为载体，实现对信号的分析、处理，同时控制系统其他部分的协调工作，保证系统的稳定工作。

4、信息处理终端。该部分利用 DSP 的高速运算处理来实现，将 FPGA 得到的 GSM 一帧时间内的信息时隙的能量和送入 DSP 进行最后的存储、处理，并在 PC 端显示。

3 底噪能量算法

根据 GSM 帧结构可知，1 帧内包含 8 个时隙，为了避免 GSM 帧同步带来的时间开销和 FPGA 内部门数及存储单元的限制，本设计简化认为其中具有最高能量的某个时隙即为传输有效信息的时隙，而此时隙的平均能量值也就对应底噪能量。

4 硬件测试

4.1 GSM900 频段硬件测试

GSM900 频段为 935MHz 至 960MHz，每隔 200KHz 设置一个频点，一共测量 126 个频点，得到的底噪分布图如图 2 所示。

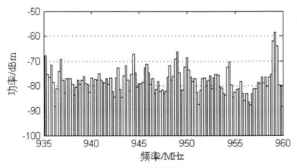

图2 GSM900 频段硬件测试结果

由图 2 可知，GSM900 频段底噪能量平均值为-75m，且不同频点之间的底噪能量差距并不大，这与现有 GSM900 底噪情况相符[2, 6]。

4.2 GSM1800 频段硬件测试

GSM1800 频段为 1805MHz 至 1880MHz，测量时选择了其中的 1805MHz 至 1829.8MHz 的频率范围，每隔 200KHz 设置一个频点，一共测量 125 个频点，得到的底噪分布图如图 3 所示。

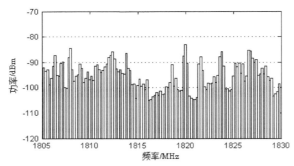

图 3 GSM1800 频段硬件测试结果

由图 3 可知，GSM1800 频段底噪能量平均为-95m，且不同频点之间的底噪能量存在差距，这与现有 GSM1800 底噪情况相符[2, 6]。

5 结论

GSM 底噪问题的日趋严重使得 GSM 底噪测量成为一项至关重要的技术而被研究。本文概括介绍了 GSM 蜂窝移动通信网络底噪测量系统的构成，以及适合本系统的 GSM 底噪能量算法，利用 FPGA 为载体完成对其中中央处理模块的设计工作。将程序下载至 GSM 蜂窝移动通信网络底噪测量平台，对 GSM 蜂窝移动网络底噪进行测量，测试结果在一定程度上能够反映真实的 GSM 蜂窝移动通信网络的底噪情况，本设计较好地实现了预期的功能。

参考文献

[1] 韩斌杰. GSM 原理及其网络优化[M]. 北京：机械工业出版社, 2001.

[2] 中国移动通信集团. 福建移动底噪评估测试与干扰排查方案报告[Z]. 2011.

[3] 凌金. GSM 网络干扰分析与优化[D]. 北京：北京邮电大学计算机科学与技术学院, 2008.

[4] 刘任庆. 3G 语音链路中自动增益控制模块的实现[J]. 数字通信, 2011,38(2): 81-82.

[5] 孙杨俊. GSM 网络无线优化技术的研究与应用[D]. 西安：西安科技大学电子与通信工程学院, 2008.

[6] 中国移动通信集团. 杭州移动典型区域下行底噪测试报告[Z]. 2010.

[7] 徐芳萍, 贾新成. AD9862 在中频数字处理中的应用[J]. 河南机电高等专科学校学报, 2010, 18(2): 15-17.

[8] Lipovac V, Modlic B, Sertic A. Practical testing of GSM co-channel interference[D]. 2003.

基于ADF4351宽带频率合成技术研究

夏毛毛，朱晓维，盖 川

（东南大学信息科学与工程学院，南京， 211100）
jsxiamaomao@163.com

摘 要：锁相环（PLL）技术作为一种频率合成技术，被广泛运用在各种频率合成系统中。文章通过对 PLL 相位噪声原理扼要阐述，详细讨论了 PLL 各个部分对输出信号相位噪声的影响。ADF4351 为例，利用 ADISIMPLL 软件进行相位噪声仿真，分析了环路带宽对输出信号相位噪声影响，为 PLL 环路滤波器设计提供了参考依据。文章最终实现了频带 300MHz-4000MHz 宽带输出，整个频带内获得了较好的相位噪声。

关键词：频率综合器；相位噪声；PLL 仿真；环路滤波器

Research of Wideband Frequency Synthesizer Based on ADF4351

XIA Maomao，ZHU Xiaowei，GE Chuan

(School of Information Science and Engineering, Southeast University, Nanjing, 210096)

Abstract: As a PLL frequency synthesizer technology, PLL is widely used in a variety of frequency synthesis systems. Through the principle of PLL phase noise, the paper discussed the impact of the various parts of the output signal of the PLL phase noise. Based on ADF4351, the paper uses ADISIM phase noise simulation software. The paper also analyzed the impact of the loop bandwidth of the output signal phase noise, whichis useful to the design of PLL. Finally, we design a PLL frequency synthesizer of the band 300MHz-4000MHz broadband output.The PLL performance a better phase noise over the entire frequency band.

Keywords: Satellite networks; SPN model; BGP-S; Performance analysis

1 引言

随着电子技术的进步，雷达、导航、通信系统等电子设备的性能越来越依赖频率源[1]的准确性。而在一个通信系统中，常常需要再一个较宽的频带内提高准确和高稳定度的频率，为此频率合成技术随之发展。在频率合成技术中最常用的是锁相环（Phase Locked Loop）技术。PLL 技术是一种相位负反馈控制系统，它能使受控振荡器的频率和相位与输入信号保持确定关系，并且可以抑制输入信号中的噪声和压控振荡器中的相位噪声[2]。

2 PLL 相位噪声分析

PLL 通常由一个稳定参考晶振（XTAL）、预分频器（R counter）、N 分频器（N counter）、鉴相器（phase detector，PD）、环路滤波器（Loop filter，LP）和压控振荡器（Voltage control oscillator，

VCO）基本模块组成，本文使用的 PLL 线性化模型[3]为：

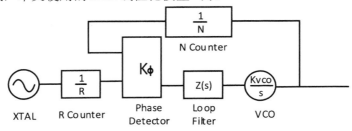

图 1 分频输出 PLL 结构

在 PLL 系统中，PLL 的噪声主要是有环路本身噪声和与信号一起进入环路的输入噪声。输入噪声包括信号源或信道产生的高斯白噪声。环路内部噪声主要是由于环路器件本身产生的固有噪声。这些噪声主要包括 N 分频器、PLL 1/f 噪声、电荷泵增益、VCO 噪声、电阻热噪声和其他噪声源。

2.1 1Hz 归一化基底噪声

相位噪声最基本模型是闭环传递函数乘以一个常数，PLL 归一化基底噪声主要考虑了实际系统中鉴相器的工作频率。鉴相器频率引入噪声通常是噪声源的主要噪声，而鉴相器频率与 N 成反比。因此，相位噪声可以通过归一化基底相位噪声进行估计，归一化基底噪声计算公式如下：

$$PLLnoise_{flat}(offset) = \begin{cases} \approx PN1Hz + 10\log|Fcomp| + 20\log|N| & in-band \\ PN1Hz + 10\log|Fcomp| + 20\log|CL(offset)| & everywhere \end{cases}$$

2.2 1/f Hz 噪声

以上分析中，我们都是基于环路带宽内噪声是白噪声的假设。然而在一个实际 PLL 系统中，特别是随着鉴相器频率的提高，考虑 1/f 噪声显得特别重要。这是由于随着鉴相器频率的提高，1/f 噪声保持不变，但是 PLL 白噪声却改变，1/f 噪声通过以下公式计算：

$$PLLnoise_{1/f}(Fout, ffset) = PN10KHz + 20\log\frac{Fout}{1GHz} - 10\log\frac{offset}{10KHz}$$

2.3 VCO 噪声

压控振荡器内部噪声可以等效为一个无噪的压控振荡器在输出端再叠加一个相位噪声 $Q_{nv}(t)$。通过环路线性误差分析，可以得到 VCO 的相位噪声对瞬时相位误差和环路输出噪声的作用是通过环路误差传递函数的高通滤波。因此，VCO 的相位噪声功率主要集中在低频部分，在选择环路带宽 f_n 时，仅从滤除 VCO 噪声考虑，应选择 f_n 越大越好。

2.4 电阻热噪声

PLL 中的电阻会在 PLL 环路系统中产生热噪声。特别是，当电阻热噪声成为一个主要考虑因素时，通常会出现在环路带宽附近。大电阻会产生更多的热噪声，同时也会带来额外的闪烁噪声。如果保持环路其他参数固定，提高电荷泵电流，那么电阻的热噪声将会降低，这是由于环路滤波器的电阻值会减小。

3 设计、仿真和测试结果

基于 ADF4351 的宽带 PLL 系统采用 PC 端上位机软件设计，上位机软件利用单片机

C8051F320USB 串行接口将数据写入单片机，单片机进行时序控制并发送 ADF4351 各个寄存器控制字，上位机软件如下：

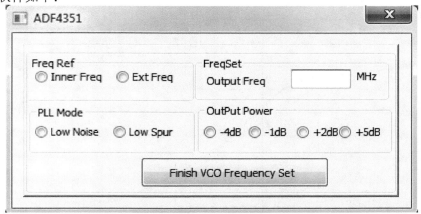

图 2 ADF4351 上位机软件

环路滤波器设计中采用 ADI 公司 ADISIMPLL 软件，相位裕度 45deg，环路带宽最终选择为 40KHz，环路滤波器设置如下：

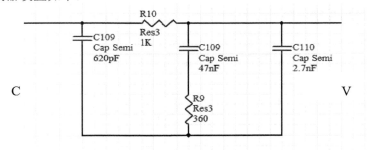

图 3 ADF4351 环路滤波器设计

利用上述设计的环路滤波器，仿真 PLL 输出相位噪声如下：

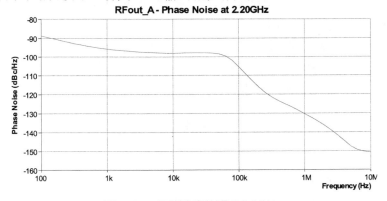

图 4 PLL 相位噪声仿真@2.2GHz

设计电路 PCB 制作，对整个电路进行实际调试和测量，在中心频点 2.2GHz 处，相位噪声测试结果如下：

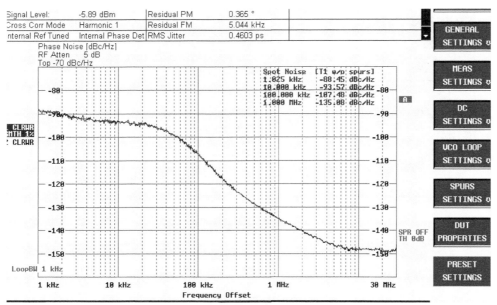

图 5 基于 ADF4351 宽带频率合成器相位噪声测量@2.2GHz

其他频点相位噪声测量结果如下：

表 1 相位噪声测量结果

频率\频偏	@1KHz(dBc/Hz)	@10KHz(dBc/Hz)	@100KHz(dBc/Hz)
300MHz	-104	-111	-123
500MHz	-101	-105	-121
1000MHz	-95	-99	-116
2000MHz	-90	-94	-111
3300MHz	-85	-90	-103
4000MHz	-83	-87	-103

4 结论

测试结果表明，在参考频率 10MHz 的条件下，基于 ADF4351 的宽带频率合成器，可以工作在宽带 300MHz-4000MHz 频段内。在整个工作频段内，相位噪声优于-87dBc/Hz，通过 ADF4351 内部分频器分频输出，满足 3dB/分频的规律。但是，通过对比仿真 2.2GHz 处相位噪声-98dBc/Hz@10KHz，实际测量结果与仿真结果有一定差异，这是由于 VCO 供电电源引入噪声[5]，可以采用更低噪声电源，同时电源滤波也有待提高。

参考文献

[1] 费元春，苏广川，米红,等.宽带雷达信号产生技术.北京：国防工业出版社，2002.

[2] 李智群，王志功,等，射频集成电路与系统.北京：科学出版社，2007.

[3] Dean Banerjee. PLL Performance, simulation, and Design. 4th Edition.2006,104-110.

[4] Analog Device Inc. Wideband Synthesizerwith Integrated VCO.ADF4351 Data sheet，2002.

[5] 李明亮.超宽带微波频率源技术研究.成都：电子科技大学，2006.

宽带正交接收系统校准分析和实验

王昶阳，朱晓维，翟建锋

（东南大学信息科学与工程学院，南京，211100）

ang_WCHY@163.com

摘　要：本文讨论宽带接收系统中正交解调采样的失真现象。文中设计了多阶线性拟合校正模型，给出了模型的实现结构，使用线性运算易于实现。提供了模型中参数求解的具体步骤。并结合硬件平台进行了模型的测试验证。射频信号工作在在 2.55GHz 频点，设定校正模型阶数 k=10 时得到较好的校正结果。对于 60MHz 带宽的单频带，校正后 NMSE 由-17.13dB 优化至-48.49dB。对于 100MHz 带宽的双频带，校正 NMSE 由-18.90dB 优化至-37.82dB。

关键词：宽带接收系统；正交解调；幅相不一致；线性拟合

The Calibration Analysis and Test on Wideband IQ Receiving System

WANG Changyang，ZHU Xiaowei，ZHAI Jianfeng

(School of Information Engineering, Southeast University, Nanjing, 211100)

Abstract: This article describes distortions of IQ demodulators and AD samplers in the Wide receiving systems. A multi-order linear fitting model is proposed, and a structure is given. The structure is easy to implement using linear operations. The method to get the parameters in the model is also figured out.Test the model on the hardware platform. The RF signal works in 2.55GHz, and the model is set to 10 orders. First, test a single band with 60MHz bandwidth, and the model improves the receiving signals' NMSE from -17.13dB to -48.49dB. Second, testa dual band with 100MHz bandwidth, and the model improves the NMSE from -18.90dB to -37.82dB.

Keywords: Wideband receiving system;IQ demodulator; IQ imbalance; Linear fitting

1　引言

解调是通信中重要的一环，其将射频信号转换为基带信号。当前，正交解调接收系统普遍使用，其可以有效利用信道带宽，却也存在着直流偏移、幅相不一致等问题，处理宽带信号时，系统中还存在频率响应不平坦。为改善性能，正交解调接收系统需要校正。起始研究针对窄带信号，文献[1]表明，于 1981 年，F. E. Churchill 等提出了窄带信号的失真模型和校正方法。随着信号带宽的增加，宽带系统校正研究成为必然需要。2000 年后，国内文献[2]、[3]提出宽带正交解调失衡的校准方法。本文针对宽带正交解调接收系统，提出了基于多阶线性拟合法构造滤波器的校正方案，并给出测试结果。校正方案处理带宽宽，模型设计简单。

2 正交解调采样的原理与误差

射频信号进入接收系统后,首先进行正交解调,分别与同向正交两路本振信号进行混频。混频所得信号经低通滤波之后得到同向、正交两路基带信号。而后,通过 A/D 采样可以将所得基带信号转化为数字信号,之后对所得信号数字化处理。本论文中的具体分析和实验测试,都将系统的解调器等设备设置在了线性工作区域,正交解调中所存在的线性失真为主。文献[6]指出了正交解调采样存在直流偏移、固定时延和相位失衡、增益失衡和宽带效应四种失真,上述失真均需校正。相对于传统窄带校正方案,处理宽带信号时,要考虑到宽带效应的存在。

3 宽带接收系统正交解调的校正方案

宽带信号解调采样的校正可从频域和时域两个角度进行。频域上,校正是抑制带外分量,恢复主频分量,F.E.Churchill 模型正是基于此,缺点是只适用窄带模型,而文献[4]提出多组校正频点的校正方案是一种拓展。文献[5]则用双中频并行采样。时域上,校正应使解调采样的同相、正交信号,与原始基带信号在各时间点保持一致。参照此,文献[6]提出无延时校正滤波器结构。从时域角度,本文针对宽带接收系统提出多阶线性拟合校正模型,并进行测试。

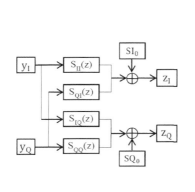 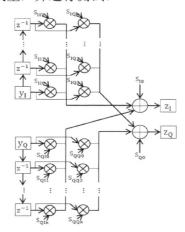

图 1 多阶线性拟合校正模型框图　　**图 2 多阶线性拟合校正模型实现结构**

3.1 宽带接收系统的多阶线性拟合校正模型

模型校正目标是使采样获得信号向原始发射基带信号相逼近。本文设计多阶线性拟合校正模型,如图1,通过 FIR 滤波器的组合设计。记忆深度为 k,同相分量 $y_I(n)$ 与正交分量 $y_Q(n)$ 的多阶分量,用于校正得到输出 $z_I(n)$ 和 $z_Q(n)$ 的。校正公式(1)为

$$\begin{bmatrix} z_I(n) \\ z_Q(n) \end{bmatrix} = \begin{bmatrix} S_{I0} S_{II0} S_{II1} \ldots S_{IIk} S_{QI0} S_{QI1} \ldots S_{QIK} \\ S_{Q0} S_{IQ0} S_{IQ1} \ldots S_{IQk} S_{QQ0} S_{QQ1} \ldots S_{QQk} \end{bmatrix} \bullet [1\, y_I(n)\, y_I(n-1) \ldots y_I(n-k)\, y_Q(n-1) \ldots y_Q(n-k)]$$

(1)

3.2 多阶线性拟合校正模型的实现结构与模型求解

所设计多阶线性拟合校正模型如上图2所示,具有实现结构简单、延迟固定的特点,可简单放置在 AD 采样与其后续数字处理模块间。使用线性结构,实现只需要简单的加法器、乘法器和延迟器的组合即可。接收的 I 路信号 y_I 和 Q 路信号 y_Q,通过延时结构得到其 K 阶记忆深度。将上述分量通过乘法器分别乘上相应的参数 S_{IIi}、S_{IQi}、S_{QIi}、S_{QQi} (i=0,1,…,k),并进行累加,S_{I0} 和 S_{Q0} 则

用来进行直流偏移校正。两路累加器的输出即为校正后的输出 z_I 和 z_Q。

模型需要求解参数 S_{I0}、S_{Q0} 和 S_{IIi}、S_{IQi}、S_{QIi}、S_{QQi} (i=0,1,…,k)。未经校正时，将基带信号 x_I 和 x_Q 调制至射频进行测试，接收系统解调采样得到同相信号 y_I 和正交信号 y_Q。而后利用卷积和插值修正接收到的信号 y_I 和 y_Q，使其与信号 x_I 和 x_Q 时间同步。再以归一化均方误差 NMSE 作为优化目标，用最小二乘法求解参数。以 N 为采样点数量，优化目标 NMSE 定义如下：

$$\text{NMSE} = 10 \cdot \log_{10} \frac{\sum_{n=1}^{N}[(y_I(n) - x_I(n))^2 + (y_Q(n) - x_Q(n))^2]}{\sum_{n=1}^{N}(x_I(n)^2 + x_Q(n)^2)} \tag{2}$$

4 校正方案的硬件测试

4.1 硬件平台

硬件平台测试频点为 2.55GHz，对 70MHz 到 130MHz 的单边带和-50MHz 到 50MHz 的双边带进行宽带接收系统的测试和校正。解调器使用芯片 ADL5380，模数转换器采用采样芯片 ADS5474，采样速率 400MHz，采样精度 14bit。采样数据长度为 20000 个采样点，并进行校正分析。

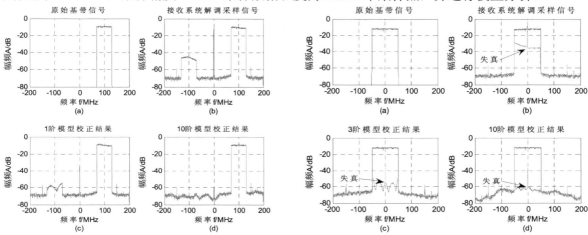

图 3 60MHz 单边带等幅谱信号测试结果　　图 4 100MHz 的单边带等幅谱信号测试结果

4.2 单边带信号硬件测试结果

带宽 60MHz 的单边带等幅谱信号进行测试，校正模型的阶数 k 设定为 1 到 30 进行测试。在 k=1 时，模型退化为传统窄带校正方法，NMSE 校正到-23.91dB，宽带效应的出现使得传统窄带校正方法不再能够很好适用。而当 k=10 时，NMSE 校正到-48.42dB，之后阶数 k 的增加对 NMSE 的改善已经没有明显改善。所以该测试模型使用 k=10 进行测试验证。

图 3 为测试结果对比。未经校正时，解调恢复信号直流分量高，镜像分量超出基底噪声 20dB，主频带幅频波动大，NMSE 为-17.13dB。使用 1 阶线性拟合校正处理时，有一定改善，镜像分仍大多超出基底噪声 10dB，NMSE 为-23.91dB。当使用 10 阶线性拟合进行校正处理时，直流分量抑制明显，对镜像提高了 20dB 的抑制，NMSE 达到-48.49dB，验证了模型的有效性。

4.3 双边带信号硬件测试结果

带宽 100MHz 的双边带等幅谱信号进行测试，选取模型阶数为 k=10，同时选取阶数 k=3 的模型作为对比。测试结果如上图 4。未校正前，接收到的信号失真严重，NMSE 为-18.90dB。在使用 3 阶校正模型进行校正时，信号已有改善，其 NMSE 优化到-36.67 dB，不足是，通带内失真频谱波动达 10dB，带内一致性差。使用 10 阶校正模型校正时，其 NMSE 优化到-37.82dB，获得-18.92dB 的改进。而且其通带内失真抑制整体达到 47dB，通带内一致性也更优。

5 结论

针对宽带信号接收系统中上述失真的校正问题，本文设计了多阶线性拟合校正模型，其设计结构简单，延时固定，运算复杂度低，模型参数易于提取。

在硬件实际测试中，选择了 60MHz 的单边带，和±50MHz 的双边带的基带信号，与 2.55GHz 频点上进行宽带接收系统校正模型的测试验证。在阶数为 10 时，单边带信号校正后 NMSE 改善 31.36dB，双边带信号校正后 NMSE 改善 18.91dB。验证了所设计的多阶线性拟合校正模型对于单双边带的校正均是有效的，该模型是具有应用价值的。

参考文献

[1] Churchill FE.The correction of I and Q errors in a coherent processor. IEEE Transactions on Aerospace and Electronic Systems, 1981。

[2] 王良军.宽带信号的正交校正及多接收通道的幅相均衡[D].合肥：合肥工业大学，2004.

[3] 黎向阳,刘光平,梁甸农,周智敏.宽带正交解调器幅相一致性测量[J].国防科技大学学报，2000.

[4] 陈燕.宽带数字接收机的 I/Q 通道失配校正[J].宁夏大学学报：自然科学版，2012, 33(1): 28-30.

[5] 王国庆,周翔凤,魏玺章,等.基于双中频并行采样的数字 I/Q 信号获取[J].信号处理，2011, 27(001): 6-13.

[6] 赵忠凯,陈涛,郝鑫.无延时校正滤波器数字正交解调性能分析[J].数据采集与处理，2012 (3): 299-303.

Q波段毫米波接口电路研究

彭小莹，陈继新

(东南大学信息科学与工程学院，南京，211100)
frankpxy@sina.com

摘　要：本文研究了40-50GHz的Q波段毫米波接口电路。本文首先介绍了在Q-LINKPAN标准下工作的接口电路的设计构思和方案，并讨论了抑制和解决空腔谐振问题的可行方法。然后对加工实物的测试结果进行了讨论和分析。测试结果表明，该接口电路性能良好。

关键词：Q-LINKPAN；微带转同轴；接口电路；拱桥

Research of the Interface Circuit in Q-band

PENG Xiaoying，CHEN Jixin

(School of Information Science and Engineering, Southeast University, Nanjing, 211100)

Abstract: In this paper, an interface circuit and connector working at 40-50GHz in Q-band is studied. The basic theory and method of the design based on the Q-LINKPAN standard is first introduced. The solution to the cavity resonance problem is discussed. Thereafter, the measured results of the manufactured connector is researched. The results demonstrategood performance of the designed interface circuit.

Keywords: Q-LINKPAN; Microstrip to coaxial; Interface circuit and connector ; Arch

1　引言

相较于60GHz短距高速无线通信，40~50GHz的Q波段由于每公里大气吸收损耗小于1dB（前者高达14dB/km），因而很容易利用高增益天线实现点对点或点对多点高速远距通信。于是，2010年东南大学洪伟教授领导的课题组提出我国毫米波近远程超高速通信标准Q-LINKPAN，并于同年开展Q-LINKPAN研究[1-2]。如果要设计一个完整的Q-LINKPAN系统，会遇到各种传输线电路之间的转接问题，最常见的就是同轴线与微带线的转接。但是，在Q波段想要完成这种转接非常困难，如何给Q波段的微带电路提供一个这样的测试平台即是本文研究的问题。

2　接头设计方案的总体考虑

在Q波段要想提供一个让矢量网络分析仪方便地测试微带电路板性能的平台，首先该结构件必须提供一个矩形电磁屏蔽腔，里面可以放置PCB板。这个矩形腔的两端开口以便同轴线从中进入并和微带线相连。测试用的50Ohm微带线介质为Taconic TLY-5，相对介电常数为2.2，基板厚度为0.254mm。选用西南微波公司生产的2.4mm法兰接头1413-01SF（公头）和1414-01SF（母头），其参数可在西南微波官网查阅。配套使用的50欧玻璃绝缘子为290-07G，其参数见图1，安装方法如图1中法兰安装法。

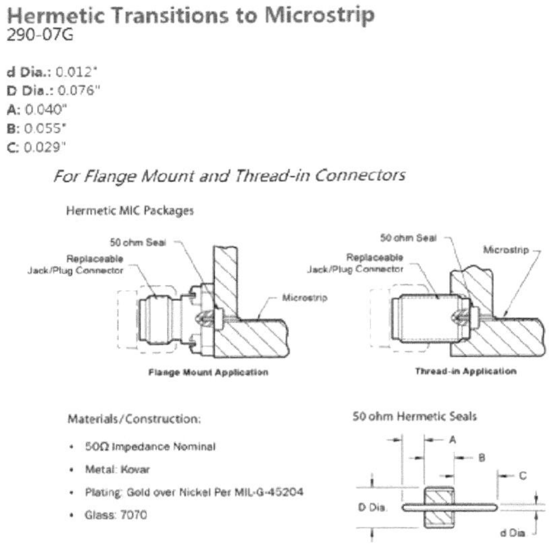

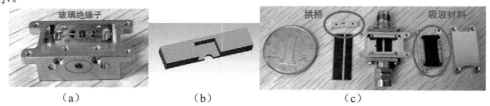

图 1 50Ohm 玻璃绝缘子 290-07G 与法兰的安装示意图

因为同轴线传输的是 TEM 模，而微带线传输的是准 TEM 模，所以在同轴与微带的转接处会发生模式的突变，这种不连续性会给传输性能带来很大影响[3]。出于加工难度的考虑，腔体开口的两侧厚度正好放下玻璃绝缘子（见图 2（a）），这样一来同轴线上半部分裸露在腔体中，电磁波会泄露到腔体空间里，导致传输系数的恶化，还会增加腔体内部谐振的可能性。因此，需要设计大小合适的屏蔽盒，使其谐振频率不在 Q 波段内，从而降低腔体谐振的可能性。本文选用的腔体宽、高和长分别为 16mm、3mm 和 10mm。另外，微带线和同轴线接地不紧也会恶化传输性能。为了减小模式突变带来的影响，抑制电磁波向泄露，同时更好地固定微带线，本文设计了一种拱桥结构（见图 2（b）），拱桥固定在同轴线与微带线接口处的上方，将裸露的玻璃同轴线介质遮了起来，这样的结构有利于抑制接口处电磁波的泄露，同时可以固定微带线，使其接地更好。调整拱桥的具体尺寸还可以改变腔体内部结构，调节腔体内部谐振点，使其在 Q 波段内没有谐振。加工的实物如图 2（c）所示。

图 2（a）玻璃绝缘子安装图（b）拱桥结构（c）实物测试图

3 接头测试结果及性能评价

本文对接头在 40-50GHz 频带内有无拱桥、有无在腔体盖子内侧贴附吸波材料[4]的情况分别进行了测试。测试结果如图 3 所示。

从测试结果可以看出，不论有无贴附吸波材料，本文设计的拱桥结构对于 40-50GHz 内的空腔谐振问题均有很好的抑制作用，加了拱桥后整个带内的最大插损分别只有 2.2dB 和 1.9dB。根据西南微波官网提供的数据，在 40-50GHz 内两个玻璃绝缘子加上一对 2.4mm 法兰接头的总损耗在 0.5dB 左右，再考虑到微带线本身的损耗，本文设计的接头性能还是令人满意的。

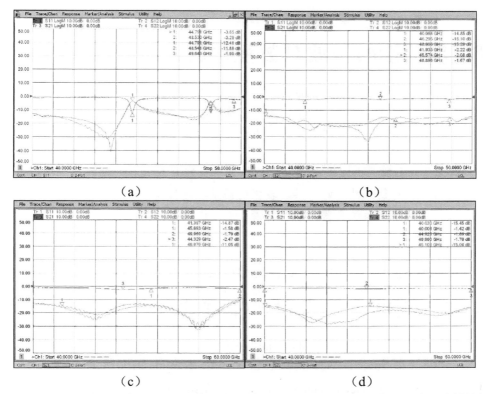

图3 （a）无吸波材料无拱桥（b）无吸波材料有拱桥（c）有吸波材料无拱桥（d）有吸波材料有拱桥

4 结论

本文设计了40-50GHz的Q波段毫米波接口电路，设计的拱桥结构使其性能甚至优于加了吸波材料但未加拱桥的情况。由于吸波材料的价格比较贵，从测试结果来看，加入了拱桥结构的接头，其结构简单且性能良好，不必使用吸波材料，从而降低了成本。

参考文献

[1] 洪伟,王海明,陈继新,等. 超高速近远程毫米波无线传输标准 Q-LINKPAN 研究进展[J]. 信息技术与标准化.

[2] 田开波,张军,孙波,等. Q-LINKPAN 技术应用于短距离室内通信研究[J]. 信息技术与标准化, 2013(001): 41-43.

[3] 毛剑波. 微波平面传输线不连续性问题场分析与仿真研究[D]. 合肥：合肥工业大学, 2012.

[4] 刘顺华,郭辉进. 电磁屏蔽与吸波材料[J]. 功能材料与器件学报, 2002, 8(3): 213-217.

带温度补偿的检波对数视频放大器的设计与实现

诸力群[1]，葛培虎[2]

（1. 南京电子器件研究所，南京，210016；
2. 空军驻江苏地区军事代表室，南京，210016）

摘 要：本文介绍一种具有温度补偿功能的检波对数视频放大器的设计与实现。其主要特点是频带宽、动态范围大、对数线性度好、具有较强的温度稳定性。

关键词：检波，对数视频放大器，温度补偿

Design and Implementation of Detection Logarithm Video Amplifier with Temperature Compensation

ZHU Liqun[1], GE Peihu[2]

（1. Electronic Device Institute of Nanjing, Nanjing 210016, China；
2. Military Representative Department of Air Force in Jiangsu, Nanjing 210016, China）

Abstract: Presented here is a kind of detection logarithm video amplifier with temperature compensation, which has the characteristics of wide bandwidth, wide dynamic range, superior log linearity and good temperature stability.

Keywords: Detection; Logarithm Video Amplifier; Temperature compensation

1 引言

检波对数视频放大器是一种将线性增加的射频输入信号转换为按照对数函数关系增加的视频输出电压，实现动态范围瞬时压缩的放大器。由于检波对数视频放大器结构简单、体积小、频带宽等优点，在处理窄脉宽、大动态、高密度的脉冲信号上具有一定优势，广泛应用在通讯、雷达、电子对抗等领域。

2 设计原理

2.1 基本模型

检波对数视频放大器由检波器与对数视频放大器组成，其基本模型如图1所示。检波器将射频输入信号 P_i 直接转换为直流信号 V_e，对数视频放大器完成对数变换过程输出电压 V_o。

图1 检波对数视频放大器基本模型

输入与输出间关系可用公式表示为：$V_o = K_1 10\log P_i + K_0'$，$K_1$为对数斜率，$K_0'$为对数起点。

2.2 动态范围及正切灵敏度

动态范围是指输入信号（dBm）与输出电压数值上满足线性关系的范围。正切灵敏度（TSS）是指噪声基底上的最小可辨识信号水平，表征动态范围的下限。通常在检波器前接入射频放大器提高单级检波对数视频放大器的正切灵敏度，再以两或三级检波对数视频放大器的组合相加扩展动态范围（可达70~100dBm）。

2.3 温度补偿

温度变化时，放大器的直流工作点随之偏移，导致对数视频放大器在无信号输入时输出的噪声基底发生零点漂移，影响到对数视频放大器的信号辨别能力。一般在视频放大电路上加入热敏元件性能形成温度补偿电路调整零点电压，解决零点漂移问题。

3 电路实现

3.1 电路结构

所放大器的设计目标为工作频率 8~18GHz，正切灵敏度≤-72dBm，动态范围-65~+5dBm，对数线性度≤±1.5dB，温度稳定性≤4dB，其原理框图如图2所示。

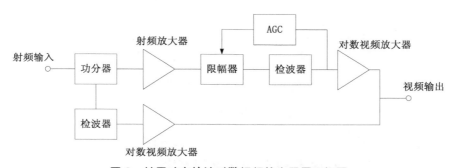

图2 扩展动态检波对数视频放大器原理框图

3.2 射频放大器的增益均衡及温度补偿

射频放大器设计为三级宽带 PHEMT 低噪声放大器芯片，采用宽带匹配的微带结构，以Rogers4350基板和微组装工艺实现，减小电路尺寸，提高幅频特性。

由于频带较宽，单一的多级放大单元串联形成的系统频响很差。为提高工作频带内的线性增益平坦度，利用均衡器改善射频放大器的增益性能，其电路结构及仿真结果如图3所示。

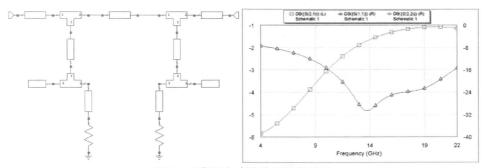

图3 均衡器电路结构与仿真结果

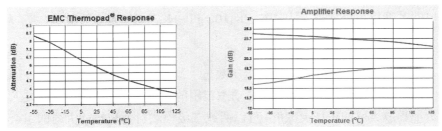

图 4 MTVA 型温补衰减器温度响应与增益补偿性能

在没有温度补偿情况下，三级放大器在-45~85℃温度范围上增益变化量约 9dB。本文采用 EMC 的 MTVA 系列温度补偿衰减器，根据其温度响应与增益补偿性能（如图 4 所示），选择合适的型号调整射频放大器全温范围内的增益变化。

3.3 对数视频放大器的温度补偿

视频部分的温度补偿电路设置在对数视频放大器的输入端，由温度开关、减法器及输出开关组成，如图 5 所示。温度开关输出测温电压 V_t、设定电压 V_o 和控制信号 V_c，将设定电压 V_o 置为常温下的测温电压，用减法器计算测温信号 V_t 与设定信号 V_o 的差值 $V_\triangle = V_t - V_o$，输出开关将 $V_\triangle$ 分两路输出 $V_{\triangle 1}$、$V_{\triangle 2}$，分别对应低温、高温的补偿电压。若温度变化，控制信号 V_c 电平发生翻转，控制输出开关输出 $V_{\triangle 1}$ 或者 $V_{\triangle 2}$，调整检波对数视频放大器的零点输出。

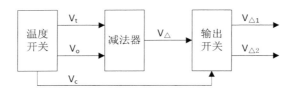

图 5 温度补偿电路原理图

该电路使低温、高温的补偿各自独立，只需要调整两者的输出电压，使之与放大器输出电压变化保持基本一致，即可完成检波对数视频放大器的温度补偿。

4 测试结果

由上述方案设计的检波对数视频放大器主要指标为：工作频率：8~18GHz；工作温度：-45~+85℃；动态范围：-65~+5dBm；正切灵敏度：-73dBm；对数线性度：±1.5dB；频率平坦度：±1.8dB；温度稳定性：4dB；脉冲上升沿时间：22ns；脉冲下降沿时间：140ns。

图 6 为全温范围的实测数据，左图为频率平坦度性能，右图为对数性能。以 50mV/dB 斜率计算，全温范围内，频率平坦度在-45℃时起伏最大，达到±1.5dB，增益变化最大值出现在 13~15GHz，约 3.5dB，对数斜率约有 2mV/dB 的变化，对数线性度小于±1.5dBm。

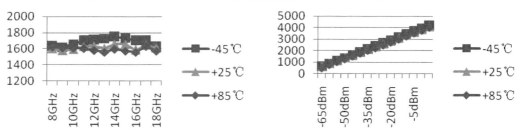

图 6 8~18GHz 检波对数视频放大器温度特性实测结果

5 结论

在传统检波对数视频放大器的设计基础上，通过对射频放大器与对数视频放大器的温度补偿设计，研制出 8~18GHz 具有高效的温度补偿性能的检波对数视频放大器。

该组件采用模块化混合集成结构，体积小，重量轻，一致性好，稳定可靠，在雷达、电子对抗等领域有较强的实用性。

参考文献

[1] R. S. Hughes. Logarithmic Amplification: With Application to Radar. Artech House, 1986.
[2] 罗鹏，丁亚生.对数放大器的原理与应用（上）.电子产品世界，2005,04A.
[3] 李辑熙.射频电路工程设计.北京：电子工业出版社，2011.

Design of Broadband T-Junction Substrate Integrated Waveguide Circulator

ZHU Shuai, CHEN Liang, WANG Xiaoguang, HUANG Chen, DENG Longjiang
(School of Microelectronics and Solid-State Electronics, UESTC, Chengdu, China)
zhus915@163.com

Abstract: Substrate integrated waveguide (SIW) as an emerging planar transmission which has many advantages such as low cost, high-power capacity and easy integration. In this paper, a new transition structure of microstrip-to-SIW is presented and to be used for the design of circulator, this structure has a short transition section and low reflection by rounding the connection of microstrip-to-SIW. Then a ka-band SIW T-junction circulator is proposed and optimized with the operating center frequency is 36.7GHz, and the dual circulation property is acquired with the 19.1% bandwidth for VSWR less than 1.21 by tuning impedance match.

Index Terms: Circulator; Curved transition; Ferrite; Ka-band; Substrate Integrated Waveguide (SIW)

I. INTRODUCTION

Substrate integrated waveguide (SIW) as a new planar transmission line has caused wide public concern over the recent years. As an intermediate structure, SIW has the advantages both of traditional waveguide and microstrip, namely, relative high-Q-factor, high-power capacity and small volume. As a planar transmission line, SIW can make passive components, active elements and even antenna fabricated on the same substrate.

Circulator as an import device in modern communication equipment has been deeply studied and manufactured since it was first presented. Common transmission lines such as waveguide, microstrip, stripline have been used to design circulator. Now, SIW has also been attempted to design circulator and this circulator could own the same advantages of SIW [1-2]. Meanwhile, SIW has been used for the design of power divider, antenna, filter and amplifier [3-4].

In order to obtain integration, the transition structure of microstrip-to-SIW need to be considered, some common expressions for the variation of impedances are proposed, such as exponential, triangular, Klopfenstein. In this paper, a curved microstrip is adopted at the connection part, which has a short transition section. Furthermore, a Ka-band SIW T-junction circulator is presented with a broad operating bandwidth and the small size (8mm*8mm*0.508mm).

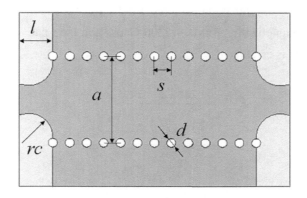

Fig.1 Configuration of microstrip-to-SIW transition line

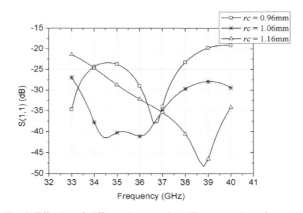

Fig.2 Effects of different curved radii *rc* on return loss

II. DESIGN OF CIRCULATOR

A. Microstrip-to-SIW Transition

SIW usually need to be transited to the microstrip line in order to achieve integration with external components. This paper proposes a new method of curved transition for microstrip-to-SIW as show in Fig.1, where s and d are respectively the period length and the diameter of the metallized via-hole, a is the width of SIW, l is the length of microstrip and rc is the curved radius. By the calculation and optimization, $a = 4$ mm, $s = 0.75$ mm, $d = 0.4$ mm, $l = 1.4$ mm. This design not only can decrease the length of the transition section, but also reduce the reflection of electromagnetic wave by reducing abrupt change in the transition section. Furthermore, the return loss corresponding to three different curved radii have been demonstrated in Fig. 2. Through the graph we can know, the radius of curve has an important influence on the performance of transition line. With the rc increased from 0.96mm to 1.16mm, low frequency performance become worse, while high frequency performance get better in the given frequency band. When $rc=1.06$mm, transition property get better both in low frequency and high frequency band with the return loss less than 27-dB.

B. Materials Selection and Circulator Design

In order to obtain the reliable performance of circulator, ferrite and substrate materials are selected strictly especially in the millimeter band. As to the ferrite, high saturation magnetization and narrow resonance line width materials should be considered firstly. In this paper, one kind of nickel ferrite is chosen with the saturation magnetization $4\pi Ms$ = 5200 Gauss and the relative dielectric constant εf is 13. The initial radius of ferrite Rf is calculated

$$R_f = \frac{1.84\lambda}{(2\pi \varepsilon_f \mu_e)^{\frac{1}{2}}} \tag{1}$$

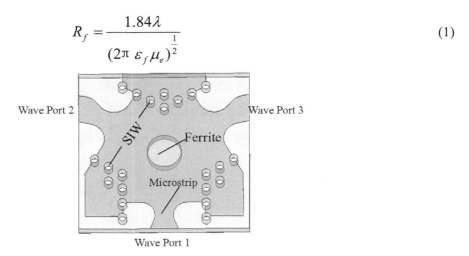

Fig. 3 Simulation model of SIW circulator

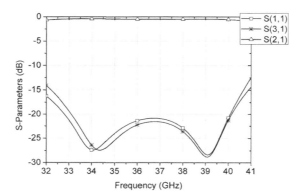

Fig. 4 S parameter graph of wave-port

where λ is operating wavelength in the free space, μe is the effective magnetic permeability. A low-loss substrate material Rogers Ro3003 is selected, its relative dielectric constant ε_r is 3 and the height is 0.508 mm. The size of SIW is designed as s = 0.75 mm, d = 0.4 mm, while s and d satisfy following relationships

$$s/\lambda_c < 0.2 \tag{2}$$

$$s/d < 2 \tag{3}$$

where λc is cutoff wavelength. Then the width a is calculated by

$$a_{eff} = a - 1.08\frac{d^2}{s} + 0.1\frac{d^2}{a} \tag{4}$$

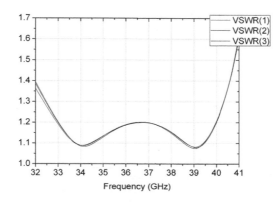

Fig. 5 The VSWR curve diagram of 3 wave-ports.

where aeff is the equivalent width of the rectangular waveguide [5]. Consequently, the simulation model of SIW circulator is designed as show in Fig.3. In addition to the curved transition of microstrip-to-SIW is applied, another way of embedded microstrip is also used to decrease the dimension of device. Three metallized vial-holes are symmetrically placed outside the junctions of SIW for preventing the leakage of electromagnetic wave energy. T-junction circulator is more suitable for the practical applications than Y-junction, meanwhile, it is also more difficult to design due to 3 ports are not exactly same. In this paper, the change of Y-junction to T-junction is realized through a 30 degree rotation of microstrip in port 2 and port 3.

III. SIMULATION RESULT AND ANALYSIS

A. Simulation Result of SIW Circulator

In our study, the Agilent High-Frequency Structure Simulator (HFSS) is chosen to simulate and optimize the model. Fig. 4 illustrates the frequency response of wave-port 1 of SIW circulator, the dual circulation property of ferrite is obtained and two resonance peaks appear. A 19.3% bandwidth of return loss and a 19.9% bandwidth of isolation are obtained at the 20-dB point, and a 21.8% bandwidth of insertion loss is better than 0.6dB.

Fig. 5 illustrates the VSWR curve diagram of 3 wave-ports. A 7 GHz bandwidth for VSWR less than 1.21 is acquired, and an excellent agreement of three VSWR lines, like the Y-junction circulator, is obtained by optimizing, which indicates that 3 wave-ports have an excellent agreement.

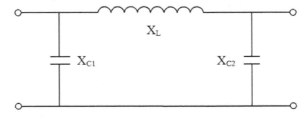

Fig. 6 The equivalent circuit of curve mircostrip line

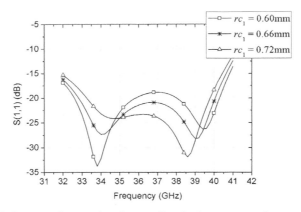

Fig. 7 Influence of curved radius on the dual resonance frequency

B. Curved Microstrip Match

For the purpose of achieving broad working band, we need to consider the impedance match of circulator circuit. Due to the size of SIW circulator is too small, the internal match of ferrite post becomes difficult and it is not recommended. In this paper, the external match is chosen, and a curved microstrip line is adopted, the structure of this kind of microstrip is wide on both sides and narrow in the middle. Its equivalent circuit is illustrated in Fig. 6, the series inductance and shunt capacitances affect the whole circuit property and facilitate the separation of double peak. This kind of curved microstrip also has another two merits, on one hand, it reduces the length of the transition section compared to tapered structure; on the other hand, the curved gradient lowers the abrupt change of impedance especially in the connection of microstrip-to-SIW, so it can reduce the return loss caused by mismatch of impedance. All these merits make it possible to realize the miniaturization and broadband of SIW circulator.

Compared to port 1, port 2 and 3 have the different electromagnetic properties due to the different microstrip structures. So, different curved radii of port 1 and port 2 (port 3) are selected to achieve the excellent consistency. In the design, the curved radius of port 1 is 0.66mm, and the curved radius of port 2 (port 3) is 0.79mm.

Fig. 7 illustrates the effect of curved radii rc_1 of port 1 on the return loss. With the increase of radius, high-frequency performance gets better while low-frequency becomes worse. The microstrip middle part turn narrow with the increase of radius, and current density is enhanced which changes the circuit resonance frequency, and makes it to skew toward high-frequency.

IV. CONCLUSION

This paper adopts a kind of curved microstrip transition for microstrip-to-SIW. Then this method is used for the design of circulator. Finally, a Ka-band T-junction SIW circulator is achieved with the merits of small size and broadband operating frequency.

REFERENCES

[1] K. Wu, W. D´Orazio, and J. Helszain. A substrate integrated wave-guide degree-2 circulator. IEEE Micro. Wireless Components Let.,2004,14(5):207-209.

[2] W. D′Orazio and K. Wu. Substrate-Integrated-Waveguide Circulators Suitable for Millimeter-Wave Integration. IEEE Trans. Microwave Theory Tech.,2006,54:3675-3680.

[3] Lukasz Szydlowski, Adam Lamecki and Michal Mrozowski.Design of Microwave Lossy Filter Based on Substrate. IEEE Micro. Wireless Components Let.,2011,21(5):249-251.

[4] Zhebin Wang, Sulav Adhikari, David Dousset, Chan-Wang Park, and Ke Wu. Substrate integrated waveguide (SIW) power amplifier using CBCPW-to-SIW transition for matching network. 2012 IEEE MTT-S International Microwave Symposium Digest,2012,1-3.

[5] F. Xu, K. Wu.Guided-Wave and Leakage Characteristics of Substrate Integrated Waveguide. IEEE Trans. Microwave Theory Tech.,2005,53:66-73.

Design of Miniaturized X-band Circulator with Full Band Width Based on Substrate-Integrated-Waveguide

LUO Lijing, CHEN Liang, WANG Xiaoguang, DENG Longjiang
(University of Electronic and Science Technology of China)
Mail:511685970@qq.com; tel: 15882153017

Abstract: The substrate integrated waveguide(SIW) technique enables that complete circuit including planar circuitry, transitions, and other kinds of waveguides are fabricated in planar form using a standard printed circuit board or other planar processing techniques. This paper presents a very novel design of X-band circulator with a triangle ferrite post in substrate integrated waveguide technology. By means of our proposed technique, insertion losses lower than 0.45dB with isolation higher than 20dB, return loss higher than 20dB are obtained over the range 8-12GHz and the device's size is 12mm × 12mm × 0.635mm, which represent a very promising candidate for the development of circuits and components in the microwave and millimeter-wave region.

Index Terms: Circulator; Millimeter-wave integrated circuits; Substrate integrated waveguide(SIW); X-band

I INTRODUCTION

Various substrate-integrated-waveguide-based passive and active components reported so far have demonstrated that they can be effectively integrated in the form of low-cost system-on-substrate (SOS), which provides complete packaged system solutions[1]. A typical geometry of SIW is illustrated in Fig.1. It is understood that the via-holes are capable of the vertically directed currents of TE_{10} mode, and thus do not radiate. This allows realizing waveguide components with the same process as that used for planar components[2]. Recently a few kind of circulators with promising application prospects have been developed[3-5]. The successful development of mm-wave systems requires a kind of circulator with a high performance, low-cost, and reliable technology, however no miniaturized X-band T-type SIW Circulator with full band width have been reported so far[6]. The purpose of this paper is to develop a miniaturized circulator with novel performance in substrate waveguide technology based on traditional circulator theory.

II DESIGN OF CIRCULATOR

A. Design of SIW

SIW is rectangular waveguide-like structure in an integrated planar form as illustrated in Fig.1, which is described by it's a and h dimensions, its via hole diameter d and separation p and dielectric constant ε_r of the substrate.

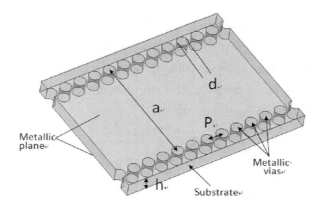

Fig.1 The structure of SIW

In our study, the narrow dimension is 0.508mm and its aspect ratio is 0.065. The substrate dielectric constant is 10.2. The spacing between via holes is 0.7mm and the diameter of via holes is 0.4mm.

It's equivalent relations with rectangular waveguide can be approximated as follows:

$$w_{eff} = a - 1.08 \frac{d^2}{p} + 0.1 \frac{d^2}{a}$$

$$f_{TE_{10}} = \frac{c_0}{2 w_{eff} \sqrt{\varepsilon_r}}$$

$$f_{TE_{20}} = \frac{c_0}{\sqrt{\varepsilon_r}(w_{eff} - \frac{d^2}{1.1*p} - \frac{d^2}{6.6*p^2})}$$

Where $f_{TE_{10}}$ is the cut-off frequency of TE_{10} mode, $f_{TE_{20}}$ is the cut-off frequency of TE_{20} mode. The operating frequency range is limited to one octave(from the cutoff frequency f_1 of the TE_{10} mode to cutoff frequency $f_2=2f_1$ of the TE_{20} mode), corresponding to the mono-mode bandwidth of the waveguide. And its cut-off frequencies of modes are mainly related to equivalent width w_{eff} of the synthesized waveguide as long as the substrate thickness or waveguide height is smaller than this width[1]. The design frequency is taken as 8-12GHz, so the SIW we used in the initial configuration has: a=7.8mm, d=0.4mm, p=0.7mm, h=1mm, which make that $f_{TE_{10}}$ = 6.2GHz < 8GHZ, $f_{TE_{20}}$ =12.4GHz>12GHz and ensure mono-mode transmission.

The use of thick substrate allows for reduced conductor losses in SIW structures. As is readily understood, waveguide losses are directly proportional to the narrow wall dimension of the equivalent waveguide, and loss minimization is particularly important in mm-wave frequencies[9]. Consequently, to obtain good results in terms of the return loss in the waveguide section, the choice of the via diameter must follow such empirical relationsas d/a<0.4, d/p>0.5[10].

B. Degree-1 circulator

Akaiwa theoretically proves that the bandwidth of triangle ferrite circulator is about two times than that of cylindrical ferrite. From the view of qualitative analysis[11],The points of the triangles are probably in regions of nearly linear polarization so that they are acting more like dielectric tapers than ferromagnetic material. Having recourse to classical strip-line circulator theory [8], we obtained the initial radius of the inscribe circle of the triangular ferrite:

$$R = \frac{1.84 \times c}{2\pi f_0 (\varepsilon_{rf} \mu_e)^{\frac{1}{2}}}$$

The initial value we calculated out is 3.23mm, but experimentally the radius of the best performance is found to be 3.59mm, which indicates the formula of radius of triangle ferrite form in SIW need to be modified. Meanwhile the saturation magnetization is set at 2500Gauss, which calculated from the strip-line theory and made the circulator a low field device. The normalized saturation magnetization is p=0.7.Its relative dielectric constant is 15.3. The insertion loss wil be small when use small value of ΔH, $\tan \delta_e$.The height of ferrite is equal to that of substrate.

Quarter-wave micro-strip to SIW transition is implemented in order to match the circulator to external circuit (Fig.2), which is also helpful to broad-band our device[9].

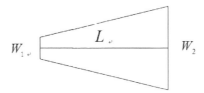

Fig.2 SIW to micro-strip transition

From the calculation of impedance based on the formulae of micro-strip line impedance relationship, we obtained that W_1=2.08mm, W_2=0.6mm. In the beginning the length L is equal to quarter wave length decided by the wave transmitting in the micro-strip on the substrate, so the initial value of L=3.5mm.

After optimization, the S parameters of three ports of dgreee-1 circulator without transition are shown in Fig.3. The return loss and isolation is more than10 dB, and insertion loss is less than 0.8dB in 8-12GHz.

The particular resonant frequency depends on the constituent parameters of the resonator, and the details of the SIW, which agree with the literature reported previously[9].

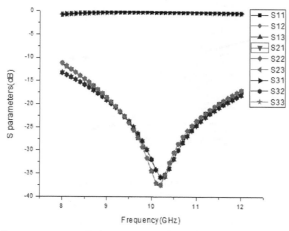

Fig.3 Frequency response of degree-1 SIW circulator

After adding micro-strip transition, the micro-strip metallic pattern, consisting of a triangle with three micro-strip access lines connected at equal distance around the edge of the triangle, forms the three ports of the device. A number of simulations are made to optimize the performance of device based on the initial value by a commercial FE solver[10].In principle, the central frequency of circulation is 10GHz, and anobvious double hump is observed, which indicates the best frequencies of circulation are about 8.4GHz and 11.4GHz. Then we obtain that insertion loss is less than 0.6dB, isolation and return loss is better than 20 dB for 8-12GHz. Fig.4 illustrates the frequency response of SIW circulator with micro-strip transition.

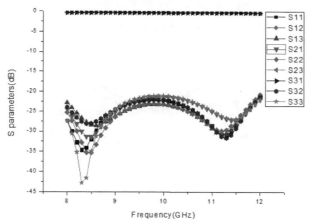

Fig.4 Frequency response of SIW circulator with micro-strip transition

C.Degree-2 circulator

In order to facilitate integrated with other circuits, degree-1 needs to be turned into degree-2 by Micro-strip transition. The configuration we use to turn the degree-1 circulator to degree-2 circulator is shown as fig.5. At the same time, we add the additional parts of micro-strip to increase viscosity and heat dispersion of copper pour of substrate. The fillet used in fig.8 is helpful to improve the performance of the circulator. An external field of 314 Oe is applied to get the best performance of the circulator.

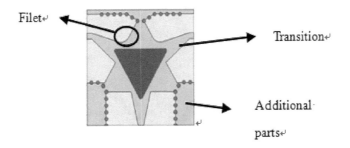

Fig.5 Degree-2 circulator

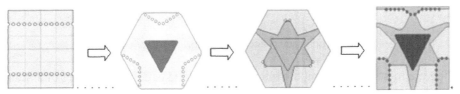

Fig.6 Schematic flow from degree-1 circulator to degree-2 circulator

Fig.6 illustrates the flow charts of circulator designed from SIW to degree-2 circulator. The simulation processes are repeated to optimize the degree-2 circulator.

III RESULTS

Very satisfactory simulated results are provided in figs 7 and 8,9. It is noted that over 40% band width at the 20-dB return-loss, 20dB isolation, and an insertion loss better than 0.45dB was achieved.

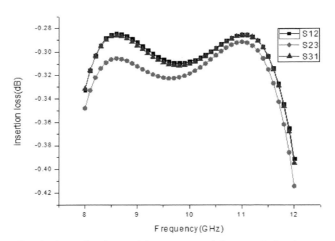

Fig.7 Insertion loss of three ports of degree-2 circulator

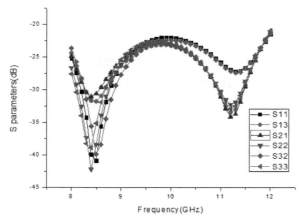

Fig.8 Insertion loss of three ports of degree-2 circulator

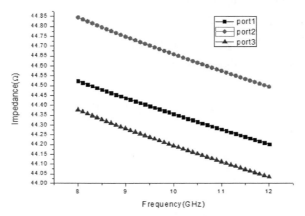

Fig.9 Impedance of three ports of degree-2 circulator

IV CONCLUSION

In improving the bandwidth performance, anovel technique including triangle ferrite is proposed to design a circulator based on traditional circulator theory and SIW theory, which is also helpful to the fast design the circulator in other frequency range and highly integrated multi-level SIW system and subsystem modules. Future work should include theory analysis and experimental validation.

ACKNOWLEDGEMENT

The authors would like to thank many collaborators in National Center for Electromagnetic Material Engineering, who made contributions to the presentation of this work, and cannot be named individually because of the limited space.

References

[1] Substrate-Integrated-Waveguide(SIW) techniques: the state-of-art developments and future trends[J]. Journal of University of Electronic Science and Technology of China,2013,42(2):171-191.

[2] Guided-wave and Leakage Characteristics of Substrate Integrated Waveguide[J].IEEE Trans Microwave Theory Tech.,2005(53):66-73.

[3] A substrate integrated waveguide degree-2 circulator[J]. IEEE Microwave and Wireless Components Letters,2004,14(5): 207-209.

[4] D'ORAZIO W, WU K. Substrate integrated waveguide circulators suitable for millimeter-wave integration[J].IEEE Trans. Microwave Theory Tech.,2006(54):3675-3680.

[5] Zhongli Shi, Zhenhai Shao. Design of Ka-Band Substrate Integrated Waveguide Circulator[J].IEEE Computational Problem-Solving(ICCP),2010:260-262.

[6] Ning Chen. Design and implementation of X-band broadband micro-strip circulator components[D].Chen DU: University of Electronic and Science Technology of China, 2006:1-67.

[7] Y.Akaiwa. Mode Classification of a Triangular Ferrite Post for Y-Circulator Operation. IEEE Trans. Microwave Theory Tech.(Short Papers), 1974,MTT-25:59-61.

[8] Helszajn,J.The Stripline Circulator: Theory and Practice. Wiley-IEEE Press,2008.

[9] M. Bozzi, A. Georgiadis, K. Wu. Review of substrate-integrated waveguide circuits and antennas[J].IET Micro. Antennas Propag.,2010(5):909-920.

[10] C.E.Fay and R.L.Comstock. Operation of the ferrite junction circulator. IEEE Trans. Microwave Theory Tech.,1965, MTT-13:15-27.

[11] Brian Owen, Clare E.Barnes. The Compact Turnstile Circulator[J].IEEE Trans. Microwave Theory Tech.,1970(18):1096-1100.

60 GHz 功放单元设计

刘建,陈文华,冯正和

(清华大学电子系,北京,100084)

liujian06@126.com

摘 要:利用波导-E面微带针过渡结构,本文设计了60 GHz的功率放大器单元,在60 GHz增益约为15.8 dB。面向毫米波功率合成的应用,分析了10个功放单元的幅度和相位一致性。

关键词:60 GHz;功放单元;功率合成;幅相一致性

Design of a 60 GHz Unit Power Amplifier

LIU Jian, CHEN Wenhua, FENG Zhenghe

(Department of Electronic Engineering, Tsinghua University, Beijing, 100084)

Abstract: In this paper, a 60 GHz unite power amplifier is designed utilize E-field probe microstrip-to-waveguide transition; the gain is about 15.8 dB at 60 GHz. For the application of millimeter wave power combine, the analysis of the amplitude and phase consistency of 10 unite power amplifier is the analyzed and presented.

Keywords: 60 GHz; Unit power amplifier; Power combine; Amplitude and phase consistency

1 引言

微波通信系统正不断朝着高集成度、高工作频率、高宽带发展,毫米波通信系统得到了广泛的研究,对高频段频谱资源的开发利用比以往有着更加迫切的需求。60 GHz处于毫米波的中间频段,拥有5~7 GHz的带宽资源,欧美等国家将该频段开放使用,使60 GHz成为近距离无线通信研究的热点,尤其在消费电子领域。60 GHz处于大气吸收峰上,60 GHz星间链路通信技术能避免来自地面的干扰和防止链路信号泄漏到地面,保密性好,在空间毫米波通信中具有非常高的研究价值[1]。

在60 GHz,固态功率器件受限于自身半导体物理特性和加工工艺的限制,输出功率较小,难以满足毫米波通信系统的需求,功率合成技术将多个功放单元的输出信号进行等幅同相叠加,获得更大的输出功率成为解决方案。低插损、幅度和相位高度一致的功放单元是功率合成的关键技术之一。毫米波波长短,加工精度对电路参数影响大,功放单元的幅相一致性面临较多困难。本文设计了60 G的功率放大器单元,并对多个60 G功放单元的相位不一致性进行了分析。

2 功放单元设计

毫米波功放单元主要由金属波导、微带电路和MMIC(Microwave Monolithic Integrated Circuit)组成。MMIC近年来发展迅速[2],空气腔金属波导传输线在毫米波频段具有低损耗、高功率容量的优点，但需要波导-微带转换结构将电磁波过渡到平面电路中传输并由 MMIC 放大。MMIC 为内匹配的 FMM5715X，该款 MMIC 主要技术指标为：工作频率 57~64 GHz，典型增益 17 dB @ 60 GHz，P1dB 为 16 dBm，采用三级放大。

本文采用渐变 E 面微带探针将矩形波导中的波耦合到微带线中，渐变线为非均匀传输线，能够在较宽的频率范围内实现阻抗匹配，同时也降低了对微带加工精度的要求[3-4]。选用的介质板为 ROGERS 5880，ε_r =2.2，厚度为 5 mil。图 1(a)为在 HFSS 中建立的背靠背放置的波导微带过渡模型，在模型的中间预留了安装 MMIC 的空间及外围直流偏置的安装槽、穿心电容安装孔，这样的模型能够将腔体效应考虑其中；图 1（b）将参数确定的过渡模型与 90°转弯波导相连并且背靠背放置，进行整体仿真，能够预测和避免出现由模型中不同电长度带来的电路谐振。

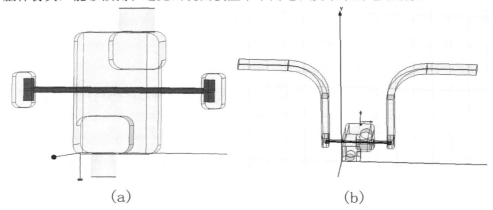

图 1 背靠背放置的：（a）波导—微带过渡，（b）90°转弯波导—波导—微带过渡

将 MMIC 金线绑定在微带波导过渡单元上便制作成功放单元，但此功放单元难以直接测试，因为微带线的长度很短，两个端口的距离比较近，无法同时放置两个标准波导。按照图 1（b）的 WR-15 转弯波导仿真参数加工成夹具，以测试功放单元，同时两个夹具背靠背可以方便的测出夹具的损耗。60 GHz 同轴到 WR-15 转换器的插损用背靠背的方式校准，故图 1（b）所示的传输可以用矢网 5247A 直接测试，有源条件下，在 60 GHz，S21 为 15.7 dB，功放单元的增益见图 2；无源条件下，S21 为-1.6 dB，故有源条件下的增益符合 MMIC 的自身参数。

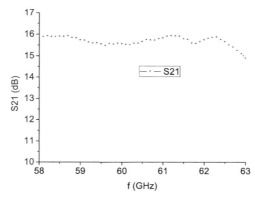

图 2 功放单元的增益

3 多个功放单元的幅相一致性分析

加工制作的 8 个功放单元的幅度和相位测试值见表 1。在表 1 中，幅度误差约为 1 dB，这对功

率合成影响较小，能满足功率合成的要求。相位误差约为 80°，相位不一致性较大，对合成功率影响不可忽视，而国外同类工作对功放单元的相位误差为 5°以内。

表 1　8 个功放单元的幅相值

功放单元编号	幅度（dB）	相位（°）
1	14.7	104.6
2	15.4	141.1
3	14.9	108.4
4	16.0	159.3
5	15.8	165.6
6	15.9	164.9
7	15.4	188.2
8	15.7	181.0
9	15.2	185.6
10	15.5	180.2

功放单元的相位不一致主要有以下几点引起：(1) 微组装工艺。微组装很多工序必须依赖人工操作，毫米波对微组装精度较为敏感，7-10 号单元为同一操作员一批次加工，相位一致性很好。1-6 则是多批次制作。(2) MMIC 自身的离散性。制作大量的功放单元进行筛选，是当前常用的方式，但成本较高，毫米波调谐是较有价值的解决办法。

4　结论

本文设计了面向功率合成的 60 GHz 功放单元，利用了 E 面探针的波导-微带转换结构，功放单元的增益符合预期。分析了 10 个功放相位不一致的影响因素，为后续高相位一致性 60 GHz 功放单元设计提供指导，也为更高频段的毫米波高相位一致性单元实现提供可借鉴之处。

5　致谢

感谢清华大学自主科研基金（No. 2011Z05117）和广州程星通信有限公司的支持。

参考文献

[1] 董士伟，王颖，李军，等. 微波毫米波功率合成技术. 上海:上海交通大学出版社，2012:7-25.

[2] M. Micovic, L. Samoska, A. Kurdoghlian, et al. W-Band GaN MMIC with 842 mW output power at 88 GHz. Microwave Symposium Digest, 2010 IEEE MTT-S International, Anaheim, CA, USA, 2010: 237-239.

[3] Yi-Chi Shih, Thuy-Nhung Ton, Long Q. Bui. Waveguide-to-microstrip transitions for millimeter-wave applications. Microwave Symposium Digest, IEEE MTT-S International, New York, NY, USA, 1988:473-475.

[4] Kyu Y. Han, Cheng-keng Pao. A-V-Band Waveguide to Microstrip Inline Transition. Microwave Symposium Digest (MTT), 2012 IEEE MTT-S International, 2012:1-3.

3D 集成工艺对微波集成电路性能的影响

沈国策*，周骏，吴璟，孔月婵，陈堂胜

(南京电子器件研究所微波毫米波单片集成和模块电路重点实验室，南京，210016)

*通讯作者：shenguoce@163.com

摘 要：本文着重阐述了 MEMS 工艺对 TSV(Through Silicon Via)技术和平面传输线的影响。首先基于 HFSS 建立了 TSV 通孔以及微波传输线的理论模型。针对 X 波段（10GHz），当硅衬底的高度一定时，分析了 TSV 通孔的半径大小、信号孔与屏蔽孔的间距、不同类型的微波传输线结构、线宽对微波集成电路性能的影响。通过优化模型参数可以让实测结果与仿真值很好的拟合在一起。

关键词：TSV 技术;CPWG 传输线;MEMS 工艺

The Impact of 3D Intergrated Technology on the Performance of MIC

SHEN Guoce, ZHOU Jun, WU Jing, KONG Yuechan, CHEN Tangsheng

(Science and Technology on Monolithic Integrated Circuits and Modules Laboratory, Nanjing Electronic Devices Institute, Nanjing, 210016,China)

Abstract: This paper focuses on the impact of MEMS technology for TSV(Through Silicon Via) and planar transmission lines. Firstly the theoretical model of the transmission line and TSV are established based on HFSS. For X-band, when the height of silicon substrate is determined, this paper analyses the impact of TSV radius, the distance between signals hole and shielding hole and the different types of microwave transmission line for the performance in MIC. By optimizing the MEMS technology, the measured results can fit well with the simulation values together.

Keywords: TSV; CPWG transmission line; MEMS technology

1 引言

随着天线通信，汽车 和军用电子产品的快速发展，电路集成正向着多功能、小型化、便携式、高速度、低功耗和高可靠性的 3D 集成方向发展。基于微纳米的 MEMS 加工平台可以将元器件的集成推进到子系统阶段，从而使射频微系统实现 3D 结构的高度集成化。硅基通孔（TSV）和平面传输线的设计直接影响着 3D 集成电路的性能[1].

2 TSV 技术

TSV（Through Silicon Via）技术是穿透硅通孔技术的缩写，一般简称硅通孔技术，是三维集成电路中堆叠芯片实现互连的一种新技术和解决方案[2]。由于 TSV 能够使芯片在三维方向堆叠的密度最大，芯片之间的互连线最短，外形尺寸最小，并且大大改善芯片和低功耗的性能，成为目前 3D 集成工艺中最引人注目的一种新技术。

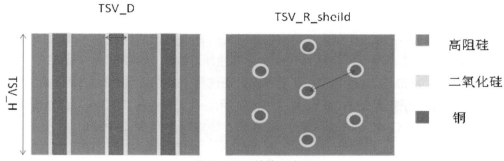

图 1 TSV 结构示意图

图 1 是 TSV 通孔的三维结构图，中间的 TSV 通孔为信号传输线，四周的 TSV 通孔为信号屏蔽孔。其中影响 TSV 电性能的主要参数有：(1)TSV_D(通孔直径)； (2)TSV_H(通孔的高度)；(3)TSV_R_sheild（信号通孔与屏蔽孔之间的间距）。结合仿真和实测结果表明：相同的条件下，硅通孔的高度越大，TSV 的插损就越大。当 TSV_H 一定时，在特定的工作频率下，TSV 通孔的直径和屏蔽孔之间的间距会存在一个最优值，基本上与 coaxial Cable 的理论值保持一致。下图 2 为：TSV_D=30um，TSV_R_sheild=265um，TSV_H=300um 时的仿真结果与实测结果的对比，m1 为仿真值，m2 为实测值。

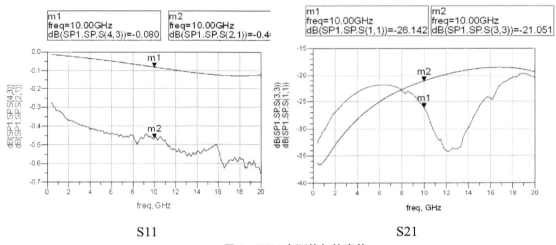

S11　　　　　　　　　　　　　　S21

图 2 TSV 实测值与仿真值

3 微波传输线

基于 MEMS 技术的微波电路中最常采用的传输线结构有：微带线，共面波导（CPW），共面接地波导(CPWG)。针对不同的工作频段和硅衬底的厚度，不同的传输线结构会有不同的线宽和间距，从而影响着电路的微波性能。三种传输线的基本结构如图 3 所示，它是由敷在硅介质基片一面上的导体带（Au）和敷在另一面得接地板构成[3]，相应的参数如图 3 所示：

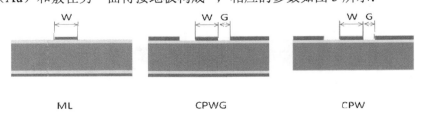

图 3 微波传输线结构

图 3 是基于硅介质基板的平面传输线结构。在不同的工作频段，根据硅衬底的厚度可以采用相应的传输线结构。通过 MEMS 3D 集成工艺可以精确地控制传输线的线宽和间距，从而保证了传输线的真实拓扑结构和仿真模型保持一致。其中对电路性能影响的主要参数为：线宽 W 和信号线与地之间的间距 G。在 MEMS 工艺中，通过调节和改变这两个参数，可以很好地解决了传输线具有高回波损耗，低插损和阻抗匹配的问题。图 4 采用的传输线结构为 CPWG，工作频段为 X 波段，其他参数为：W=85um，G=40，硅基高度 H=400um，传输线长度 L=2000um。m1 为仿真值，m2 为实测值

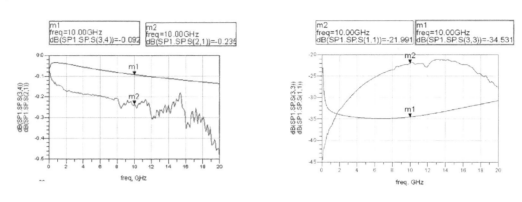

图 4 CPWG 实测值与仿真值

4 结论

本文基于 MEMS 工艺分别讨论了 TSV 和微波传输线对微波集成电路性能的影响。针对不同的工作频段，首先根据 50 欧姆的电路阻抗匹配，优化微波传输线的参数，确立电路的拓扑结构。然后基于 MEMS 工艺加工出实物，对比实测值与仿真值的差异。最后通过优化仿真参数和 MEMS 工艺让两者很好的拟合在一起。

参考文献

[1] D.M.Jang,et al. Development and evaluation of 3-D SiP with vertically interconnected Through Silicon Vias(TSV). 57th Electronic Components and Technology Conference, 2007.

[2] M.Motoyoshi.Through Silicon Via(TSV).//Proceedings of the IEEE,2009,97(1):43-48.

[3] 朱建.3D 堆叠技术及 TSV 技术.固体电子学研究与进展,2012.

Ku 波段小型化 T/R 组件设计

刘 杨，柯鸣岗

(南京电子技术研究所，南京，210039)

摘 要：机载合成孔径雷达对 T/R 组件的突出要求是宽带、小型化、高效率、高可靠性。本文介绍了一种 Ku 波段四单元小型化 T/R 组件，简述其设计思想及设计方法，该组件输出功率大于 10W，效率大于 20%，接收增益大于 20dB，噪声系数典型值 3.5dB，重量小于 100g。

关键词：Ku 波段；T/R 组件；微波多芯片组件；小型化

A Design of Ku-Band Small-Sized T/R Module

LIU Yang, KE Minggang

(Nanjing Research Institute of Electronics Technology, Nanjing, 210039, China)

Abstract: The T/R Module which works in airborne SAR is required for broad-band, small-size, high-efficiency and high reliability. A Ku-band four-channel small-sized T/R module is proposed here. The designing ideals and methods are discussed. In it's working band, the T/R module provides over 10W output power, over 20 % power added efficiency, over 20 dB receive gain and has noise figure of 3.5dB, weight of 100g.

Keywords: Ku-band; T/R module; Microwave multi-chip module; Small-size

1 引言

T/R 组件是有源相控阵雷达的核心部件，其性能、可靠性将直接影响雷达系统设计的好坏。机载合成孔径雷达(SAR)对 T/R 组件的突出要求是宽带、小型化、轻量化、高功率、高效率、高可靠性。本文介绍了一种机载 Ku 波段 T/R 组件，通过四单元组合设计思路、采用单片微波集成电路（MMIC）和低温共烧陶瓷工艺（LTCC）实现多功能模块化设计进而满足小型化、轻量化、高集成度的要求。

2 基本组成

该 Ku 波段 T/R 组件由四个独立的收发单元组成，每个收发单元由收发共用多功能芯片、驱动放大器、功率放大器、环行器、低噪声放大器、电源调制器、波束控制器等电路组成。四个单元通过一分四功分器实现发射信号功率等分和接收信号合成。波束控制电路实现四单元 T/R 组件移相、衰减和收发状态的控制和自检。

3 电讯设计

发射激励信号进入组件后首先经过一分四功率分配器到达多功能芯片，然后到达驱动放大器、末级功放，最后经过环行器输出,组件单通道输出功率大于 10W。输出信号频谱主要是指输出信号杂波成分和谐波分量，这在选用功率器件时就要特别关注。

组件效率计算公式如下：

$$\eta = \frac{(\sum_{i=1}^{4} P_{out_i} - P_{in}) \times r}{5 \times (I_1 + I_2) + 8 \times \sum_{i=1}^{4} I_i} \times 100 \quad (1)$$

P_{out_i}——组件单个通道输出峰值功率；P_{in}——组件输入功率；r——占空比；I_1——+5V 电源电流；I_2—— -5V 电源电流；I_i—— 单通道工作时+8V 电源电流。由此可知，组件效率与其功耗及功率器件自身效率密切相关。

机载合成孔径雷达(SAR)要求其 T/R 组件接收通道具备低噪声和大动态特性。接收通道噪声系数主要取决于第一级低噪声放大器的噪声系数及其之前的有耗网络的损耗。在带宽、增益、噪声系数一定的情况下，可以通过控制低噪声放大器的 1 dB 压缩点输出电平来控制接收通道的动态范围。

4 电磁兼容设计

Ku 波段四单元 T/R 组件电磁兼容设计的最大困难在于在一个狭小的空间要安排发射通道电路、接收通道电路和数字波控电路，结构空间要求元器件紧密安装，器件间易相互干扰，同时数字电路对敏感的接收电路的串扰也不可避免。

针对上述问题，主要采取以下措施：

a) 控制收发电路工作时序，在收发转换之间预留一定的时间间隔，避免前后延有交叉产生振荡回路，这也是控制链路稳定性的重要手段；
b) 用仿真软件指导安排走线设计，各种信号不混用地线，避免相互窜扰；
c) 微波传输线尽量采用带状线，将微波电路与数字电路、低频电路隔离；
d) 对腔体进行仿真计算，降低腔体效应；
e) 对发射电路进行稳定性仿真分析，确保发射电路稳定可靠。

5 结构和工艺设计

该组件结构小巧，重量小于 100g，外形如图 1。为做到结构紧凑、轻量化，该 T/R 组件将四个独立的收发通道通过内置一分四功分器集成一体，有效缓解布局压力，减少功分网络重量；组件收发支路的各功能模块均采用微波单片集成电路（MMIC），控制电路采用高度集成硅控制芯片（ASIC），明显减少器件封装的重量；其他器件如电阻、电容、滤波器、环行器隔离器等均采用表贴形式，以减小体积和重量。

将高密度的有源器件集成到一个密封的盒子里，必然产生大量的热量，为保证器件长期可靠工作，必须设计良好的散热方式。T/R 组件中主要发热单元为功率芯片，将其直接焊在与其热膨胀系数匹配且导热性能良好的底板上，并将底板连接外部冷板，提高其散热效率。

由于机载条件的限制，还必须对组件结构采用气密封装设计。在满足力学性能、热设计及气密性要求的前提下减小壳体重量，同时优化散热途径提高散热效率，这需要结构设计师结合机载工作环境要求及具体加工工艺做大量仿真计算工作。

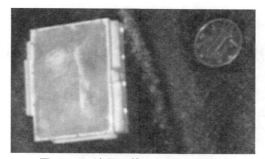

图 1 Ku 波段四单元 T/R 组件外形

6 结论

根据上述设计思想、生产调试方法研制的 Ku 波段四单元 T/R 组件样件实现了预期的技术指标，满足了机载合成孔径雷达系统的要求。

表 1 组件性能指标

工作频带	Ku 波段
带宽	Δf
输出峰值功率	大于 10W
输出功率带内起伏	0.5dBm
效率	大于 20%
接收增益	大于 20dB
接收增益带内起伏	1dB
噪声系数	典型值 3.5dB
衰减精度	6bit
移相精度	6bit
重量	小于 100g

参考文献

[1] 胡明春，周志鹏，严伟. 相控阵雷达收发组件技术[M]. 北京：国防工业出版社，2010.

[2] 巴尔，巴希尔. 郑新，等，译. 微波固态电路设计[M]. 北京：电子工业出版社，2006.

[3] 於洪标. 有源相控阵雷达 T／R 组件稳定性分析设计[J].电子学报，2005（6）：1102-1104.

[4] 白义广. T/R 组件的电磁兼容特性分析[J]. 中国电子科学研究院学报，2008,3（4）：361-363.

基于肖特基二极管 3D EM 建模的 V 波段二倍频器设计

吴 霆，文进才，孙玲玲，章 乐

(杭州电子科技大学电子信息学院，杭州，310018)

sunll@hdu.edu.cn

摘 要：本文根据平面肖特基二极管物理结构和实际尺寸建立起除非线性肖特基结以外的无源结构部分的三维电磁模型，通过对其进行电磁场全波分析，建立起更精确的二极管模型，提高了电路设计的准确性，并由该模型设计了一款 V 波段毫米波二倍频器。最终仿真结果表明，当输入功率为 15dBm 时，倍频器在 58GHz 下达到最小转换损耗 9.2dB，3dB 输出频率带宽为 50-75.4GHz，覆盖了整个 V 波段。在 25-36GHz 频段范围内基波抑制大于 20dBc。

关键词：毫米波；肖特基势垒二极管；二极管芯片模型；二倍频器

Design of a V-band Frequency Doubler Based on 3D EM Modelling of Schottky Diodes

WU Ting, WEN Jincai, SUN Lingling, ZHANG Le

(School of Electronic Information, Hangzhou Dianzi University, Hangzhou, 310018)

Abstract: Based on the physical structure and actual size of the planar Schottky diode, this paper establishes the 3D electromagnetic model of the passive part. Full wave analysis is carried out for a more precise diode model, resulting in an improvement of circuit design accuracy. A V-band millimeter wave frequency doubler is designed upon this model. The final simulation results show that with an input power of 15dBm, the best conversion loss is 9.2dB at 58GHz and the 3dB output frequency range is between 50GHz and 75.4GHz, covering the whole V-band. Fundamental rejection is better than 20dBc from 25GHz to 36GHz.

Keywords: Millimeter wave; Schottky barrier diode; Diode chip model; Frequency doubler

1 引言

随着毫米波技术在雷达、电子对抗等军事领域以及现代通信、射频天文学、医疗等民用方面的广泛应用，对工作频率高、稳定性好以及相位特性好的毫米波源的需求愈加迫切。目前获得毫米波源的方式有锁相频率合成、振荡器直接合成和由倍频电路产生。相比前两种方式，由倍频电路产生的毫米波频率源具有低成本、高稳定性和低相位噪声的特点，因而毫米波倍频是一种重要的毫米波源技术，在各种毫米波系统中应用广泛。

本文通过建立平面肖特基二极管芯片的模型，设计了一款 V 波段全频段二倍频器，倍频效率最大达到了 12%，在输入频率 25~36GHz 频段范围内基波抑制大于 20dBc。

2 二极管芯片模型

这次设计采用 UMS 公司的商用平面肖特基势垒二极管芯片 DBES105a，封装含有 2 个串联的二极管，其具有高截止频率和低寄生电感的特点。该二极管芯片的结构如图 1 所示[1]。

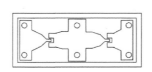

图 1 二极管芯片结构

在毫米波和太赫兹频段，当二极管的尺寸和工作波长可相比拟时，非线性二极管寄生参数的影响不可忽略。为了提高电路设计的准确性，必须对其做精确的提取。这次设计采用电磁场仿真软件对二极管的无源部分进行电磁场全波分析并结合已有的有源结构库模型以精确提取这些寄生参数[2]。参照芯片测试数据，通过场仿真软件和路仿真软件相结合的方法来分析拟合二极管芯片的等效模型，为之后的倍频器设计提供更为可靠的二极管芯片模型。

二极管芯片三维建模的主要思路为：通过对光学显微镜照片和 BES 工艺设计手册的分析，得到二极管非线性肖特基结以外的无源结构部分的实际尺寸，并在 HFSS 中建立起二极管无源部分的三维电磁模型，如图 2 所示。在此基础上，进行电磁场全波分析，并在 ADS 中与本征的二极管非线性肖特基结模型一起进行联合仿真，从而建立起更为准确的二极管芯片等效模型。与 UMS 提供的简化的二极管模型相比[1]，这种建模方法得到的小信号 S 参数仿真结果更加接近实测[3]。

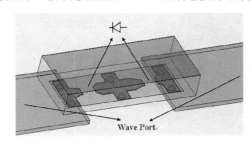 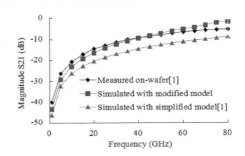

图 2 二极管芯片无源部分模型　　图 3 二极管芯片小信号 S 参数
在片测试结果和仿真结果

3 V 波段二倍频器

由上述建立的二极管模型，本文设计了一款 V 波段二倍频器，其原理图如图 4 所示。

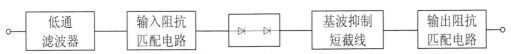

图 4 V 波段二倍频器原理图

在二倍频器的设计过程中，为了抑制所需要的二次谐波信号反射回输入端，通常在输入端和二极管电路之间加一个低通滤波器，该低通滤波器要求在二倍频输出通带内不出现寄生通带，从而达到通过基波和隔离谐波的作用。本次设计采用常见的高低阻抗低通滤波器结构。

为提高倍频效率，匹配网络采用微带跳变式阻抗变换器对二极管阻抗进行匹配，与渐变式相比，跳变式阻抗变换器结构紧凑，加工方便。在输出端并联终端开路短截线，长度为基波的1/4波长，以便把输出信号中的基波和其他奇次谐波滤除，提取出所需的二次谐波信号。

整个电路采用Rogers Duriod 5880基片，输入输出均采用1.85mm同轴连接器。仿真时将在HFSS中设计好的低通滤波器、阻抗匹配电路和二极管芯片无源部分EM模型的S参数文件导入ADS中与本征的二极管非线性肖特基结模型进行联合仿真，通过谐波平衡仿真对电路性能做出评测，如电路性能没达到要求则对阻抗匹配网络进行优化，其仿真原理图如图5所示。

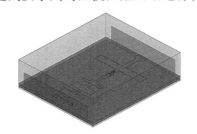
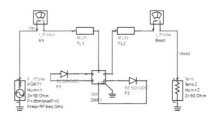

图 5 二倍频器仿真原理图

仿真结果表明，当输入功率为15dBm时，倍频器在输出频率58GHz下达到最小转换损耗9.2dB，倍频效率达到了12%，输出3dB带宽为50~75.4GHz，覆盖了整个V波段；在输入频率25~36GHz频段范围内基波抑制大于20dBc，如图6所示。二倍频器S参数仿真结果如图7所示，在输入频率25~37.3GHz频段范围内S11均小于-10dB。

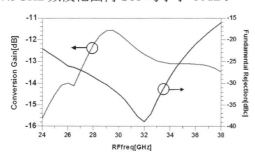
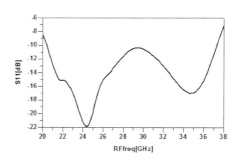

图 6 二倍频器频率扫描仿真结果　　　　图 7 二倍频器S参数仿真结果

4 结论

本文在对肖特基二极管倍频原理的研究以及对二极管芯片DBES105a进行建模的基础上，设计了一款V波段二倍频器。该电路结构简单，加工方便，最终仿真结果表明，该倍频器在频段范围内性能良好，可作为一种毫米波源设计参考。

参考文献

[1] http://www.ums-gaas.com

[2] Aik Yean Tang. Modeling of terahertz planar Schottky diodes. Thesis for the degree of licentiate of engineering Chalmers University of Technology, 2011.

[3] Zhenhua C, Jinping X, Dezhi D. An accurate broadband equivalent circuit model of millimeter wave planar Schottky varistor diodes[A]. // 2012 International Conference on Microwave and Millimeter Wave Technology (ICMMT)[C]. 2012: 1-4.

K 波段卫星通信转发器系统的仿真设计

王培章

(解放军理工大学通信工程学院，南京，210007)

摘　要：首先对 K 波段上下变频系统进行方案的设计，并对 K 波段上下变频的频率特性，功率特性进行了仿真论证。透明转发器将 S 波段信号转换为 K 波段信号，通过滤波器再转发回 S 波段，由常规器件证明工作原理是可行的，在 ADS 软件环境中进行了系统级的仿真，分析了链路的参数预算，增益预算以及谐波抑制和三阶互调等特性，为系统的器件选择和设计提供了有效的参考。

关键词：转发器、仿真、上下变频器；频率合成器；滤波器；测试

Design of K band Satellite Communications Simulate Transponder

WANG Peizhang

(Communication Institute of PLA University of Science and Technology, Nanjing, 210007)

Abstract: A satellite transponder at K-band/S-band is presented. The system up-converts a received signal at 2GHz to 22GHz and down-converts to the transmit frequency of 2.2GHz. we made the system-level simulation of the designed transponder system with the use of software ADS, We discuss the system concept needed to evaluate K-band components. As a proof-of-principle a basic transponder system including some housekeeping electronics is analyzed in terms of conversion characteristic and spectral output. we assembled the elements of up-down converter, then tested and tuned the transponder.

Key words: tup-conversion and down-conversion; synthesizer; filter; test

卫星转发器是现代卫星通信系统的核心部件。目前在不申请卫星资源的情况下开展卫星通信装备研究比较困难，在实验室内开展卫星通信体制以及新技术的科研与教学工作难度较大，分析和实现的 K 波段模拟转发器（上行频率 2GHz，下行频率 2.2GHz，）作为通信卫星转发器地面测试的专用设备，主要用于模拟该转发器的频率关系及电平关系。随着卫星通信业务量的不断增加，低波段已经无法满足通信容量的需要，卫星通信也开始向 K 波段甚至更高频段扩展，并逐步处于应用阶段。

1 透明转发器工作原理

转发器是小卫星的有效载荷一部分，由于功率尺寸、重量的限值，直接实用 22GHz 是不可能的，由于发射功率会超过卫星可提供的功率，另一个问题是频率的指配，对 K 波段链路实验需要有许可证，S 波段已倍分配给测控系统，由于频率低，链路预算需要比较少的卫星发射功率，可以实用中等功率放大器而不用高功率的行波管放大器。

如图 1 所示，中等增益天线接收从地球站发射的圆极化信号，由于它既接收又发射，所以需要双工器，信号放大 53dB,然后转发为 K 波段信号，在这个单元里，信号通过 LTCC 混频器上变频到

K 波段，在输出端第二个本振与第一本振有 200MHz 的偏差，从 K 波段输出再馈入 S 波段返回地面。

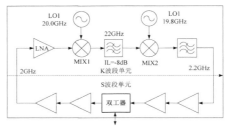

图 1 K 波段转发器原理框图

转发器将 S 波段输入信号转变为 K 波段信号，通过滤波器再转变为 S 波段信号，K 波段单元输出直接接 S 波段单元，将发射信号放大 58dB，功率模块基于 LTCC 频率合成器频率变化范围为 19.5GHz～20GHz,中功率放大器输出功率为 0.5W,

2. K 波段转发器设计

完成频率变换最简单的系统需要两个本振、一个放大器用于补偿损耗。

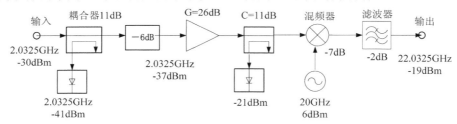

图 2 上变频方案

3 上变频器的设计

输入信号的一部分馈入集成电路功率检波器，实现上变频器的原理和实现设备见图，衰减器之后是驱动放大器（HMC548）提供 26dB 线性增益，第二个功率检波器和混频器，然后是单平衡肖特级二极管混频器，转换损失为 7dB, 2GHz 信号放大到-10dBm, 混频器之后电平为-19dBm, 泄漏本振信号抑制 30dB，低边瓣抑制 40dB，20GHz 的集成频率合成器覆盖频率范围为 19.5GHz～20.2GHz,第一个本振频率范围为 19.7GHz～20.2GHz, 第二个本振频率范围为 19.5GHz～20.0GHz。

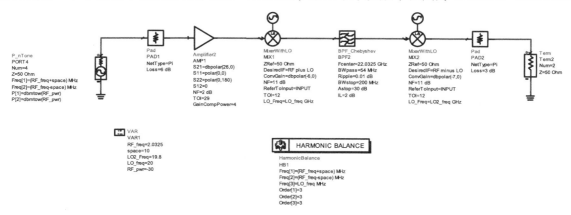

图 3 使用 ADS 对上下变频器的仿真电路图

4 卫星转发器的设计

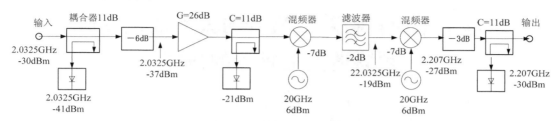

图4 K波段下变频方案

第一个频率合成器频率变化范围为 19.7GHz～20.2GHz，第二个发射频率合成器频率变化范围 19.5GHz～20.0GHz。在输出频谱中 2.2GHz 是最强的信号，相对于 2.0GHz 和 1.8GHz 频谱纯度为 25dBc，为了获得系统输出非线形特性，假设输入功率变化范围是-60～-10dBm，系统在输入功率为－18dBm 时达到饱和状态，上变频混频器达到饱和状态，当在空间运行时需要考虑低的发射功率和低增益的发射天线。

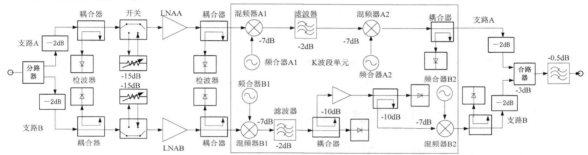

图5 具有双备份的K波段单元

在空间通信中冗余设计是必需的，整个转发器分为支路 A 和支路 B，S 波段是完全一样的，接收信号放大 52dB 后转发到 K-波段，这个单元由收发链路构成，先转换到 22GHz 通过滤波器后再转换回 2.2GHz，K-波段直接转换为 S-波段信号，在这个单元放大 58dB，发射功率为 0.5W，然后通过双工器发回地面中等增益接收天线。系统包括频率合成器、中等功率放大器、混频器等器件。

5 结论

对 K 波段上下变频系统进行了方案的设计，并对 K 波段上下变频的频率特性，功率特性进行了仿真论证。透明转发器将 S 波段信号转换为 K 波段信号，通过滤波器再转发回 S 波段，由常规器件证明工作原理是可行的，在 ADS 软件环境中进行了系统级的仿真，分析了链路的参数预算，增益预算以及谐波抑制和三阶互调等特性，为系统的器件选择和设计提供了有效的参考。

参 考 文 献

[1] 王培章.S－Ku 频段模拟卫星转发器的设计[J].电子器件,2011,34(2).
[2] 王培章,雷光,黎落虎.卫星通信模拟转发器的研究.2011 年全国天线年会.
[3] 张厥盛. 锁相技术[M]. 西安:西安电子科技大学出版社,1994.
[4] 王培章,等.微波与射频电路分析与设计[M].北京:国防工业出版社版,2012.
[5] 王培章,等.现代微波工程测量技术[M].北京:电子工业出版社,2014.

基于平面肖特基二极管的太赫兹频段倍频器谐波混频器的研究

王培章，邵 尉，李平辉

(解放军理工大学通信工程学院，南京，210007)
wpz999@sohu.com

摘 要：综述了国内外毫米波倍频器的发展动态，介绍了太赫兹频段固态分谐波混频技术的发展动态，以及基于反向并联肖特基势垒二极管对的分谐波混频基本原理。在掌握亚毫米波倍频器研究现状、深入分析倍频器理论和技术原理的基础上，主要对亚毫米波三倍频器和二倍频器进行了研究。研究 D 频段变容二极管高效率倍频器技术。要实现高频率，高功率，宽频带，高效率，低噪声太赫兹倍频技术是太赫兹技术领域的核心研究方向之一。研究基肖特基二极管倍频器的关键技术，分析了国内外现状及发展动态。

关键词：肖特基变容二极；太赫兹；倍频器

Research on Microwave and Millimeter Wave Frequency Multiplying and Sub-Harmonic Mixer Techniques on the Schottky Diode

WANG Peizhang, SHAO Wei, LI Pinghui

(Communication Institute of PLA University of Science and Technology, Nanjing, 210007, China)

Abstract: The latest development trends of frequency multipliers and sub-harmonic have been summarized . The development tendency and the basic theory of sub-harmonic mixers based on the Schottky anti-parallel diodes pair were introduced. on the basis of master of sub-millimeter wave multipliers' research status and in-depth analysis of the frequency multiplication theory and technical principles, sub-millimeter wave tripler and doubler are mainly studied.Efficient frequency multiplier technique for D band varactor diode and the property of terahertz frequency multiplier are crucial . The techniques of realizing high frequency, high power, broadband, efficient and low noise terahertz frequency multiplier have been increasingly investigated.

Keywords: Time domain integral equation; Plane wave time domain; Electromagnetic compatibility; Fast algorithm; Transient analysis

引 言

随着毫米波技术和毫米波电子系统的迅猛发展，毫米波电子系统对频率源的技术指标提出了越来越高的要求，必须采用频率合成技术来提高频率源的相位噪声等技术指标。毫米波倍频具有以下优点：

1. 降低了毫米波设备的主振频率。
2. 工作频段拓宽。倍频技术可极大的拓宽工作频段，通信和电子对抗中宽频带系统应用广泛。
3. 利用倍频，可以制成毫米波、亚毫米波固态源。

1 国内外现状及发展动态分析

目前国内的倍频器研究工作主要集中在毫米波低端，电路结构主要以混合集成为主，近些年来MMIC倍频技术发展得也很快。有关毫米波高端及亚毫米波倍频源的研究报道很少。

目前高输出功率的倍频源依然以基于肖特基变容管的倍频器为主，效率较高，但其带宽较窄，工作频率在 D 以下。能够实现全波导带宽的覆盖，但其效率较低。基于异质结变容管的倍频器虽然结构较为简洁，但仅能产生奇次谐波，因此在倍频器的设计中受到限制。

美国弗吉尼亚大学和喷气推进实验室代表了目前毫米波亚毫米波倍频技术的最高水平。倍频源所取得的巨大进展是与半导体二极管技术的发展密不可分的，倍频二极管由原来的触须接触式变容二极管到后来的平面肖特基变容二极管、异质结势垒变容二极管，再到最近的集成二极管电路技术。文献[2]列出了目前二极管倍频源、振荡器、放大器的输出频率和功率现状图。

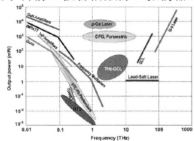
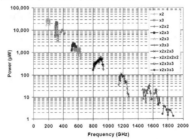

图 1 最新太赫兹放大器与倍频源的进展　　图 2 在室温下测量倍频链输出频率与输出功率的关系

平面肖特基二极管的太赫兹源能产生数十至数百毫瓦的输出功率，基于平面肖特基二极管的太赫兹源在 2.7THz 能产生数百毫瓦的功率，如图 2 所示在 1.9THz 能产生 $10\mu W$ 的输出功率。

GaAs 肖特基二极管的倍频链输出频率与输出功率的关系曲线很多是由 VDI 报道的 HBV 倍频器包括多个二极管、非线性传输线和高效率单二极管波导电路。

文献[1]发表了 540-640GHz 固定调谐高效率宽频带高功率的三倍频器，该器件利用 4 个平面肖特基二极管阵列，当输入功率为 22～25mW，室温下三倍频的输出功率在宽频带中为 0.9～1.8mW，倍频效率为 4.5%～9%。

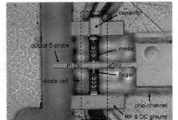

图 3　600GHz 三倍频器分裂波导后面部分三维立体图、三倍频器波导底部照片

底部安装有四个二极管和芯片上电容，输出 E 面探针和片上匹配电路，虚线矩形定义了优化的二极管芯，P1 和 P2 为输入输出探针。上半部分和下半部分是对称的（未显示）输入匹配电路由四个减高波导和四个标准波导构成，芯片采用无基板传输线技术的设计方案。

2 倍频器的类型

2.1 肖特基变容管和变阻管倍频器

异质结变容二极管简称是由对称层结构组成的单极器件。一段不掺杂的高能隙材料势垒夹在两段型掺杂的低能隙材料中就组成了一个异质结势垒，该势垒阻止电子传输。表1列出了国外文献中一些关于倍频器的研究成果，研究频段集中在200－300GHZ频段，其倍频性能尚未能达到肖特基变容管倍频器的性能。

2.2 倍频链

为了获得更高的频率输出，独立的倍频器模块已经不能满足需求，这就需要采用倍频链的方式。倍频链是将数个不同频段的倍频器串联，以多次倍频的方式来提高输出频率。目前倍频链主要由低阶倍频器组成。

3 基于平面肖特基二极管的太赫兹分谐波混频器技术研究

基于平面肖特基二极管的太赫兹分谐波混频器发展趋势可集中体现为以下几个技术：

（1）集成二极管电路技术（Membrane集成二极管技术）

随着频率上升至太赫兹频段，因二极管装配误差极大的影响着混频器的性能，由此产生了集成二极管技术。

（2）基于肖特基二极管物理结构的等效电路模型技术

传统混频器设计中，仅采用二极管的简单等效电路，并未具体参考由二极管的封装引入的场效应。随着频率上升至太赫兹频段，由二极管的封装引入的高频效应不可忽略。对比传统肖特基二极管的势垒材料，平面肖特基二极管的势垒可以通过几种类型的III-V材料进行制造，主要包括砷化镓、砷化铟镓或磷化铟，或者混合使用，如在磷化铟中添加砷化铟镓以制造肖特基势垒。

4 肖特基二极管倍频器和谐波混频器技术的关键技术

（1）研究肖特基变容二极管的半导体层结构分析与精确建模，非线性特性产生倍频谐波的物理本质，从场、路结合的角度探讨半导体器件载流子与波导系统电磁场的相互作用。

（2）D频段变容二极管高效率倍频器技术研究。

研究肖特基二极管的物理结构和倍频器的工作原理，在此基础上探索最优化的倍频器设计方法。准确的三维电磁场HFSS＋非线性谐波平衡ADS联合仿真技术。

（3）精密微腔体加工技术与精密微组装技术

通过微机械加工方法或者体硅腔体加工工艺，实现倍频器微腔体的精确加工。腔体的制造误差达微米级，尽量降低表面粗糙度以降低腔体损耗。

5 结论

与国外相研究技术相比，国内在亚毫米波倍频技术研究处在初级节段，在材料学、半导体学、加工工艺等方面处于劣势，目前高输出功率的倍频源依然以基于肖特基变容管的倍频器为主，效率较高，但其带宽较窄。国内对亚毫米波技术倍频技术的研究重心放在如何提高倍频效率和输出功率、输出频率、系统应用上。要实现高频率，高功率，宽频带，高效率，低噪声难度较大，所以研究太赫兹高效倍频技术是太赫兹技术领域的核心研究方向之一。

参考文献

[1] Alain Maestrini, John S.Ward, John J.Gill, Hamid S.Javadi, Erich Schlecht. A 540-640GHz High-Efficiency Four-Anode Frequency Tripler. IEEE Transactions on Microwave Theory and Techniques, 2005,53(9).

[2] G. Chattopadhyay. Technology, Capabilities and Performance of Low Power Terahertz Sources. IEEE Trans. Terahertz Science and Tech.,2011,1:33-53.

[3] John S. Ward, Goutam Chattopadhyay, John Gill. Tunable Broadband Frequency-Multiplied Terahertz Sources.2008 33rd International Conference on Infrared, Millimeter and Terahertz Waves.

[4] J. V. Siles and J. Grajal. Physics-based design and optimization of Schottky diode frequency multipliers for terahertz applications. IEEE Trans. on Microw. Theory and Tech., 2010,58:1933-1942.

毫米波频率选择表面滤波技术研究

孙彦龙，余世里，姜丽菲，苏兴华

（上海航天电子通讯设备研究所，上海，201109）

ylsun804@gmail.com

摘　要：在静止轨道微波探测仪准光学馈电网络研制过程中，为满足空间滤波器低插入损耗及高反射抑制的应用需要，设计了一种波导阵列结构的频率选择表面，经过结构参数设计、仿真优化，加工出满足低损耗、高抑制指标的毫米波频率选择表面滤波器。

关键词：毫米波；频率选择表面；UV-LIGA 技术

Research on Filtering Technology of Millimeter Wave Frequency Selective Surface

SUN Yanlong, YU Shili, JIANG Lifei, SU Xinghua

(Shanghai Institute of Aerospace Electronic Communication Equipment, Shanghai, 201109)

Abstract: In order to meet the low insertion loss of transmission band and the strong suppression of reflection band in quasi-optical feed network of microwave sounder on the Geostationary, in this paper, we design a frequency selective surface (FSS) filter based on waveguide array structure. Through optimizing the structural parameters, machining and testing, the result of millimeter wave FSS can meet the requirement of low insertion loss and strong reflection suppression.

Keywords: Millimeter wave; Frequency selective surface; UV-LIGA technology

1 引言

频率选择表面[1]（FSS）指在导电金属平面上布满周期性的孔或在介质表面上布满周期性的金属片，它能有效地控制电磁波的反射和传输特性，其实质是一种空间滤波器。频率选择表面的电磁特性主要决定于单元的形状和尺寸，同时也受单元结构排列方式的影响。在实际应用中，当周期单元结构依附在介质上时，介质对频率选择表面的电磁特性也会产生很大影响。在微波工程中，频率选择表面的应用十分广泛，范围涉及电磁领域的许多方面。在毫米波段，FSS 被用作滤波器、多工器、分路器等，以克服传统电路结构在该频段中加工精度要求高、金属损耗大的缺点，如在 NOAA 卫星上的微波有效载荷 Advanced Microwave Sounding Units (AMSU-B[2])应用了 2 个波导型频率选择表面来分离中心频率在 89GHz、150GHz 和 183GHz 的 3 个信号通道。根据课题背景的应用需求，本文设计了一种基于波导阵列结构的频率选择表面，满足低插入损耗、高反射抑制及双模入射的要求。

2 需求背景

为了使多频辐射计所有的频率通道共用同一个天线口面，需要在天线系统和各通道的接收机之间匹配一个频率复用器，它将天线口面捕获的地面与大气辐射遥感信号分离成不同频率的信号输出，然后再馈入相应的接收机通道进行处理，完成这种频率分离功能的系统被称为辐射计前端多频复用系统。在毫米波亚毫米波频段，相对于多馈源阵列排布的方法，采用准光学技术设计的天馈系统不仅具有插入损耗小，易实现频率与极化分离等特点，而且还能够满足波束共焦共视轴的设计要求。本设计的频率分离方案如图1所示：其中F0、F1、F2、F3是4个频率选择表面。

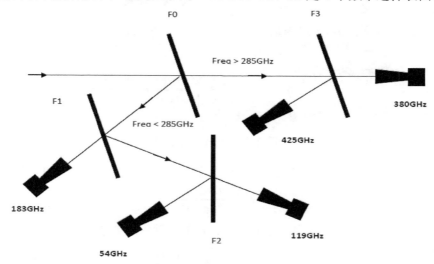

图1 准光学馈电网络频率分离方案

从天线接收到的辐射信号首先通过高通型频率选择表面F0，分离毫米波信号与亚毫米波信号，然后再用频率选择表面F1、F2、F3将各个频段依次分离，最后将分离出的各频段信号分别馈入到相应接收机进行处理。文中给出了F2的设计，F2将54GHz和119GHz通道进行分离，电性能指标如表1所示。

表1 频率选择表面F2性能指标

F2	透射频带（GHz）	插入损耗（dB）	反射频带（GHz）	反射带抑制（dB）
指标要求	112.75－124.75	≤0.5	50－58	>20

3 设计仿真

当平面波入射到FSS表面时，一般情况下,透射波的方向与入射波的方向一致，这里称为主方向。在某些情况下，高阶模式会被激励，造成一部分透射波不再按主方向传播，这部分高阶模被称为栅瓣[3]。栅瓣在不需要方向上的辐射，会造成能量的浪费，并且还会影响透射带的特性。为了尽可能避免栅瓣的出现，整个周期结构要排列的紧凑一些，本文所用的设计结构如图2所示，阵列角α=63.43o。

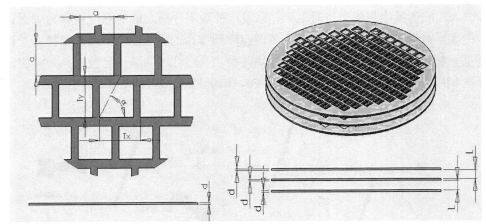

图 2 频率选择表面结构

单元周长为半波长的整数倍时产生谐振，但为了抑制栅瓣的出现，周期 Tx 应满足下式：

$$Tx < \frac{1.12\lambda_0}{1+\sin\theta} \tag{1}$$

λ_0 是透射带中最高频率对应的自由空间波长，θ 是入射角。实际上，由于入射的不是理想的平面波而是高斯波束，一些较大入射角的频谱分量可能会激励起栅瓣，为了防止栅瓣的产生，实际所选的周期要小于上面根据公式计算的值。利用 CST 进行仿真优化得到 F2 的结构参数为 Tx=1.62mm、a=1.47mm、d=0.36mm、L=0.31mm，F2 的仿真结果如图 3 所示，由图中可以看出，通带插损小于 0.3dB，反射带抑制大于 20dB。

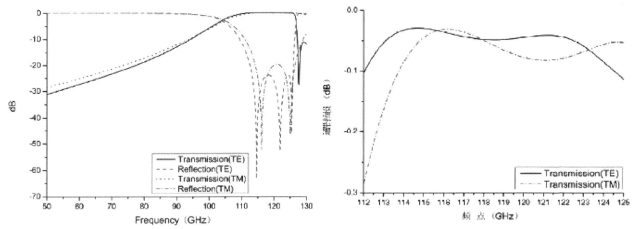

图 3 F2 透射曲线

4 加工测试

频率选择表面单元尺寸小，传统的加工工艺难以满足精度要求。采用 UV-LIGA 技术进行频率选择表面的加工。图 4 为频率选择表面 F2 的电镜照片，由图中可以看出，加工出的频率选择表面侧壁垂直度高，拐角垂直，结构参数误差<10um。

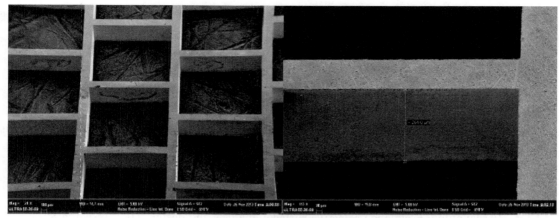

图 4 F2 电镜照片

接收机等效噪声温度法是基于比较接收机链路在不同状态下等效噪声温度的差值而得到的相对测量方法,该方法能充分模拟星载遥感准光系统的实际使用状态。将接收机、喇叭和椭球镜等效为一个系统,频率选择表面插入损耗的测试可以通过比较接收机接入频率选择表面前后两种状态下测试系统的噪声温度而得到。图 5 为接收机等效噪声温度法示意图。

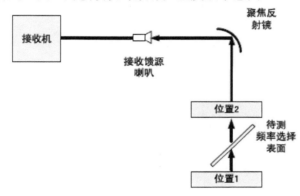

图 5 接收机等效噪声温度法示意图

选择 89GHz 和 118GHz 辐射计接收机进行单频点下的初步性能测试,测试结果如表 2 所示:

表 2 接收机等效噪声温度法测试结果

	118GHz 接收机				89GHz 接收机
	通道 1	通道 2	通道 3	通道 4	
指标(dB)	-0.5	-0.5	-0.5	-0.5	
CST 仿真值(dB)	-0.053	-0.053	-0.053	-0.059	-13.4
实测平均值(dB)	-0.24	-0.31	-0.24	-0.21	-13.7

由表 2 可以看出,接收机 4 个通道内的插损小于 0.5dB,满足指标要求。由仿真得出反射带抑制随频率变化关系如图 3 所示,由 89 GHz 反射抑制测试结果推出 54GHz 反射抑制大于 20dB 的指标要求。

5 小结

本文设计了一种波导阵列结构的频率选择表面。根据波导理论,确定初始结构参数,经过 CST 仿真优化,得到最终参数。采用 UV-LIGA 技术进行频率选择表面的加工,精度可以达到 10um,为微小周期单元结构的加工提供了一个参考。利用接收机等效噪声温度法测试其电性能,测试结果满足性能指标。

参考文献

[1] 王焕青,祝明,武哲. 频率选择表面简介[J]. 舰船电子工程,2004,24:301-304.

[2] R.J.Martin, D.H.Martin, Quasi-optical antennas for radiometric remote-sensing. Electronics & Communication Engineering Journal, 1996.

[3] 俞俊生,陈晓东.毫米波与亚毫米波准光技术[M].北京:北京邮电大学出版社,2010.

[4] T. K. Wu. Frequency selective surface and grid array. New York: Wiley, 1995.

[5] J. C. Vardaxoglou. Frequency selective surface: analysis and design. UK: Research Studies Press Taunton, 1997.

0.4 THz InGaAs/InP Double Heterojunction Bipolar Transistor with Fmax=416 GHz and BVCBO =4V

CHENG Wei(程伟), NIU Bin(牛斌), WANG Yuan(王元), ZHAO Yan(赵岩), LU Haiyan(陆海燕), GAO Hanchao(高汉超), YANG Naibin(杨乃彬)

(Science and Technology on Monolithic Integrated Circuits and Modules Laboratory, Nanjing Electronic Devices Institute, Nanjing, 210016, CHN)

Abstract: A common-base four finger InGaAs/InP double heterostructure bipolar transistor (DHBT) has been designed and fabricated using triple mesa structure and planarization technology. All processes are on 3-inch wafers. The area of each emitter finger is 0.5x7μm2. The maximum oscillation frequency (fmax) is 416 GHz and the breakdown voltage BVCBO is 4V, which are to our knowledge both the highest fmax and BVCBO ever reported for InGaAs/InP DHBTs in china. The high speed InGaAs/InP DHBT with high breakdown voltage is promising for submillimeter-wave and THz electronics.

Keywords: InP; DHBT; THz; High breakdown

EEACC: 2560J

CLC number: TN385

Ⅰ. INTRODUCTION

The range of applications associated with the submillimeter wave and terahertz bands (300 GHz-3 THz) is very extensive, such as spectroscopy, imaging and communications[1]. However, it has historically been extremely difficult to access this band due to a lack of high frequency transistors with bandwidths of above 300 GHz. The bandwidth of InP-based transistors, such as InP HBTs and InP HEMTs, has increased rapidly in recent years. To date, InP HBTs and InP HEMTs have both been demonstrated with maximum oscillation frequency exceeding 1THz[2-3]. Compared with InP HEMTs, InP HBTs have some key advantages in submillimeter and THz applications, such as high breakdown voltage, high threshold uniformity, low 1/f noise, and high digital speed[1], which make them very promising for submillimeter and future THz electronics.

InP DHBT is commonly used in common-emitter configuration. However, common-base DHBT yields a much higher gain than common-emitter DHBT at high frequency, especially near the cutoff frequency[5]. Besides, to increase the output power, the breakdown voltage, the current and the emitter area should be as high as possible. Considering these above factors, a common-base four-finger InGaAs/InP DHBT has been demonstrated. The InGaAs/InP DHBTs were fabricated with a triple mesa process and a benzocyclobutene (BCB) planarization technique. All processes were carried out on 3 inch wafers. The area of each emitter finger is 0.5x7μm^2. The maximum oscillation frequency (fmax) is 416GHz and the breakdown voltage BVCBO is 4V.

II. GROWTH AND FABRICATION

The layer structure of the InGaAs/InP DHBTs was grown by molecular-beam epitaxy on a 3-inch semi-insulating InP substrate. The layer sequence is shown in Fig.1. The DHBT structure includes an InGaAs cap layer (200 nm, $3\times10^{19}/cm^3$), an InP emitter (200 nm, $2\times10^{17}/cm^3$), a carbon-doped InGaAs base (50nm, $3\times10^{19}/cm^3$) and a compositionally step-graded InGaAs/InGaAsP/InP collector (200 nm, $1\times10^{16}/cm^3$). Composite collector with the InGaAs spacer and InGaAsP quaternary layer was used to eliminate the conduction band spike at the B-C interface and thus the collector current blocking effect was minimized[6].

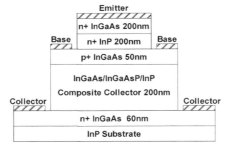

Fig.1 Layer structure of the InGaAs/InP DHBT

The geometry parameters of the devices are similar to those of Ref. [4]. In contrast to recent reports in China[7], the InP DHBTs in this work were designed and fabricated with standard manufacturing techniques such as i-line stepper lithography, self-aligned contact and selective dry/wet etching, etc. All InP DHBT processes were on 3-inch wafers. The InP DHBTs were fabricated with conventional wet etching and metal deposition with triple mesa design. Non-alloyed ohmic Ti/Pt/Au was used as n-type ohmic contacts and Pt/Ti/Pt/Au was used as p-type contact. After device isolation, BCB was used for device passivation and planarization. Subsequently, an RIE etch-back step was performed to expose the tops of the device contacts and then the first-level metal was deposited to form the probe pads.

III. MEASUREMENTS AND RESULTS

The InP DHBTs were measured on-wafer at room temperature. The DC characteristics of the DHBTs were measured by Agilent 1500A semiconductor parameter analyzer. The common-base I-V characteristics of the DHBT with emitter area of $4\times0.5\times7\mu m^2$ are shown in Fig.2. The offset voltage is about -0.6V. The common-base breakdown voltage is 4V which is defined at a emitter current density of $J_e=10\mu A/\mu m^2$ and the common-base breakdown voltage is higher than that of a DHBT in common emitter configuration. As shown in Fig.2, the knee voltage increases from -0.5V to 0.1V as the emitter current increases from 1mA to 50mA. The small knee voltage and sharp current rising indicate that the current blocking effect is successfully suppressed with the composite collector.[8]

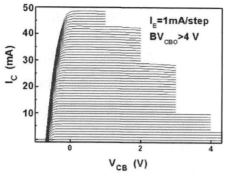

Fig.2 Common base I-V characteristics of a four-finger InGaAs/InP DHBT

The microwave performance of the fabricated InP DHBTs was characterized by on wafer S-parameter measurements from 100MHz to 67GHz. On-wafer open and short pad structures identical to those used by the devices were used to de-embed the pad parasitics. Fig.3 shows the maximum stable gain/maximum available gain (MSG/MAG) and Mason's unilateral gain (U) as a function of frequency at collector-base junction voltage VCB=1.1V and collector current IC=60mA. We can see MSG rolls off at -10dB/decade and MAG has no fixed slope, while U has a constant slop of -20dB/decade, so fmax was obtained by extrapolation of U in this paper[9].

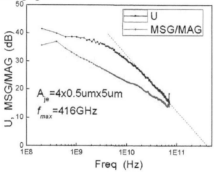

Fig.3 MSG/MAG and U of the common-base four-finger DHBT at VCE=1.1V and IC=60mA

IV. CONCLUSISON

In summary, a common-base four-finger InGaAs/InP DHBT has been successfully demonstrated with standard manufacturing techniques on 3-inch wafers. The area of each finger is 0.5x7μm^2. The maximum oscillation frequency (fmax) is 416 GHz and the breakdown voltage BVCBO is 4V, which are to our knowledge both the highest fmax and BVCBO ever reported for InGaAs/InP DHBTs in china. The high speed InGaAs/InP DHBT with high breakdown voltage is well suitable for submillimeter-wave and THz electronics.

REFERENCES

[1] Samoska S. Towards terahertz MMIC amplifiers: Present status and trends. IEEE MTT-S International Microwave Symposium Digest, 2006: 333.

[2] Lai R, Mei X.B, Deal W.R, et al. Sub-50 nm InP HEMT device with fmax greater than 1 THz . IEEE International Electron Devices Meeting, 2007:609.

[3] Urteaga M, Pierson R, Rowell P, et al. 130nm InP DHBTs with ft>0.5THz and fmax>1.1THz. Device Research Conference, 2011:281.

[4] Jin Z, Su Y, Cheng W, et al. Common-base multi-finger submicron InGaAs/InP double heterojunction bipolar transistor with fmax of 305GHz. Solid-State Electronics, 2008, 52:1825.

[5] Tanaka S, Amamiya Y, Murakami S, et al. Common base HBTs for Ka band applications. International Topical Symposium on Millimeter Waves, 1997: 27.

[6] Cheng W, Jin Z, Yu J, et al. Design of InGaAsP composite collector for InP DHBT. Chinese Journal of Semiconductors, 2007, 28: 943.

[7] Cai D, Li X, Zhao Y, et al. Ultra high speed InP DHBTs with ft=140 GHz and fmax=200 GHz. Semiconductor Technology, 2011, 36:743.

[8] Dahlstrom M, Rodwell M. Current density limits in InP DHBTs: collector current spreading and effective electron velocity. IEEE International Conference on Indium Phosphide and Related Materials, 2004: 761.

[9] Griffith Z. Ultra high speed InGaAs/InP DHBT devices and circuits. PhD thesis, UC Santa Barbara, 2003.

应用寄生参数模型的 J 类功放设计

郝 鹏，何松柏，游 飞，马 力，侯宪允

（电子科技大学电子工程学院，成都，611731）

penghaouestc@gmail.com

摘 要：现代通信系统对于功放的带宽与效率提出了诸多要求，本文使用输出为 10W 的 GaN HEMT 器件，利用 J 类功放设计理论和已知的晶体管大信号模型与寄生参数模型，设计了一款应用于通信频段的 J 类功率放大器。实验测试表明，本设计在 1.1-1.8GHz 的频带内，当输入信号为 28dBm 时，漏极效率大于 64%，输出功率在 39dBm~41.5dBm，最高漏极效率达到 75%，J 类功放在现代通信系统中具有良好的应用前景。

关键词：外部寄生模型；J 类功率放大器；宽带；高效率

Class-J Power Amplifier Design Using Extrinsic Parasitic Model

HAO Peng, HE Songbai, YOU Fei, MA Li, HOU Xianyun

(School of Electronic Engineering, University of Electronic Science and Technology of China, Chengdu, 611731, China)

Abstract: Multitudes of concerns about bandwidth and efficiency are raised when designing PAs in modern communication systems. In this paper, we have designed a Class-J PA applied in communication frequency using Class-J PA designing theory with a 10W GaN HEMT device, for which a large-signal model and an extrinsic parasitic model were available. In the band between 1.1GHz and 1.8GHz, it shows that the drain-efficiency of this design reaches above 64% with the singal inputs power of 28dBm as the output power ranges from 39dBm to 41.5dBm, and the highest drain-efficiency raises to 75%, the Class-J PAs above presents us a favorable prospect in communication systems.

Keywords: Extrinsic parasitic model; Class-J PA; Broadband; High efficiency

0 引言

在现代通信系统中，多模多带的通信模式对于功率放大器的带宽与效率有了越来越高的要求，而随着信号带宽的增加，信号的高峰均比也对射频功放的设计提出了诸多挑战。

当前主流的高效功率放大器通常使用谐波控制类功放或开关类功放实现，常见的 F 类/逆 F 类的效率都可以超过 70%。但由于 F 类/逆 F 类功放对谐波阻抗的要求很高，因此导致带宽较窄，线性较差。

2006 年，来自卡迪夫大学的 S.C.Cripps 教授提出了 J 类功率放大器的设计理论[1]。它能够得到和 B 类功放接近的线性和效率，但是却不需要多截的微带线来抑制谐波，从而更容易地实现宽带高效率。J 类功放通过对基波阻抗和二次谐波阻抗的控制，使漏极电流与电压波形的相位发生偏移，以此提高功放的效率。

但是 J 类功放的特性阻抗是从电流源端面出发，而我们一般使用的大信号模型均为封装端面出发，这就导致设计时特性阻抗会发生偏移。本文利用晶体管的寄生参数模型对输出匹配网络进行计算，采用了一种简便的对称型输入输出匹配网络设计出 J 类功率放大器，并通过实验验证该功放在相对较宽的频带内获得了较高的效率。

1 J 类功放设计理论

由于 J 类功放通常选择偏置在深度 AB 类以获得更大的设计空间，依据文献[1]的分析，可以定义式（1）、（2）[2]，将典型的 A 类、B 类功放的负载阻抗线进行归一化，并将导通角作为参数。式中 d 表示不同的工作状态，α 表示不同的导通角。

$$Z_{f_0} = \frac{\pi\sqrt{1+d^2}(1-\cos(\alpha/2))}{\alpha-\sin(\alpha)} \angle \phi \tag{1}$$

其中 $\phi = \arctan\left(-\frac{1}{d}\right) + \begin{cases} \pi/2, \text{if } d \geq 0 \\ -\pi/2, \text{if } d < 0 \end{cases}$

$$Z_{2f_0} = \frac{d}{2} \frac{\pi (1-\cos(\alpha/2))}{\sin(\alpha/2) - \frac{1}{3}\sin(3\alpha/2)} \angle -\pi/2 \tag{2}$$

式中 Z_{f_0} 和 Z_{2f_0} 为电流源端面上的基波阻抗和二次谐波阻抗。

因为在 J 类理论中，只考虑基波和二次谐波的影响，高次谐波由于漏-源电容 C_{ds} 的存在而被短路。所以对于 J 类工作状态来说，器件的偏置类似于 B 类（$d=1, \alpha=\pi$），式（1）、（2）可化为 $Z_{f_0}=1+j$ 和 $Z_{2f_0}=-j(3\pi/8)$，去归一化后即可得到 J 类功率放大器在电流源端面上的基波负载阻抗和二次谐波负载阻抗[3]：

$$Z_{f_0} = R_L + j \cdot R_L \tag{3}$$

$$Z_{2f_0} = 0 - j \cdot \frac{3\pi}{8} \cdot R_L \tag{4}$$

其中可以通过式（5）计算理论的输出负载阻抗，当输出功率为 10W 时，V_{DC}=28V，负载阻抗 $R_L = 39.2\Omega$。

$$P = \frac{V_{DC}^2}{2R_L} \tag{5}$$

通过以上分析可以发现，由于更简的负载阻抗形式，J 类功率放大器更容易实现宽带高效率的特性，并且可以使用较为简单的匹配结构。

2 J 类功放设计方法

本文中的晶体管选用了 Cree 公司的输出功率 10W 的 CGH40010F HEMT 器件，当偏置在深度 AB 类状态下时静态电流大约为最大工作电流的 5%。选择漏-源电压为 28V，因为这是可以应用在大信号晶体管模型下的最小有效漏-源电压，此外，它也满足 J 类工作状态下的漏极振荡电压最高不超过晶体管 84V 的击穿电压。

我们可以通过负载牵引来确定在大信号模型下合适的基波负载阻抗线。选定负载电阻 $R_L = 39.2\Omega$，利用公式（3）和（4）得出所需的满足 J 类工作的特性阻抗。需要注意的是，理论计算得到的阻抗是电流源端面的，但是实际的匹配网络设计是计算的封装端面的阻抗。因此，必须要选择一个适当的寄生参数模型,包括一个确定的漏-源电容。尽管实际中的漏-源电容C_{ds}是非线性的,但是可以在 GaN HEMT 的V_{ds}不发生剧烈变化时近似看作常量。我们选择如图 1 所示的寄生参数模型[4],并进一步进行输出匹配的计算。利用 Matlab 可以计算出封装端面的基波与二次谐波负载阻抗,并使用一种高 Q 值的匹配网络进行综合。最终实际的输入阻抗通过源牵引确定,而输出终端通过微调来实现电路的对称性。

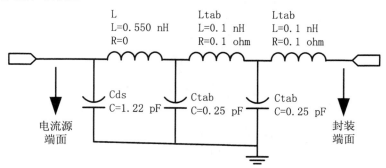

图 1　CGH40010F 的外部寄生参数模型等效电路

由于求出了输入输出阻抗的目标值,我们可以设计出不包括稳定网络和直流偏置旁路电容的仅由微带线组成的匹配网络。本设计最终选用了 RO4350B 的板材来实现,其介电常数$\varepsilon_r = 3.66$,厚度为 0.762mm,电路拓扑图如图 2 所示。由于介电常数比较低,所以传输线更长,因此导致更高的损耗,但是这种设计不易产生制作误差。在电磁仿真之后,输入和输出匹配网络通过微调降低功耗和电磁耦合的影响。

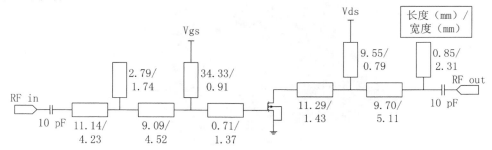

图 2　简化的匹配网络拓扑图

将输出匹配网络与外部寄生参数等效电路级联进行阻抗分析,最终得到的效果与理论分析的结果基本一致,如图 3 所示。

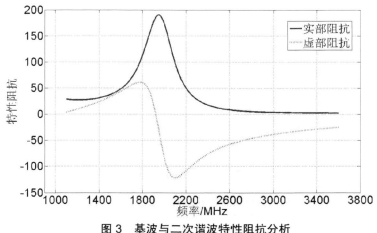

图 3　基波与二次谐波特性阻抗分析

图 4 为仿真得到的漏极电压和电流波形。电压峰值接近 84V，而且在电压峰值点还可以观察到一个电流的波峰，这种现象是由漏极电压振荡引起，而且通常可以在逆 F 类中观察到。

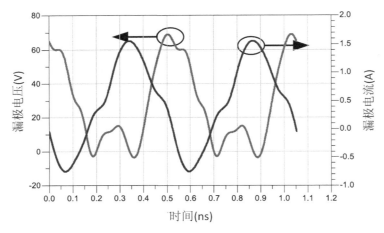

图 4　J 类功放的漏极电压与电流波形

3　测试结果

最终加工得到的 PCB 板尺寸为 6.80cm*4.82cm，焊接之后的版图如图 5 所示。

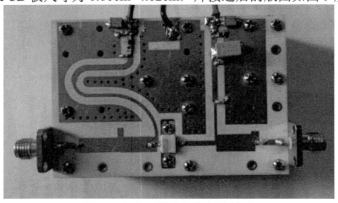

图 5　本文 J 类功率放大器版图

首先测试单音信号在 1.1-1.8GHz 的频带内，当输入信号为 28dBm 时，漏极效率大于 64%，输出功率在 39dBm~41.5dBm 之间，增益在 11~13.5dB 之间，带内波动只有 2.5dB，如图 6 所示。

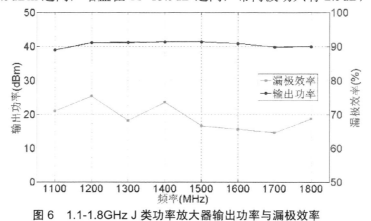

图 6　1.1-1.8GHz J 类功率放大器输出功率与漏极效率

进而测试该 J 类功放在 1.4GHz 处不同输入时的输出功率、增益与漏极效率，可以看出当输入功率大于 22dBm 时，功率增益出现压缩，在增益 P_{1dB} 压缩点效率仍在 60%以上，当输入功率从 P_{1dB} 压缩点回退 3dB，漏极效率仍大于 50%，当输入功率增大到 30dB 时，输出功率达到 41.4dBm，漏极效率可达 74.5%，如图 7 所示。

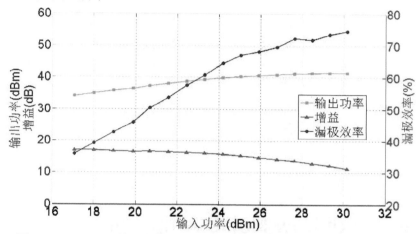

图 7　1.4GHz 不同输入功率时 J 类功率放大器输出功率、增益与漏极效率

4　总结

本文所设计的宽带高效 J 类功率放大器利用 GaN HEMT 器件的外部寄生模型对输出匹配阻抗进行计算，采用了一种简便的对称型输入输出匹配网络。最终测试数据表明，在中心频率 1.4GHz，相对带宽 48%的频带内，可以实现宽带高效率。可以预见，J 类功率放大器在下一代无线通信领域中拥有广阔的应用前景。

参考文献

[1] Cripps S C, Tasker P J, Clarke A L, et al. On the continuity of high efficiency modes in linear RF power amplifiers[J]. Microwave and Wireless Components Letters, IEEE, 2009, 19(10): 665-667.

[2] Mimis K, Morris K A, McGeehan J P. A 2GHz GaN Class-J power amplifier for base station applications[C].//2011 IEEE Topical Conference on Power Amplifiers for Wireless and Radio Applications (PAWR). IEEE, 2011: 5-8.

[3] Wright P, Lees J, Benedikt J, et al. A methodology for realizing high efficiency class-J in a linear and broadband PA[J]. IEEE Transactions on Microwave Theory and Techniques, 2009, 57(12): 3196-3204.

[4] Tasker P J, Benedikt J. Waveform inspired models and the harmonic balance emulator[J]. IEEE Microwave Magazine, 2011, 12(2): 38-54.

K波段低噪声放大器的设计与测试

薛 静，张 忻，钱 锋

(南京电子器件研究所，南京，210016)

摘 要：本文研究了K波段微波低噪声放大器的设计方法和测试方法。在设计中，分别对FMM5701X芯片的输入输出电路进行设计，再对其馈电电路和版图进行设计。在测试方法上对微组装工艺进行了要求。此款K波段低噪声放大器在24GHz下噪声系数只有1.51dB,增益达到13.5dB，能够实现系统需求。

关键词：K波段；低噪声；放大器

Design of Low Noise Amplifier in K Band

XUE Jing, ZHANG Xin, QIAN Feng

(Nanjing Electronic Devices Institute, Nanjing, 210016,China)

Abstract: In this paper, a method of designing and testing a K-band low noise amplifier is presented. First, we designed the input and output matching circuits for the FMM5701X. Then the bias circuit and the circuit layouts were designed. The test fixture must be assembled carefully. The K band low noise amplifier demonstrates the noise figure of 1.51dB as well as the gain of 13.5dB.It can realize the requirement of the system.

Keywords: K band; Low Nosie; Amplifier

1 引言

低噪声微波放大器（LNA）是微波接收机必不可少的组成部分。它主要位于接收系统的前端部分，其主要功能是把来自天线接收到的微弱射频信号进行放大。而随着现代接收机系统向更高工作频带发展，K波段微波低噪声放大器越来越受到人们的关注，对K波段低噪声放大器的性能要求也越来越高。

本文利用Eudyna公司的FMM5701X芯片，通过对输入电路采用最佳噪声匹配，输出电路采用最佳驻波匹配，设计了一款K波段低噪声放大器，并经过微组装装配测试。这里目标设计放大器在24GHz频率上成功实现了1.51dB的噪声系数，同时增益高于13dB。

2 LNA设计

图1为低噪声放大器的设计基本框图,主要包括所选芯片以及输入偏置、匹配电路和输出偏置、匹配电路。LNA的重点指标在于噪声系数，所以输入匹配电路采用最佳噪声匹配方式匹配，输出匹配电路采用最佳驻波匹配。为了减小K波段集总参数的寄生效应影响，输入输出偏置都采用扇形偏置块进行设计。

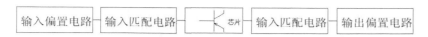

图 1 低噪声放大器框图

2.1 K 波段芯片选择

设计低噪声放大器，选择合适的芯片很重要。通常在 C 波段以下时，我们可以选择双极晶体管来进行设计；而工作在 C 波段以上频段时，更多选择噪声低、增益高的 GaAs 基场效应晶体管。考虑到 K 波段的频率非常高，往往单级的芯片设计出来因为增益过低而难以使用，我们选择 Eudyna 公司的 GaAs 基 FMM5701X 芯片，它可以工作范围在 18GHz~28GHz 频带内，并且可用典型增益达到 13.5dB。我们只要对它进行末级输出电路以及前级输入电路进行匹配设计。该芯片在很宽的频带范围内具有噪声系数低、增益高、输入输出易于匹配等优点，能很好地满足设计需求。

2.2 匹配电路设计

低噪声放大器的二端口网络原理图如图 3 所示[5-6]。二端口网络的噪声系数定义为输入信噪比与输出信噪比的比值，即：

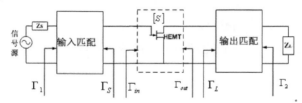

图 2 低噪声放大器的二端口网络示意图

$$NF = \frac{S_{in}/N_{in}}{S_{out}/S_{out}} \quad (1)$$

对图 2 所示的晶体管放大器二端口网络来讲，其噪声系数为：

$$NF = NF_{min} + \frac{4r_n|\Gamma_S - \Gamma_{opt}|^2}{(1-|\Gamma_S|^2)|1-\Gamma_{opt}|^2} \quad (2)$$

其中，NF_{min} 为晶体管最小噪声系数，是晶体管本身的噪声特性，r_n 是归一化的晶体管等效噪声电阻，Γ_{opt} 是获得最小噪声系数的最佳信源反射系数。

为了获得最小噪声系数，要求匹配网络满足最佳噪声匹配条件：

$$\Gamma_S = \Gamma_{opt} \quad (3)$$

这里 FMM5701X 的最佳噪声匹配阻抗如图 3 所示。

NOISE PARAMETERS
$V_{DD}=5V, I_{DD}=12mA$

Freq. (GHz)	Γopt (MAG)	(ANG)	NFmin (dB)
24	0.352	-144.5	1.47

图 3 FMM5701X 在 24 GHz 下最佳噪声阻抗点

这里我们对芯片的输入电路针对最佳噪声匹配阻抗进行匹配设计，以期获得最小的噪声系数。同时根据芯片的 S 参数包来设计芯片的输入匹配电路部分。同时对整个电路对 K 因子来进行稳定性分析，要求芯片工作在稳定状态。最终的匹配电路匹配图如图 4 所示。

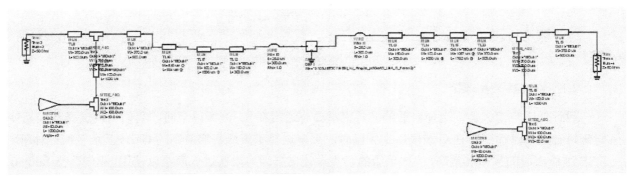

图 4 低噪声放大器的匹配电路图

这里在匹配电路中要把偏置电路也放进去，这样可以最大限度把馈电电路给匹配电路造成的细微影响也考虑进去。

2.3 直流偏置电路设计

在高频特别是 K 波段，因为寄生效应的存在，偏置电路制作的好坏直接影响到整个 LNA 的性能，这里采用高阻抗线与扇形电容相结合设计的方式最大限度地减少由于表贴器件的寄生效应给馈电电路造成的匹配影响，从而影响到整个芯片的匹配。最终设计的输入输出偏置电路如下图 5 所示，它在传输方向有最低的损耗，同时在馈电端有最佳的隔离，这样的直流偏置电路对芯片的匹配影响最小。

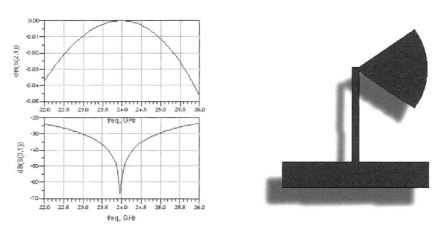

图 5 直流偏置电路结构及其对微波信号的影响

2.4 版图设计

在输入输出匹配电路以及偏置电路设计完成之后就要进行版图排版设计，排版设计中要考虑微带线的拐角效应以及其他寄生效应影响，同时还要考虑装配的可实现性。设计版图还要经过多轮微波电磁场仿真带回电路设计中进行修正改进，确保设计结果与测试结果相一致。如图 6 所示，即为修正后的 K 波段低噪声放大器版图。

图 6 K 波段低噪声放大器版图

版图设计里流了许多调配岛，主要是为了利于测试过程中进行调试，修正由于寄生带来的测试偏差。

3 微组装与测试系统

电路设计里选用了氧化铝陶瓷基板，厚度为380um。整个低噪声放大器电路经过设计和流片，经过高温共晶烧结在一块合适的钨铜载体上面，然后再组装到测试盒里进行测试。因为在高频特别是在 K 波段，测试盒制作的好坏直接关系到测试结果的好坏。所以测试盒在组装放大器电路时，必须经过直通驻波和插损测试，测试盒的接插件采用能工作到 40GH 以上的穿芯绝缘子，再采用 SMA 连接器进行与仪表连接测试，如图 7 所示。这里采用 50 欧姆直通的测试盒驻波比在 K 波段测试结果要求在 1.2 以内，否则整个匹配状态会因为外界因素恶化匹配结果。

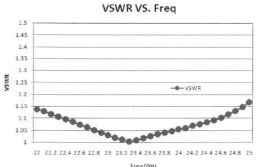

图 7　三级放大器级联模型

最终的低噪声放大器测试盒如图 8 所示，整个测试系统如图 9 所示。

图 8　低噪声放大器测试盒

图 9　低噪声放大器测试系统图

3 测试结果

下图 10 为设计的 K 波段低噪声放大器的测试结果。

测试条件：VDD=5V, IDD=12mA		
Freq/GHz	NoiseFig/dB	Gain/dB
23	1.65	14.826
23.5	1.55	14.015
24	1.51	13.531
24.5	1.63	13.125
25	1.81	12.657

图 10　K 波段低噪声放大器的测试结果

从图表上我们可以看出，放大器在 23-25GHz 范围内的噪声系数小于 1.7，增益大于 12dB。最低点在 24GHz 下的噪声系数只有 1.51，增益达到 13.5dB。达到预期的设计目的。这里噪声系数比应用手册的最低噪声系数要大，除了设计的版图由于工艺上面的原因噪声的版图尺寸误差外，更大的原因在于外围包括接头和连接线以及金丝引线的引入导致测试结果的恶化。

4　结论

这里，我们成功地采 Eudyna 公司的 FMMX5701X 芯片设计了一款 K 波段低噪声放大器，噪声系数在 23-25GHz 范围内小于 1.7，增益大于 12dB，在 24GHz 下的噪声系数最低只有 1.51，增益达到 13.5dB。达到预期的设计目的。

本项研制设计工作获得了南京电子器件研究所单片设计部同事的大力支持。感谢孙玢工程师在微组装上的支持。

参 考 文 献

[1]　陈邦媛.射频通信电路[M].北京：科学出版社.2004.

[2]　Reinhold Luding, Pavel Bretchko.射频电路设计—理论及应用 [M].北京：电子工业出版社,2002.

Doherty 功率放大器效率优化

方志明，程知群，栾　雅，颜国国

（杭州电子科技大学射频电路与系统教育部重点实验室，杭州，310018）

摘　要：综合分析了 Doherty 功放在设计过程效率下降的因素，从 Doherty 最初的效率公式出发，将理论推导和仿真验证结合起来，选择 Freescale 公司的 MRF8S19140，设计了一款工作在 WCDMA 上行频段的 Doherty 功率放大器。仿真结果显示：与普通 Doherty 功放相比，在转折点附近效率提高了 4%。

关键词：Doherty；功率放大器；LDMOS

Efficiency Optimization of Doherty Power Amplifier

FANG Zhiming, CHENG Zhiqun, LUAN Ya, YAN Guoguo

(Key Lab.of RF circuits and systems, Ministry of Education, Hangzhou Dianzi University, Hangzhou, 310018)

Abstract: The factors affecting Doherty amplifier's efficiency in the design process are analyzed comprehensively. Doherty power amplifier operating in WCDMA uplink frequency is designed on the basis of Doherty initial efficiency formula and by combining the theoretical derivation and simulation verification. MRF8S19140 from Freescale Inc. is adopted as an active device. Simulated results show that the efficiency increases by 4% near the turning point compared with ordinary Doherty amplifier.

Keywords: Doherty; Power amplifier; LDMOS

1　引言

现代无线通信朝着高速率，超宽带和高峰均比的方向发展。功放作为无线收发系统的主要耗能模块，其效率和线性度的矛盾一直制约着无线通信的发展。而 Doherty 技术，由于设计成本低，能同时兼顾线性度和回退区的效率，成为最具应用前景的技术。

为了解决传统 Doherty 功放回退功率小，在转折点附近效率下降等问题，文献[1, 2]采用了三路的 Doherty 结构来提高回退功率。文献[3, 4]则采用包络跟踪和非平衡驱动的方式来提高负载牵引以提高效率。由于三路 Doherty 结构和包络跟踪技术电路复杂，设计成本很高，而非平衡结构很难处理不同功率管的散热问题。针对以上问题，本文从功放的效率出发，提出了优化效率参数的方式提高转折点的效率和回退功率。

2　Doherty 功放的效率分析

功率放大器的漏极效率正比于基频电流 I_1 与直流电流 I_{dc} 的比值，以及基频电压与直流电压的比值[5]。设电流比值为 Σ，其值的大小取决于功放管的导通角 α，表达式为：

$$\Sigma_z = \frac{2\sin(\alpha/2) - \alpha\cos(\alpha/2)}{\alpha - \sin\alpha} \quad \alpha \in (\pi, 2\pi) \quad \text{(主功放)} \tag{1}$$

$$\Sigma_f = \frac{2\sin(\alpha/2) - \alpha\cos(\alpha/2)}{\alpha - \sin\alpha} \quad \alpha \in (0, \pi) \quad \text{(辅功放)} \tag{2}$$

所以当功放的导通角确定后，功放的效率随着漏极电压的升高而升高。设主功放的漏极电压为 V_z^{dc}，主功放的直流功率为 P_z^{dc}，辅助功放的直流功率为 P_f^{dc}，整体的直流功率为 P_{dc}，Doherty 输出功率为 P_0，负载阻抗为 R_L，微带线的特性阻抗为 Z_T。从终端的负载电压来看，在低功率状态，负载电压和 Doherty 的效率可以分别用公式（3）和（4）表示

$$0 < V_0 < R_L V_z^{dc} / Z_T \tag{3}$$

$$\eta = \frac{P_0}{P_z^{dc} + P_f^{dc}} = \frac{V_0^2}{2R_L V_z^{dc} I_{dc}} = \frac{Z_T V_0}{2R_L \Sigma_z V_z^{dc}} \tag{4}$$

在高功率状态区，负载电压和 Doherty 的效率为：

$$R_L V_z^{dc} / Z_T < V_0 < V_f^{dc} \tag{5}$$

$$\eta = \frac{P_0}{P_{dc}} = \frac{V_0^2}{2R_L(\Sigma_z V_z^{dc} I_z^{dc} + \Sigma_f V_f^{dc} I_f^{dc})} \tag{6}$$

3 影响 Doherty 功放效率下降的因素与优化改进

Doherty 功放在低功率区 PAE 下降的原因是 100Ω 的负载阻抗和 2Ropt 的失配引起的，一般的解决方法是在主功放后级加一段 50Ω 的相位补偿线提高转折点效率[6]，但是这种方法一般只适用在向输出匹配看进去的阻抗落在 VSWR=2 的圆周围（如图 1 圆周围的黑点），而对于其他阻抗，效果则不是很好。对此本设计提出优化主功放后级补偿线的方式，提高转折点附近的效率。

要实现高阻状态下 2Ropt 与 100Ω 的匹配，在已有匹配网络的基础上，就必须将优化微带线左端的功率全部转移到负载上去。$Z_1 = R + j*X$ 为优化微带线左端向器件看进去的阻抗值，可以根据牵引的 2Ropt 和输出匹配网络计算出来。V_2 和 V_1 分别是微带线左右两端对地的电压，I_2 和 I_1 分别是微带线两端流向负载的电流（如图 2），所以根据能量守恒条件：

$$\begin{pmatrix} V_2 \\ I_2 \end{pmatrix} = \begin{pmatrix} \cos\beta L & -j*Z_0 \sin\beta L \\ -\dfrac{j\sin\beta L}{Z_0} & \cos\beta L \end{pmatrix} \begin{pmatrix} V_1 \\ I_1 \end{pmatrix} \tag{7}$$

然后将 $Z_1^* = \dfrac{V_2}{I_2}$；$\beta = \dfrac{2\Pi}{\lambda}$；$\dfrac{V_1}{I_1} = 2R_0 = 100\Omega$ 代入，得到 Z_0 和 L 的解：

$$Z_0 = \sqrt{\frac{100 X_1^2}{R_1 - 100} + 100 R_1} \tag{8}$$

$$L = \frac{1}{\beta} \arctan \frac{(100 - R_1) \times Z_0}{100 X_1} \tag{9}$$

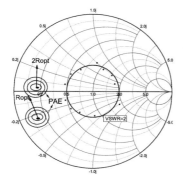
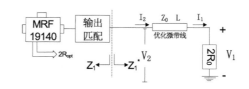

图 1 高阻区和低阻区最优效率阻抗　　图 2 效率参数优化原理图

Doherty 功放在低功率区效率下降的另一个因素是输入端只有一半的功率分配给了主功放。由公式（1）到（9）可知，Doherty 的漏极效率和主辅功放的导通角，负载阻抗，漏极供电电压比等均有直接关系[5]。我们设想把大部分能量分配给主路，选用分布元件设计不等分功分器。功分比的数值（见表 1）需要通过实际的仿真验证。实际设计时，辅功放偏置在 C 类必然很难完全牵引主功放负载，根据公式，减小负载阻抗 RL，减小辅助功放的导通角，增加辅功放漏极供电电压成为可能补偿效率的方式。为了更加清晰的展示这些参数对最终 PAE 的影响，我们设计了表一，表一中相邻的两行数据只改变一个参数，控制剩余的参数相同，每次的对比仿真能找到一个变量的最佳值。仿真结果将在下节展示。

表 1 电路优化参数和 PAE 对比

序号	负载阻抗 R_L（Ω）	辅功放栅压 V_f^{dd}（V）	辅功放漏压 V_f^{dc}（V）	主辅功放功分比 β	转折点 PAE
1	25	1.6	28	1:1	54.01%
2	24.5	1.6	28	1:1	55.95%
3	24.5	1.5	27	1:1	56.89%
4	24.5	1.5	27	1.3:1	58.33%
5	24.5	1.5	27	1.2:1	58.15%

4 Doherty 功放的设计验证

为了验证理论分析的正确性，分别设计了普通的 Doherty 功放和经过效率参数优化后的 Doherty 功放，仿真对比效率优化后的效果。

本设计选择 LDMOS 晶体管 MRF8S19140，主功放静态工作点 V_d=28V，V_g=2.7V，辅助功放 V_d=28V，V_g=1.6V。偏置为 L 型串联电感和并联电容扼流的方式。根据牵引的最佳源阻抗点和负载阻抗点分别共轭匹配到 50 Ω。补偿线的设计采取分开设计的思路，普 Doherty 功放按照主辅功放后加 50 Ω 补偿线的方式，补偿线的长度依谐波扫描的结果为准。而优化 Doherty 结构，主功放后级补偿线根据 100 Ω 的 loadpull 点和匹配点计算得出，然后将表 1 中的参数代入分别仿真。

仿真结果显示，普通 Doherty 结构的均值输出功率为 48.2 dB，对应的转折点处的效率为 54.01%。在普通 Doherty 的基础上，争取使转折点效率进一步提升。优化微带线设计完成后，按照表 1 中序号 1~4 分别对比仿真，每次仿真能对比得出每一个变量的最优值（如表 1）。虽然第 4 组在转折点处效率略高于第 5 组，但是综合考虑 7.5dB 回退区的效率，把第 5 组数据作为最后的展示结果。对比显示：在转折点附近，优化后的 Doherty 结构的效率为 58.15%，比普通的 Doherty 结构效率提高

4%（如图 4）。

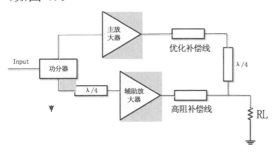

图 3　Doherty 结构的拓扑图

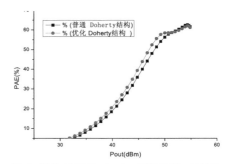

图 4　优化前后 Doherty 效率曲线对比图

5　总结

设计了一款工作在 WCDMA 上行频段的 Doherty 功率放大器。通过分析影响效率的各种参数，并对其优化。得到最优化的电路参数，提高了 Doherty 功率放大器 PAE。为进一步优化 Doherty 功率放大器效率提供了一种有效的方法。

参考文献

[1] K. Ildu, M. Junghwan, J. Seunghoon and B. Kim. Optimized Design of a Highly Efficient Three-Stage Doherty PA Using Gate Adaptation. IEEE Transactions on Microwave Theory and Techniques, 2010, 58(10): 2562-2574.

[2] N. Srirattana, A. Raghavan, D. Heo, P. E. Allen and J. Laskar. Analysis and Design of a High-Efficiency Multistage Doherty Power Amplifier for WCDMA. 33rd European Microwave Conference, Munich, Germany, 2003：1337-1340.

[3] K. Daehyun, C. Yunsung, K. Dongsu, P. Byungjoon, K. Jooseung and K. Bumman. Impact of Nonlinear on HBT Doherty Power Amplifiers. IEEE Transactions on Microwave Theory and Techniques, 2013, 61(9): 3298-3307.

[4] S. Kawai, Y. Takayama, R. Ishikawa and K. Honjo. A High-Efficiency Low-Distortion GaN HEMT Doherty Power Amplifier with a Series-Connected Load. IEEE Transactions on Microwave Theory and Techniques, 2012, 60(2): 352-360.

[5] C. Musolff, M. Kamper, Z. Abou-Chahine and G. Fischer. A Linear and Efficient Doherty PA at 3.5 GHz. IEEE Microwave Magazine, 2013, 14(1): 95-101.

[6] H. Deguchi, N. Ui, K. Ebihara, K. Inoue, N. Yoshimura and H. Takahashi. A 33W GaN HEMT Doherty Amplifier with 55% Drain Efficiency for 2.6 GHz Base Stations. MTT'09. IEEE MTT-S International Microwave Symposium Digest, Boston, MA, 2009：1273-1276.

小型化高功率 LTCC 功放模块研究

韩世虎，荣 沫，彭 朗，黄 森

(四川九洲电器集团有限责任公司，绵阳，621000)1

hansh1976@163.com

摘 要：基于 LTCC 的无源器件内埋和垂直互连技术，结合宽禁带 GaN 高功率内匹配放大器，本文提出了一种应用于空中交管的小型化高功率功放模块。这种功放模块实现了 43dB 增益和 200W 大功率输出，其外形尺寸相对于原模块缩小了一半以上。最终测试结果验证了将 LTCC 技术应用于高功率功放的有效性。

关键词：LTCC；GaN；功率放大器

Research on Miniaturization and High-power LTCC Power Amplifer Module

HAN Shihu, RONG Mo, PENG Lang, HUANG Seng

(Sichuan jiuzhou Electric Group Co., Ltd, Mianyang, 621000, China)

Abstract: In this paper, the miniaturization and high-power power amplifier module for air traffic control is presented with wide band gap inter-matched GaN transistor, based on LTCC with buried passive device and vertical interconnection technique. This model can provide 43dB gain and 200 watts power output. The dimension of model is reduced half of the old model. The final measured results verify the validity of LTCC technique for high-power application.

Keywords: LTCC; GaN; Power amplifier

1 引言

近些年发展起来的 LTCC 技术，是 SIP（System In Package）中的一种最有发展前途的技术之一。因其在微波毫米波频段表现出的优异性能，已经成为微波毫米波高密度集成技术研究发展的主要热点之一。由最初军用系统应用到现在民用产品大量批产，LTCC 技术被工业界一致认为具有广阔的发展前景。低温共烧陶瓷（LTCC）技术是 1982 年美国休斯公司开发的新型材料技术，根据预先设计的结构，将电极材料、基板、电子器件等一次烧成，是一种用于实现高集成度、高性能的电子封装技术。LTCC 技术的发展及其在微波毫米波电路中的应用，其具有的垂直互连和无源器件内埋技术为解决以上问题提供了途径。LTCC 技术以厚膜技术和多层陶瓷技术为基础，交替印刷导体层和介质层，共烧形成多层布线基板。LTCC 采用高导电率金属，如金、银或铜。因而具有良好的高频特性。因其广阔的发展前景，现已成为国内外学者和企业研究的最热门课题之一[1-9]。

纵观国内外相关报道，LTCC 主要集中在高频小功率 T/R 中应用。结合第三代宽禁带半导体内匹配功率放大器，本文将 LTCC 应用于一种空中交管的大功率功放模块中，将有效缩小大功率功放模块一半以上尺寸，最终实现了一个 43dB 增益的 200W 功放模块，其尺寸为 45 mm *65 mm *20mm（原模块尺寸为 50 mm *110 mm *20 mm），验证了将 LTCC 技术应用于高功率功放的有效性。

2 功放模块主要技术指标

本文提出一种高增益高功率功放模块，其主要应用于机载的空中交管应答机等设备，主要技术指标为：

工作频率：1020-1100MHz

增益：43dB

输出功率：≥200W

外形尺寸：≤46mm*66 mm* 20mm

3 方案框图和器件选用

为了实现以上小型化高增益高功率的技术指标，基于LTCC的无源器件内埋和垂直互连技术，以及LTCC优良的微波毫米性能，最终选用LTCC作为基板，其实现框图如图1所示：

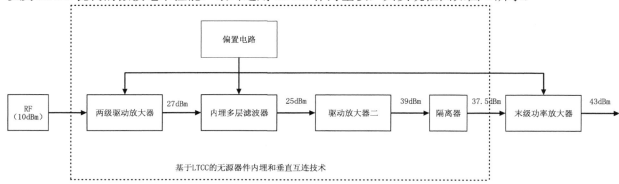

图 1 方案框图

其中，功率放大器的选用非常关键，根据技术指标的权衡，最终末级功率放大器选取RFMD[10]公司生产的内匹配GaN功放管RFHA1025，驱动放大器二选用RFMD公司生产的内匹配GaN功放管RFHA1006，主要技术指标如表1所示。其中末级高功率放大器的外形如图2所示。两种功放管均其基于第三代宽禁带半导体GaN材料。GaN材料的研究与应用是目前全球半导体研究的前沿和热点。由于其禁带宽度为3.4eV，GaN基器件耐高温，耐高压，化学性质稳定。虽然GaN电子迁移率不高，但其特有的自发极化效应和压电效应，使得二维电子气（2DEG）浓度比GaAs高一个数量级以上，所以有很高的电流密度。基于以上特点，GaN器件可以在高频下输出很高的功率，因此在整体上，性能远高于Si、GaAs、InP和SiC等材料。本文选用的两种功放管均具有高增益、内匹配等特点。

表 1 功放管主要技术指标

型号	工作频率（MHz）	增益（dB）	漏极效率	PSAT（dBm）	VD（V）	ID（mA）
RFHA1025	960-1215	17.0	55%	54.5	55	440
RFHA1006	512-1215	16	60%	39.5	28	

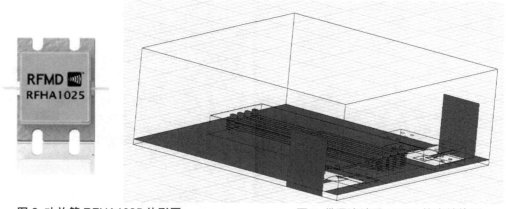

图 2 功放管 RFHA1025 外形图　　图 3 带通滤波器 HFSS 仿真结构图

4　滤波器仿真

由于前级驱动放大器一般为宽带放大器，并且为了隔离本振信号等其他无用信号被逐级放大，基于 LTCC 无源器件内埋和垂直互连技术，在两级放大器之间设计了一个 4 阶的带通滤波器，要求小于 500MHz 的低端抑制大于 30dB，要求高于 1800MHz 的高端抑制大于 20dB。滤波器采用 HFSS 进行仿真，其建模图形如图 3 所示，滤波器最终仿真结果如图 4 所示。滤波器仿真带宽较宽，主要为了降低滤波器插入损耗。

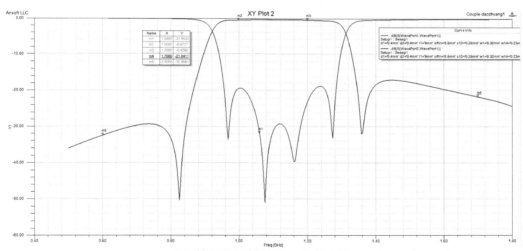

图 4 带通滤波器 HFSS 仿真结果

5　实现版图和测试结果

根据以上设计，采用 Dupont951 作为基板材料，最终画出了功放模块的 LTCC 基板的布局图，如图 5 所示。该基板由中国电科四十三进行加工，为了表面放置器件，部分地方做了可焊层处理。根据基板加工要求，由于基板尺寸较大，中间大部分挖空，基板被分成两块进行加工。加工后的测试数据如图 6 所示，输入 10dBm，采用 Boonton4500B 功率计在脉冲条件下测试，发射功率约为 53.8dBm，达到了设计指标要求。

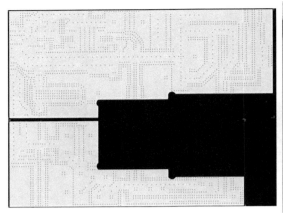

图 5 基板外形图　　　　图 6 脉冲功率测试结果

6 结论

本文提出了一种大功率功放模块，为了达到小型化大功率的设计目的，采用 LTCC 作为基板，利用 LTCC 无源器件内埋和垂直互连的技术优点，设计了一个内埋的级间带通滤波器，结合第三代宽禁带半导体高增益、高功率 GaN 内匹配功放管，最终实现了一个 200W 的功放模块，将模块尺寸缩小了一半以上，验证了 LTCC 技术应用于大功率功放模块的有效性。

参考文献

[1] P.Pruna, Penn Yan. Microwave Characterization of Low Temperature Cofired Ceramic. //Proceedings of the International Symposium and Exhibition on Advanced Packaging Materials Processes, Properties and Interfaces,1998:134-137.

[2] 王悦辉,周济,崔学民，等. 低温共烧陶瓷无源集成技术及其应用. 材料导报，2005，9:83-90.

[3] John Walker. Handbook of RF and microwave power amplifiers. Cambridge University Press,2012.

[4] Ingo Wolff. 24.5-26.5 GHz point-to-multipoint transceiver. 2002 European Microwave Conference, 2002, 2:5-9.

[5] D. Drolet, A. Panther, C. J. Verver, K. Kautio1, Y.-L. Lai. Ka-band Direct Transmitter Modules for Baseband Pre-compensation. 2005 European Microwave Conference, 2005, 1:4-6.

[6] Gauthier, G. Bertinet, J.-P. Schroth, J. Low-Cost Ka-Band Transmitter for VSAT Applications. IEEE MTT-S International , Microwave Symposium Digest, 2006.

[7] Woojin Byun, Bong-Su Kim, Kwang-Seon Kim, Ki-Chan Eun, Myung Sun Song, Reinhard Kulke, Gregor Mollenbeck , Matthias Rittweger. Design of Vertical Transition for 40GHz Transceiver Module Using LTCC Technology.//Proceedings of the 2nd European Microwave Integrated Circuits Conference, IEEE, 2007, 10.

[8] Roberto Giordani, Marco Amici, Alessandro Barigelli. Highly Integrated and Solderless LTCC Based C-Band T R Module. 2009 European Microwave Conference, 2009:407-410.

[9] L. Xia, J. Meng, R. Xu,Y.Guo, B. Yan. Modeling of 3D vertical interconnect using support vector machine regression. IEEE Microwave and Wireless Components Letters, 2006, 16:639-641.

[10] www.rfmd.com.

基片集成波导双模腔体滤波器小型化设计

沈 单，刘 冰，朱 芳，刘亚伟

(南京航空航天大学电子信息工程学院，南京，210016)

dr.liu.bing@ieee.org

摘 要：本文结合基片集成波导和双模滤波器两种技术,设计了一种新型带通滤波器。滤波器通过 TE201 和 TE102 两种模式耦合，产生一个传输零点,改善了阻带效果。中心频率为 34GHz,相对带宽为 5%，插损小于 1.8dB。引入多层结构技术和表面金属层槽线，有效地减少了结构尺寸。

关键词：基片集成波导；双模腔体滤波器；小型化

Research on Miniaturization of Substrated Integrated Waveguide Dual-mode Cavity Filter

SHEN Dan, LIU Bing, ZHU Fang, LIU Yawei

(College of Electronic and Information Engineering, Nanjing University of Aeronautics and Astronautics, Nanjing, 210016)

Abstract: In this paper, a novel bandpass filter is designed based on the substrate integrated waveguide and dual-mode filter technology. The coupled two modes (TE201 and TE102) create a transmission zero point, which increase the rejection and stopband. The center frequency is 34GHz, the relative bandwidth is 5% and the insertion loss is less than 1.8dB. The methods of multilayered structure and the slot line of surface of the metal layer are introduced to reduce the structure size.

Keywords: Substrate integrated waveguide (SIW); Dual-mode cavity filter ; Miniaturize

1 引言

基片集成波导（SIW）是一类新型导波结构，可以广泛地应用于微波及毫米波电路中[1]。SIW器件的一个重要性质是具有与传统矩形波导相近的特性，诸如品质因数高、易于设计等，同时也具有体积小、重量轻、容易加工、造价低和易于集成等传统矩形波导所没有的优点[2]。Liu 利用基片集成波导易于集成的特性设计了集成馈电网络系统[3]；Hao 通过在基片集成波导中利用金属化通孔形成感性窗来构成滤波器和双工器[4]；Zhang 在基片集成波导基础之上设计了大量不同结构、级联方式的腔体滤波器[5]。在无线通信应用中，与单模滤波器相比，双模滤波器的谐振器的数量减半，因此尺寸更小。此外，双模滤波器的还能够被用作双调谐电路，所实现的结构更加紧凑。因此，双模谐振器是进行滤波器小型化研究最有效的设计手段之一[6]。

本文提出了一种新型双层双模 SIW 腔体滤波器结构。通过在多层结构中引入微扰柱和加入表面缝隙，改善了带外特性，减少了滤波器尺寸。

2 SIW 双模滤波器结构设计

SIW 双模滤波器用一个腔体来实现一个二阶滤波器，与 SIW 单模滤波器相比，它的尺寸能显著减少，因而它的插入损耗也将相应减少。从现有文献[6]来看，常用的单层基片集成波导双模滤波器的谐振器形状有矩形和圆形。矩形 SIW 谐振器通常利用 TE201 和 TE102 两个简并模式来构成。其中，简并模(TEm0n 与 TEp0q)的谐振频率为：

$$f_r = \frac{c_0}{2\sqrt{\varepsilon_r}}\sqrt{(\frac{m}{a_{eff}})^2+(\frac{n}{l_{eff}})^2} = \frac{c_0}{2\sqrt{\varepsilon_r}}\sqrt{(\frac{p}{a_{eff}})^2+(\frac{q}{l_{eff}})^2} \tag{1}$$

在上式中，m、n、p、q（$m \neq p$ 且 $n \neq q$）是模 TEm0n 和 TEp0q 的模式指数，其中，a_{eff} 和 l_{eff} 分别是 SIW 腔体的等效宽度和等效长度。介质基片的相对磁导率和相对介电常数为 μ_r 和 ε_r，c_0 为自由空间中的光速。

为了获得更好的带外特性和减小器件尺寸，我们在单个 SIW 双模滤波器的基础之上设计了双层 SIW 双模滤波器（如图 1 所示）。所设计的滤波器选用 Rogers 3850 基片，其相对介电常数 2.9，损耗角正切为 0.0025，单层基板的厚度 h=0.25mm，模型具体尺寸参数在表 1 中给出。当 L1=0.87mm 时，滤波器性能最好，此时的滤波器仿真结果如图 3 所示。由图可知中心频率为 34GHz，相对带宽为 5%，通带内最小插入损耗为 1.5dB，回波损耗大于 10dB，在 34.5GHz 处出现了一个传输零点，改善了阻带特性。

（a）3D 视图　　（b）俯视图　　（c）仰视图

图 1　SIW 双模滤波器结构图

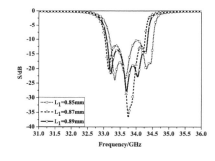

图 2　回波损耗随 L1 变化的曲线

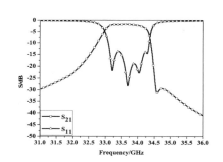

图 3　滤波器最终优化结果

表 1　SIW 双模滤波器尺寸　（mm）

参数	W1	D1	L1	D2	W2	W3	L2	D3	Y
数值	0.5	0.1	0.87	0.3	0.6	6.3	1.8	0.2	0.85

3 SIW 双模滤波器小型化设计

在矩形贴片微带双模滤波器设计中，可以通过在贴片上蚀刻槽线来实现小型化[7,8]。如图 4 所示，两条槽线正交地刻蚀在腔体的金属覆盖层的上下表面，虚线为下表面金属层缝隙的位置。当 D_{slot}=0.1mm，L_{slot}=1.1mm 时得到如图 5 所示的结果。加入槽线之后，滤波器的 S 曲线整体向左偏移了 0.6GHz。在引入槽线的前提下，只需按照中心频率 34.6GHz 来设计，便能达到原先的效果。由公式(1)计算得出，新结构宽度 W3 为 6.19mm，面积比原结构减少了 3.46%。

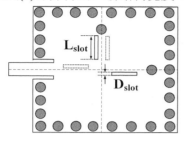

图 4　槽线扰动的矩形 SIW 双模滤波器

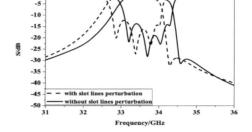

图 5　槽线扰动的矩形 SIW 双模滤波器仿真结果

4 结论

本文提出了双层 SIW 双模滤波器的结构设计，仿真结果表明，该 SIW 双模滤波器不但具有良好的带内特性，而且含有一个传输零点，有效地改善了带外特性。在此基础之上，我们引入了槽线结构，仿真结果验证了设计结构对于滤波器小型化能够起到一定的作用。

参考文献

[1] K. Wu. Integration and interconnect techniques of planar and non-planar structures for microwave and millimeter-wave circuits: current status and future trend. 2001 Asia-Pacific Microwave Conference Proceedings (AMPC 2001). Taiwan, 2001:411 – 416.

[2] W. Hong. Development of microwave antennas, components and subsystems based on SIW technology. IEEE International Symposium on Microwave, Antenna, Propagation and EMC Technologies for Wireless Communications, 2005:1 – 14.

[3] B. Liu, W. Hong, Z.Q. Kuai, XX, Yin, GQ. Luo, JX. Chen and K. Wu. Substrate Integrated Waveguide (SIW) Monopulse Slot Antenna Array. IEEE Transactions on Antennas and Propagation, 2009,57(1):275 - 279.

[4] 郝张成. 基片集成波导技术的研究[D].南京：东南大学, 2005.

[5] 张玉林. 基片集成波导传播特性及滤波器的理论与实验研究[D].南京：东南大学, 2005.

[6] Guglielmi, M., Jarry. P., Kerherve, E., Roquebrun, E., Roquebrun, O., and Schmitt, D. A new family of all-inductive dual-mode filters. IEEE Trans. Microw. Theory Tech., 2009,49(10):1764-1769.

[7] Chen, X. P., W. Hong, T. J. Cui, Z. C. Hao, and K. Wu. Symmetric dual-mode filter based on substrate integrated waveguide (SIW). Electrical Engineering, 2006,89: 67-70.

[8] L. Zhu, Wecowski, P. M., and K. Wu. New planar dual-mode filter using cross-slotted patch resonator for simultaneous size and loss reduction. IEEE Trans. Microw. Theory Tech., 1999,47(5): 650-654.

并联谐振可调谐滤波器设计

陈昆和[1]，赵志远[2]，杨霖[1]，陈章[1]

(1. 总参第六十三研究所，南京，210007；
2. 解放军理工大学通信工程学院，南京，210007)
kunlun9175@sina.com

摘 要：本文在集总参数网络设计理论分析的基础上，成功实现了一种可调并联谐振带通滤波器，它在整个可调范围内具有良好的通带和阻带特性，带内插损小，阻带抑制度高，可实现快速切换。实验结果表明与仿真结果一致。

关键词：并联谐振；可调谐滤波器；耦合

Design of Parallel Resonance Tunable Filter

CHEN Kunhe[1], ZHAO Zhiyuan[2], YANG Lin[1], CHEN Zhang[1]

(1. The 63rd Research Institute of the PLA GSH, Nanjing, 210007;
2. Postgraduate Team 4 ICE, PLAUST, Nanjing, 210007)

Abstract: In this paper, based on the lumped-element network theory, a tunable parallel resonance band-pass filter is presented. It has low insertion loss, little shape factor and rapid tuning speed。 Experiment result is according with simulation.

Keywords: Parallel resonance; Tunable filter; Coupling

1 引言

在军事无线通信中使用跳频技术是最主要的抗干扰手段之一，而跳频技术电台对信道传输电路提出了更高要求，如要求信道具有快速跟踪特性、低宽带噪声以及较高的动态范围，大功率、宽频带的可调谐滤波器可以有效解决上述问题。由于并联谐振电路中有到地电容，便于调谐支路的引入，在可调谐滤波器中广泛采用并联谐振电路。本文在集总参数网络设计理论分析的基础上，成功实现了一种可调并联谐振带通滤波器，它在整个可调范围内具有良好的通带和阻带特性，带内插损小，阻带范围宽且抑制度高，可实现快速切换。

2 电路实现

一般情况下，可调谐滤波器采用双极点调谐电路，两边各有一个谐振回路通过电感或电容进行耦合。通过改变谐振回路中的电容值或电感值可方便地调节该带通滤波器的中心频率，从而达到调谐滤波器中心频率的目的[1]。电容的 Q 值能做到较高，所以在实际电路中多数采用改变电容来改变中心频率。谐振回路分为串联谐振回路和并联谐振回路，由于并联谐振电路中有到地电容，便于调谐支路的引入。另外根据谐振电路 Q 值公式：

$$Q = \omega_0 L / R \text{（串联谐振）} \quad Q = \omega_0 RC \text{（并联谐振）}$$

由以上公式可知，要想获得高 Q 值，在串联谐振中，要求电感大，大电感的 Q 值不容易做高，而并联谐振中要求电容大，可以采用电感抽头来降低电容值。通过抽头降低电容值的过程上图具体说明了如何利用电感抽头来降低谐振电容值。对图中的调谐回路，首先使用一个如图 1(b)所示的升压变压器，把电容 C 从初级转移到了次级，其电容值减小到原来的 1/N2。再进一步变换得到图 1(c)，图中的变压器副边合并到原边的延长部分，变成一个自耦变压器。总电感量与抽头点的电感量的比为 N2，即 N2/N1＝N2。前面增加一个电感完成匹配功能（图 1(d)）[2]。由于并联谐振电路有以上优点，所以在可调谐滤波器中广泛采用并联谐振电路。

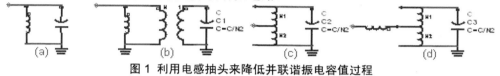

图 1 利用电感抽头来降低并联谐振电容值过程

图 2 中电调谐滤波器采用了两个并联谐振基本电路，中间通过电容或电感耦合，通过改变并联谐振电路中的电容改变中心频率，用耦合电容或电感调节耦合系数。在理想情况下，可以覆盖的频段很宽。

图 2 电感进行耦合的并联谐振电路　　　　图 3 经过抽头变换后的并联谐振电路

把图 2 中谐振电路通过图 1 利用电感抽头来降低并联谐振电容值过程，得到图 3 电路。

在图 3 中两个抽头电感共地可以合成一个电感，而中间的耦合电感可以等效为抽头电感之间的互感。最终得到如图 4 所示的最终电路。

图 4 并联谐振可调谐滤波器最终电路

3 电路仿真结果

使用 CST 软件进行仿真和优化设计。电路跳频的关键就是对可变电容 C1、C2 进行微调，完成中心频率的跳变。由于设计要求在 30 MHz～88 MHz 内线性跳频，跳频点数多(251 点)，用普通的可变电容器不能满足跳频精度的要求。因此，我们采用多路 PIN 二极管开关与分立电容串联的单元电路进行并联构成开关电容阵列，来实现高精度可变电容的功能[3]。

在 CST 软件中，建立螺旋模型和屏蔽盒，并将中间的介质设为真空。仿真时背景材料为 PEC，尺寸单位为 mm，频率单位为 MHz，在 0~200MHz 的频率范围内，选用瞬态仿真器得仿真结果如下图 5 所示。在通带内 S21 都小于 1.2dB，S11 小于-15，满足设计要求。

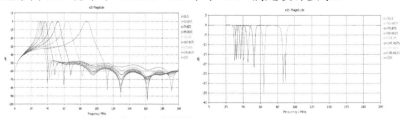

图 5 可调滤波器仿真结果

4 实验结果分析

图 6 表示用矢量网络仪实测结果。实际测试结果取频段 30MHz～88MHz 的低中高三个频点调试结果汇入表 1, 结果表明在整个 30MHz～88MHz 的频段内插损小于 1.5, 矩形系数小于 7, 跳频转换时间小于 30 微秒, 满足设计指标的要求, 实际测试结果与仿真结果具有良好的一致性。把可调谐滤波器接到功放后级测试, 功放输出功率 80W, 最后输出在保证 50W 的前提下, 经过高低温试验, 达到预期效果。

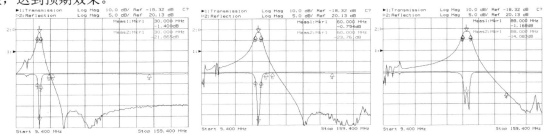

图 6 并联谐振可调谐滤波器实测结果

表 1 数字调谐滤波器实测结果

频率(MHz)	插损(dB)	矩形系数	阻带衰减-10%f0	阻带衰减+10%f0	输入驻波
30	1.40	5.9	13.1	13.0	1.18
60	0.79	6.3	13.5	14.3	1.14
88	1.17	6.9	14.2	15.1	1.49

5 结束语

本文介绍了并联谐振大功率可调谐滤波器的原理及结构, 利用 CST 软件对滤波器进行建模、仿真和优化, 并依据仿真结果设计了 30MHz～88MHz 可调谐滤波器, 给出了仿真和实测数据, 仿真结果与实测结果一致性较好, 达到了设计要求。但是滤波器接入功放后, 在大功率开路情况下, PIN 管易损坏, 因此下一步必须优化电路结构, 分析 PIN 管损坏机理, 找出解决办法, 使可调谐滤波器工程化和实用化。

参考文献

[1] Deepa Parvathy Ramachandran. Design and characterization of frequency hopping filter. Department of Electrical and Computer Engineering Carnegie Mellon University, 2004.

[2] Arthur B.Williams, Fred J.Taylor. 电子滤波器设计. 宁彦卿, 姚金科, 译.

[3] 王斌, 刘家树. 一种数控跳频滤波器电路的设计. 微电子学, 2006,36(4).

高性能微型 LTCC 低通滤波器设计

郑琨[1]，王子良[1,2]，徐利[1]，陈昱晖[1]

(1. 南京电子器件研究所，南京，210016；
2. 微波毫米波单片集成和模块电路重点实验室，南京，210016)
zhengkun8020@foxmail.com

摘 要：本文以具有单个传输零点的低通滤波器电路为原型，通过合理安排 LTCC 内部元件的位置，有效地利用了结构内部的电磁耦合，在不过多增加滤波器阶数的前提下，达到了带外抑制度高、抑制范围广且尺寸小巧、结构紧凑的目的。本文的设计思路对其他小型化滤波器的设计具有很好的指导意义。

关键词：低通滤波器；低温共烧陶瓷；电磁耦合；带外抑制

Design of Miniature LTCC Lowpass Filter with High Performance

ZHENG Kun[1], WANG Ziliang[1,2], XU Li[1], CHEN Yuhui[1]

(1. Nanjing Electronic Devices Institute, Nanjing, 210016;
2. Science and Technology on Monolithic Integrated Circuit and Modules Laboratory, Nanjing, 210016)

Abstract: In this paper, a lowpass filter prototype having a single transmission zero is taken advantage of to achieve the target which leads to the higher out band rejection, the wider stopband and the more compact structure on the premise that no more filter's sections are increased. To realize that goal, the internal components of the LTCC must be arranged legitimately so that the electromagnetic coupling inside the structure can be utilized effectively. The proposed approach has a good theoretical guidance for the design of other compact filters.

Keywords: Lowpass filter; Low temperature cofired ceramic; Electromagnetic coupling; out band rejection

1 引言

低通滤波器作为滤波器的重要组成之一，主要应用于发射端前级和接收端后级，对于一款优秀的低通滤波器而言，不仅需要具备良好的带内特性，带外抑制程度也同样至关重要。此外，为了提高系统的抗干扰能力，宽的阻带抑制范围也十分关键[1]。

由于采用 LTCC 技术制备的元器件具有品质因数高、稳定性好以及体积小的优势，以 LTCC 制作的滤波器可以很好地满足当前无线通信设备的发展需求[2]。

本文正是基于此，设计了一款截止频率为 4000MHz 的 LTCC 低通滤波器，通带内最大插入损耗仅为 0.8dB，带外抑制在 5940MHz 和 7800MHz 处分别可以达到 30.4dB 和 67.9dB，另外，阻带抑制从 7800MHz 到 15000MHz 均大于 30dB，整个滤波器的尺寸仅为 3.2mm×1.6mm×1mm。

2 滤波器的电路分析

通常，为了增强滤波器的带外抑制程度，往往通过增加滤波器的阶数来实现。但是，采用这种方式会提高滤波器的工艺制作难度，且不利于系统的小型化。这里，为了增加滤波器的带外抑制程度，采用了具有一个传输零点[3]的七阶低通滤波器，如图1(a)所示，电路的仿真结果如图1(b)所示。

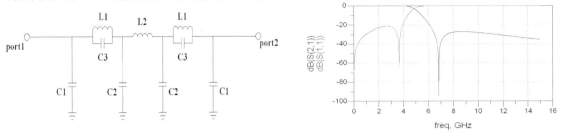

图 1(a) 具有一个传输零点的七阶低通滤波器　　　　图 1(b) 低通滤波器电路的仿真结果

其中，L1=1.43nH，L2=1.75nH，C1=0.21pF，C2=0.62pF，C3=0.38pF。从上图可以看出，该传输零点的引入，大大增强了滤波器带外的抑制程度，拓宽了阻带抑制范围。

3 滤波器的整体实现

根据LTCC电感及电容的设计方法[4]，按照图1(a)所示滤波器的电路结构，构建完成整体滤波器，如图2所示。

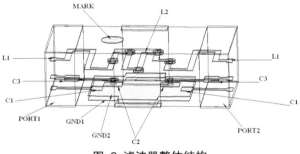

图 2 滤波器整体结构

其中MARK为印刷标记，用以表示滤波器的正反。滤波器金属图形有8层，为了减小电感对地产生的寄生电容效应对滤波器微波性能的影响，故将电感置于远离GND面的位置，同时，还需适当减小GND面的尺寸。

为了有效地利用结构内部的电磁耦合，可将对地电容C2的两个极板适当相互靠近，由于这两个对地电容之间存在耦合电容C22，其可与电感L2构成一个并联谐振单元，从而能够在阻带额外产生一个传输零点，最终，滤波器的微波性能如图3所示。

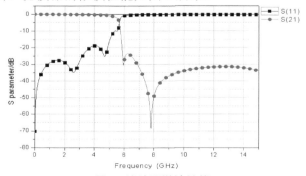

图 3 滤波器微波性能

从上图可以明显看出，由电磁耦合效应产生的传输零点大大增强了阻带抑制程度，拓宽了阻带抑制范围，大大优化了滤波器的性能。

4　结论

本文对一款高性能微型 LTCC 低通滤波器的设计进行了阐述，通过合理地利用结构内部的电磁耦合，大大提高了滤波器的带外抑制程度并拓宽了抑制的范围，由于没有过多地增加滤波器的阶数，因此极大地降低了制作该滤波器的工艺复杂度，同时，还使该滤波器的结构更加紧凑，对于小型化起到了一定的帮助作用。另外，本文的设计思路同样可应用于其他类似滤波器的设计，具有很好的指导意义。

参考文献

[1] Hayati M, Sheikhi A, Lotfi A. Compact lowpass filter with wide stopband using modified semi-elliptic and semi-circular microstrip patch resonator. Electronics letters, 2010,46(22):1507-1509.

[2] Joong-Keun Lee, Chan-Sei Yoo, Hyun-Chul Jung. Design of bandpass filter for 900MHz ZigBee application using LTCC high Q inductor. IEEE Transactions on Microwave Theory and Techniques, 2007,53(12):217-219.

[3] Yasushi Horii. A Novel Microstrip Bandpass Filter having Plural Transmission Zeros Using a Capacitive-Inductive-Capacitive Configuration. IEEE MTT-S Digest, 2004:1967-1970.

[4] 郑琨.基于 LTCC 的宽带功分器小型化的设计[D].南京：南京理工大学,2013.

2-4GHz 阶跃阻抗环形谐振器带通滤波器的设计

陈 燕，朱晓维，盖 川

(东南大学信息科学与工程学院，南京，211100)

13270807015@163.com

摘 要：宽带微波带通滤波器作为通信系统重要的无源器件，受到了学术界的广泛关注。本文设计了一种 2-4GHz 宽带带通滤波器，该滤波器使用微带阶跃阻抗谐振器和微带环形谐振器构成多模谐振器，并在谐振环内部加入方形微带线用于调节滤波器带宽，通过平行耦合微带线将信号耦合到输入输出端口。使用 HFSS 软件对其进行仿真，由仿真结果可知，该滤波器通带内较平坦，带外抑制性能较好。

关键词：阶跃阻抗谐振器；环形谐振器；平行耦合微带线；多模谐振器

Design of 2-4GHz Band-pass Filter Using Stepped-impedance Ring Resonator

CHEN Yan, ZHU Xiaowei, GE Chuan

(School of Information Engineering, Southeast University, Nanjing, 211100)

Abstract: As one of the important passive components in a communications system, broadband microwave bandpass filter has been widely concerned in the academic community. This paper presents a 2-4GHz wideband bandpass filter, which has a multi-mode resonator mainly composed by the microstrip stepped impedance resonator and microstrip ring resonator. Some microstrip lines are added inside the square ring resonator to adjust the filter bandwidth, and the signal is coupled to input and output ports through parallel coupled microstrip line. According to the results of the simulation in HFSS, S21 of the filter is flat in the passband and has a good injection out of the passband.

Keywords: Stepped-impedance resonator; Square ring resonator; Parallel coupled microstrip line; Multi-mode resonator

1 引言

随着通信技术的飞速发展，宽带系统成为研究热点，宽带微波带通滤波器作为其中重要的无源器件，也受到了学术界的广泛关注。带通滤波器通常位于通信系统的前端，它既能防止接收机受到带外频率的干扰，也能保证功率放大器的在规定频率内辐射。宽带带通滤波器通常包含几个频段，使得通信系统可以工作于不同模式之下。

滤波器一般由腔体，集总元件，微带结构等实现。微带结构因其具有体积小，易于集成的优点被广泛使用[1]。巴特沃兹，切比雪夫等传统滤波器主要通过增加滤波器阶数对其频率选择性能进行改善，但这样做会增加损耗以及电路面积。多模谐振技术有效地避免了这个问题[2]。在微带实现宽带滤波器的研究中，微带阶跃阻抗谐振器和微带环形谐振器被广泛地使用[3-4]。本文吸收文献[3]设计方法，通过调整微带阶跃阻抗谐振器个数，在谐振环内部加入微带线等措施对其结构进行改进，最终实现2-4GHz宽带带通滤波器，并缩小滤波器面积。

2 滤波器设计

本文所设计的滤波器的结构如图1所示，该滤波器包含一个微带环形谐振器以及一个阶跃阻抗谐振器，并在方形闭环谐振器的四角以及阶跃阻抗谐振器两侧加入方形微带线用于阻抗匹配以及滤波器带宽微调。根据文献[5][6]给出的分析方法可知，可以通过调整环形谐振器的长度以及调整阶跃阻抗谐振器的阻抗比和阻抗大小调整各个谐振点的位置，从而改变滤波器通带范围。

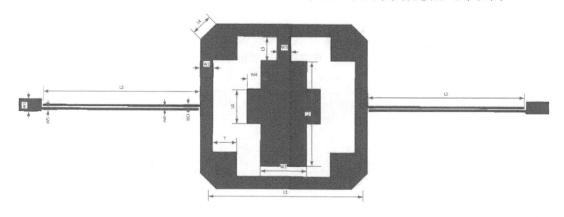

图 1 滤波器结构图

如图2所示，对多模谐振器使用奇偶模分析并利用HFSS进行仿真，确定谐振环边长以及阶跃阻抗的长度与宽度。再加入耦合微带线以及方形微带线，调节方形微带线的长宽以及谐振器两边耦合微带线的长度来调整滤波器的通带位置及带宽。图3为滤波器S参数随四角方形微带线长度T的变化情况。由图可知，滤波器上半通带随T的增加而降低，下半通带基本保持不变。因而在微调带宽时，可以适当改变谐振环边长。图4为滤波器S参数随耦合微带线长度L5的变化情况。由图可知，带外抑制性能与L5长度密切相关。L5越长，高频段带外抑制越好，L5越短低频段带外抑制越好。

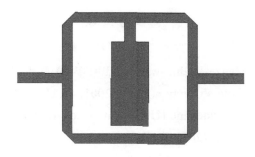

图 2 多模谐振器结构图

3 滤波器仿真结果及性能分析

介质基板介电常数为6.15，厚度为0.635mm。结合上述仿真，最终选定如下参数：L1=11.4MM,L2=7.9mm,L3=1.83mm,L4=1.158mm,L5=11.6mm,L6=2.6mm,W0=0.13mm,W1=0.91mm,W2=3.4mm,W3=1mm,W4=1mm,W5=0.12mm,W6=0.13mm,T=1.8mm。

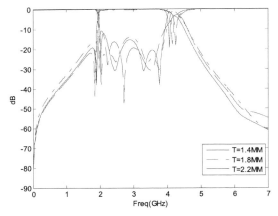

图 3 S 参数随 T 变化情况

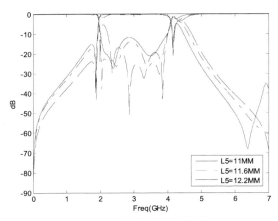

图 4 S 参数随 L5 变化情况

由仿真结果可知，该滤波器 1dB 带宽为 2.02GHz(66%)，通带内 S21 较平坦。带外抑制以大于 20dB/GHz 的速度增加，1GHz 处边带抑制达到 33dB。除通带边缘，带内 S11 基本小-14dB。本文所设计的滤波器具有较好的边带抑制特性，结构紧凑，具有较好的应用前景。

参考文献

[1] 符博. 高性能小型化宽带滤波器设计与实现[D].成都：电子科技大学，2013.

[2] L. Zhu, S. Sun, W. Menzel. Ultra-wideband (UWB) bandpass filter using multiple-mode resonator[J]. IEEE Microwave Wireless Compon. Lett. , 2005, 15(11): 796–798.

[3] C. H. Kim, K. Chang. Utra-wideband (UWB) ring resonator bandpass filter with a notched band. IEEE Microw. Wireless Compon. Lett. , 2011,21(4):206-207.

[4] MinhTan Doan,Wenquan Che, Phu Liem Nguyen. A Novel Wideband Bandpass Filter Using Open StubsMulti-mode Square Ring Resonator. 2012 International Conference on Advanced Technologies for Communications (ATC), 2012.

[5] C. H. Kim, K. Chang. Ring resonator bandpass filter with switchable bandwidth using stepped-impedance stubs. IEEE Trans. Microw Theory Tech, 2010,58(12):3936-3944.

[6] C. H. Kim K. Chang. Wideband ring resonator bandpass filter with dual stepped impedance stubs.// Proc. IEEE MTT-S Int. Microw. Symp. Dig., 2010:229-232.

Ka波段带通滤波器设计

倪 新，徐亚军

(中国电子科技集团公司第三十六研究所，嘉兴，314033)

摘 要：本文对微带平行耦合微带带通滤波器的滤波特性进行分析，并设计了一中心频率为30.5GHz，带宽为13%的Ka波段平行耦合微带线带通滤波器。使用ADS得到初步参数，利用HFSS进一步优化参数，仿真结果很好地满足设计指标。

关键词：微带平行耦合；带通滤波器；ADS；HFSS

Design of a Ka Band-pass Filter

NI Xin, XU Yajun

(No.36 Research Institute of CETC, Jiaxing, 314033, China)

Abstract: This paper analyses the characteristics of the microstrip parallel coupled band-pass filter. And a parallel coupled microstrip filter of Ka band is designed, the center frequency is 30.5GHz and bandwidth is 13%. The filter's initial parameters are calculated by ADS, and then optimized by HFSS. The results satisfy the need of design.

Keywords: Microstrip parallel coupled; Band-pass filter; ADS; HFSS

1 引言

滤波器在电路设计中起到对频率选择的作用，并能够滤除谐波，抑制杂散。微带滤波器是微波电路中广泛使用的一种滤波器，微带滤波器是以电磁场理论为基础，通过微带线本身的感性、容性及相互耦合实现的一种滤波器，由于其体积小、可靠性高、生产一致性好、无须调试、易于集成等优点，在微波混合电路中广泛使用。

本文设计的Ka波段微带滤波器，采用常用的平行耦合线的形式。首先根据设计指标利用简单的设计公式计算出所需微带平行耦合线滤波器[1]的耦合节数，然后利用ADS来完成滤波器结构初始参数的计算，并用HFSS的优化功能对原理图进行多次优化，最后得到满足指标的仿真结果。

2 设计原理

由传输线理论[2]可知，两个平行的微带线靠近时，传输线之间的电磁场会在两个传输线之间产生功率耦合。当单个的耦合线长度为滤波器中心频率对应的四分之一波长时，它就具备了典型的带通滤波器特性，可作为单个耦合线带通滤波器单元。但是由于单个这样的单元不易得到陡峭的通阻带过渡和良好的滤波器相应，实际设计中，往往会将多个这样的单元级联，以达更好的滤波特性

滤波器[3]的基础是谐振电路，它是一个二端口网络，对通带内频率信号呈现匹配传输，耦合节在带通滤波器的中心频率 f_0 上是四分之一波长，所以电长度 θ 为90度。经过耦合节级联后，形成长度为二分之一波长传输谐振电路的级联，如图1所示。

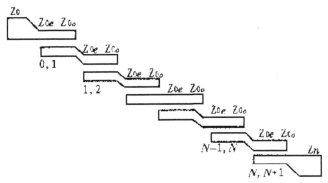

图 1 级联耦合微带线带通滤波器

根据滤波器理论[4]和一般的设计方法，在设计各种滤波器时，一般从归一化低通滤波器出发，通过函数关系变换为高通、带通或带阻滤波器。但是在低通滤波器和带通滤波器之间的变换比较复杂。带通滤波器的实际频率与归一化低通滤波器的归一化频率的变换公式为：

$$\Omega = \frac{\omega_c}{\omega_U - \omega_L}\left(\frac{\omega}{\omega_c} - \frac{\omega_c}{\omega}\right) \tag{1}$$

式中 Ω 为归一化频率；ω 为实际频率；ω_U，ω_L 分别为带通的上边频和下边频，它们确定了在 $\omega_c = \omega_0$ 处的通带带宽（$B = \omega_U - \omega_L$），截止频率 ω_c 为中心频率 ω_0。

归一化通带带宽为：

$$B = \frac{\omega_2 - \omega_1}{\omega_0} \tag{2}$$

其中 $\omega_0 = \frac{\omega_1 + \omega_2}{2}$。通过查表，可以得到归一化设计参数 g_1，$g_2 \cdots g_n$，g_{n+1}。

根据相对带宽 W 计算平行微带线各耦合节奇模和偶模的阻抗 Z_{0o}，Z_{0e}

$$J_{0,1} = \frac{1}{Z_0}\sqrt{\frac{\pi W}{2g_0 g_1}} \tag{3}$$

$$J_{i,i+1} = \frac{1}{Z_0}\frac{\pi W}{2\sqrt{g_i g_{i+1}}} \quad (2 \leq i \leq n-1) \tag{4}$$

$$J_{n,n+1} = \frac{1}{Z_0}\sqrt{\frac{\pi W}{2g_n g_{n+1}}} \tag{5}$$

得奇、偶模特性阻抗：

$$Z_{0o}\big|_{i,i+1} = Z_0\left[1 - Z_0 J_{i,i+1} + (Z_0 J_{i,i+1})^2\right] \tag{6}$$

$$Z_{0e}\big|_{i,i+1} = Z_0\left[1 + Z_0 J_{i,i+1} + (Z_0 J_{i,i+1})^2\right] \tag{7}$$

下标 i 为图 2 中的耦合段单元节数，Z_0 是滤波器输入输出端口的传输线特性阻抗。

3 设计过程

3.1 设计要求

中心频率 30.5GHz，带宽为 13%，29.5-31.5GHz 内波动小于 1dB，要求在 25G 和 35G 处抑制大于 30dB，衰减不大于 2dB，S11 小于-15dB，输入输出阻抗为 $Z_0 = 50\Omega$。

所用的微带电路板的参数：介质材料为 RT5880，介电常数 2.2，厚度为 0.254mm，覆铜厚度为 0.018mm。

3.2 计算参数

根据设计指标要求，35GHz 的归一化频率为 $\Omega = \dfrac{\omega_c}{\omega_u - \omega_L}\left(\dfrac{\omega}{\omega_c} - \dfrac{\omega_c}{\omega}\right) = 3.104$。在 Ω=1.6843 处，抑制大于 30dB，查表可知至少需要选用 n=3 的切比雪夫低通原型，对应的低通滤波器原型的归一化参数为 $g_0 = 1$，$g_1 = 1.5963$，$g_2 = 1.0967$，$g_3 = 1.5963$，$g_4 = 1.000$。

根据公式（4）~（7）求得奇偶模阻抗。利用 ADS 仿真得到微带线的初始导线长度 L，宽度 W，耦合导线之间距离 S。

实际值与设计值会有偏差，主要原因是耦合单元微带线开路端边缘效应。因此需要进一步进行优化，将计算后的值在 HFSS 上建立模型如图 2 所示。

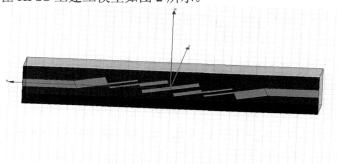

图 2 HFSS 上建立模型

根据设计好的各结构的优化参数，就可以对滤波器基本性能进行优化仿真，每次进行优化仿真后，都需要对优化结果进行观察、分析，以便与优化前的结果进行对比。本设计经多次优化后，可以得到耦合微带线的具体结构尺寸 W1=0.15mm，W2=0.32mm，L1=1.75mm，L2=1.73mm，S1=0.22mm，S2=0.36mm。设计采用对称的平行耦合线滤波器结构。线长主要影响通带中心频率，L 越大，中心频率越低，反之，L 越小，中心频率越高，通带内的最大衰减主要受 S 参数影响，整个通带带宽及带外衰减情况，则受长度，宽度以及间隙三个参数共同作用[5]。在优化过程中，每次对各节耦合微带线的线长，线宽以及间隙进行微调，即可起到改善性能的作用。

优化后的仿真结果如图 3 所示。

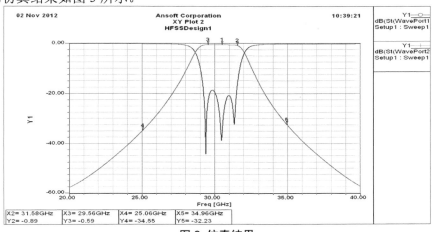

图 3 仿真结果

从仿真结果可以看出带内的最大插损为-0.9dB，在25GHz和35GHz抑制大于30dB，带内回波损耗小于-15dB，符合预期设计指标要求。

4 结论

本文对微带平行耦合滤波器的特性进行了理论分析，并结合仿真软件ADS和HFSS对中心频率为30.5GHz的带通滤波器进行了设计和仿真，仿真结果符合设计要求。同时使得设计工作效率提高，但是从实际设计经验来说，通常微带平行耦合线滤波器实测结果的中心频率比仿真结果有所偏移，所以还需实际调试才能得到满意结果。

微带滤波器作为一种常用的微波器件，在微波混合集成电路中发挥着很重要的作用。本文分析了平行耦合形式的滤波器模型，通过HFSS仿真，扩大了微带滤波器在毫米波领域的应用范围。

参考文献

[1] 张洪福，张振强，马佳佳.基于ADS的平行耦合微带线带通滤波器的设计及优化[J].电子器件，2010,33(4):433-437.

[2] 孙曙威.微带线带通滤波器的设计[J].上海交通大学学报，1997,31(5):78-80.

[3] LUDWING R.RF Circuit Design：Theory and Application[M].Upper Saddle River，NJ，USA：Prentice Hall，2000.

[4] Reinhold L.RF Circuit Design:Theory and Applications Second Edition[M].Beijing:Publishing House of Electronics Industry,2010.

[5] 李奇威，郭陈江，张兴华.平行耦合微带线带通滤波器的设计与优化[J].电子设计工程，2012,20(4).

感性源负载耦合双模宽带滤波器设计

雷涛[1], 向天宇[2], 张正平[1]

(1. 贵州大学电信学院, 贵阳, 55002;
2. 贵州师范大学机电学院, 贵阳, 550000)
leitao2003101@163.com

摘　要：本文基于开路支节加载的 E 型双模谐振器实现奇偶模的分裂，并对其模式分裂机制进行分析，通过引入感性源负载耦合，在滤波器的下阻带引入新的传输零点。测试结果表明：滤波器中心频率为 4.2GHz，相对带宽为 29.7%，带内最小插损为 0.94dB，两个传输零点分别位于 2.84GHz 与 5.42GHz。滤波器具有准椭圆函数响应，改善了阻带抑制特性。

关键词：双模谐振器；源负载耦合；传输零点

Dual-Mode Bandpass Filter with Inductive Source-Load Coupling

LEI Tao[1], XIANG Tianyu[2], ZHANG Zhengping[1]

(1. College of Electronics and Information Engineering, Guizhou University, Guiyang, 550025;
2. School of Mechanical and Electrical Engineering, Guizhou Normal University, Guiyang, 550000)

Abstract: A open-stub loaded E-shape dual-mode resonator was adopted to split odd-mode and even-mode, and the mechanism of the mode splitting was analyzed. The inductive source-load coupling is introduced to generate an additional transmission zero. Measured results show that the filters have the center frequency of 4.2GHz, the fractional bandwidth of 29.7%, the minimum insert loss in passband of -0.94dB, tow transmission zeros in 2.84GHz and 5.42GHz. The filter possesses a quasi-elliptic response which improves the stopband rejection characteristics.

Keywords: Two-Mode Filter; Source-Load Coupling; Transmission Zero

1　引言

双模微带滤波器插入损耗小、结构简单、成本低、易于集成，因此受到人们广泛关注[1,2]。自从 1972 年 Wolff 提出了微带环形双模滤波器，圆盘形、三角形、矩形、矩形环、矩形曲折环等[3]双模结构的滤波器相继出现，这些双模谐振器的尺寸与滤波器中心频率对应的波长相当，属于整数倍波长双模谐振器。采用支节加载半波长谐振器的 T 型或 E 型双模谐振器进一步减小了滤波器的尺寸[4]。在滤波器的源与负载之间引入直接耦合[5]，为信号提供了新的传输路径，可以在带外产生额外的传输零点，进一步改善滤波器的性能。本文通过对开路支节加载的 E 型双模谐振器引入感性源负载耦合[6]，设计了具有两个带外传输零点的宽带带通滤波器。

2 谐振器分析

开路支节加载的 E 型双模谐振器如图 1(a)所示，由于其结构对称，采用奇偶模方法进行分析[4]。其奇偶模等效电路如图 1(b)、1(c)所示。在奇模等效电路中，输入导纳为：

$$Y_{in,odd} = \frac{Y_1}{j\tan\theta_1} \tag{1}$$

$\theta_1 = \beta L_1$ ($L_1 = L_4 + L_5$)是该微带线的电长度。

在偶模等效电路中，输入导纳为：

$$Y_{in,even} = jY_1\frac{2Y_1Y_2\tan\theta_1 + Y_2^2\tan\theta_2 + Y_2Y_3\tan\theta_3 - 2Y_1Y_3\tan\theta_1\tan\theta_2\tan\theta_3}{2Y_1Y_2 - 2Y_1Y_3\tan\theta_2\tan\theta_3 - Y_2^2\tan\theta_1\tan\theta_2 - Y_2Y_3\tan\theta_1\tan\theta_3} \tag{2}$$

当开路支节的宽度是半波长谐振器宽度的两倍时，即 $Y_2 = Y_3 = 2Y_1$ 时，式(2)变为：

$$Y_{in,even} = jY_1\tan(\theta_1 + \theta_2 + \theta_3) \tag{3}$$

这里，$\theta_2 = \beta L_2$，$\theta_3 = \beta L_3$ 是对应的开路支节的电长度。

根据谐振条件 $Y_{in} = 0$，可以发现：奇模谐振时 $Y_{in,odd} = 0$，求得奇模谐振频率为：

$$f_{odd} = \frac{(2n-1)c}{4L_1\sqrt{\varepsilon_{eff}}} \tag{4}$$

其中，c 为真空中的光速，ε_{eff} 为基板的相对介电常数。

偶模谐振时 $Y_{in,even} = 0$，求得偶模谐振频率为：

$$f_{even} = \frac{nc}{2(L_1 + L_2 + L_3)\sqrt{\varepsilon_{eff}}} \tag{5}$$

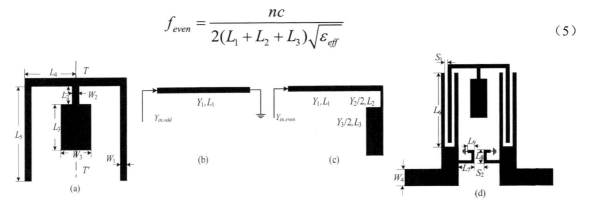

图 1 双模谐振器物理结构、奇偶模等效电路、滤波器物理结构

3 滤波器设计

本文采用相对介电常数为 3.48，厚度为 0.508mm 的介质材料 Rogers4350。在没有源负载耦合的情况下，滤波器由开路支节加载 E 型双模谐振器与输入输出结构组成，通过调节开路支节的尺寸来调节双模谐振的奇偶模谐振频率，从而控制滤波器的通带带宽。采用 ADS 软件对滤波器的模式响应特性进行仿真，仿真结果如图 2(a)所示，奇模谐振频率不随开路支节长度变化，当开路支节的长度较小时，偶模谐振频率几乎是奇模谐振频率的两倍，随着开路支节的长度不断增大，偶模谐振频率不断降低，仿真结果与上述理论分析一致，并且 E 型双模谐振器存在一个与偶模相关的传输零点[4]。

为了进一步改善滤波器的特性，引入感性源负载耦合，滤波器结构如图 1(d)所示，接地采用直径为 0.2mm 的过孔与接地背板相连。感性源负载耦合可以在滤波器的下阻带引入额外的传输零点，通过调整源负载耦合电感值的大小可以调节该传输零点的位置[3,6]。

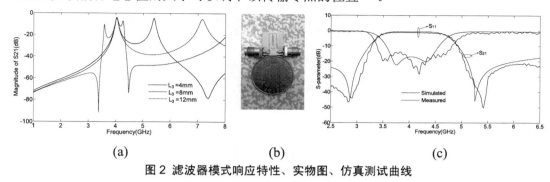

图 2 滤波器模式响应特性、实物图、仿真测试曲线

4 滤波器测试

通过调整优化，得到滤波器的最优参数为：L2=1mm，L3=7 mm，L4=2.12mm，L5=8.4mm，L6=2.86mm，L7=1.74mm，L8=1.5mm，L9=0.4mm，W1=0.28mm，W2=0.0.28mm，W3=1mm，W4=1.06mm，S1=0.15mm，S1=0.2mm。滤波器实物如图 2(b)所示，通过 Anritsu37369D 矢量网络分析仪测试滤波器的 S 参数，仿真测试结果如图 2(c)所示，滤波器中心频率为 4.2GHz，相对带宽为 29.7%，带内最小插损为 0.94dB，两个传输零点分别位于 2.84GHz 与 5.42GHz，与同类滤波器相比，该双模滤波器尺寸小、带内插损小、带外抑制好。

5 结论

本文基于开路支节加载的小型化 E 型双模谐振器，通过引入感性源负载耦合，实现了具有两个传输零点的宽带双模滤波器。可以通过改变加载开路支节的长度调节滤波器的带宽，改变源负载耦合电感的大小调节下阻带传输零点的位置。所制作的滤波器尺寸小、插损低，并且具有良好的带外抑制特性。

参考文献

[1] Rezaee M, Attari A R. Effects of narrow slits on frequency response of a microstrip square loop resonator and dual-mode filter applications[J]. Microwave and Optical Technology Letters, 2013,55(1):143-146.

[2] Luo Xun,Qian Huizhen. Compact filter design using SIR and tapped asymmetrical coupling path[J].Microwave and Optical Technology Letters, 2013,55(9):2059-2062.

[3] 位朝垒.新型微波滤波器关键技术研究[D].成都：电子科技大学，2013.

[4] Zhang X-Y, Xue Q. Novel centrally loaded resonators and their applications to bandpass filters[J]. IEEE Transactions on Microwave Theory and Techniques, 2008,56(4):913-920.

[5] 褚庆昕,范莉.具有 4 个传输零点的源-负载耦合滤波器[J].华南理工大学学报：自然科学版,2010，38(10)：14-18.

[6] Li L, Li Z-F. Application of inductive source-load coupling in microstrip dual-mode filter design[J].Electronics Letters, 2010,46(2):141-142.

新型的开环短路双模带通微带滤波器设计

黎重孝，盖 川，朱晓维

(东南大学信息科学与工程学院，南京，210096)
lehieu626@gmail.com，gtimes0213@126.com，xwzhu@seu.edu.cn

摘 要：本文介绍了一种基于微带开环短路双模谐振器结构的带通滤波器的设计。该滤波器的短路枝节线原理是将四分之一波长基波或谐波进行模式分裂。在中心频率附近形成所需要的两个极点，提高了微带滤波器的带外抑制特性。实际测试结果表明该滤波器的频率范围为694MHz~806MHz，3dB带宽为217MHz，相对带宽为29.4%时，滤波器的带内插入损耗为0.37dB，仿真数据与实测结果吻合良好。

关键词：微带双模滤波器；开环谐振器；传输零点

Design of CompactShort Stub Dual-Mode Open-Loop Microstrip Bandpass Filter

LE Tronghieu，GE Chuan，ZHU Xiaowei

(School of Information Science and Engineering, Southeast University, Nanjing, 210096)
lehieu626@gmail.com，gtimes0213@126.com，xwzhu@seu.edu.cn

Abstract: This paper presentsa design of compact dual-mode open-loop microstripbandpass filter with resonator structure based on short stub. The short-circuit stub line principle of the filter is the 1/4 fundamental or harmonic wavelength mode split. In nearby of the center frequency, two poles were formed so that the out of band rejection characteristic of the filter was improved. The measured results show that the frequency range of the filter is 694MHz~806MHz, 3dB bandwidth is 217MHz, the relative bandwidth is 29.4%, the insertion loss is 0.37dB.The simulation data are in good agreement with the measured results.

Keywords: Microstrip dual-mode filter; Open-loop resonators; Transmission zero

1 引言

开环双模滤波器具有结构简单，便于调节，重量低、体积小等特点，因而在微波及射频系统中有着广泛的应用。双模谐振器技术是滤波器小型化技术中最常见的一种。谐振器中对于不同的场分布有无穷多个谐振模式和谐振频率，其中具有相同谐振频率的模式称为简并模。若在单个谐振器中通过加入一些微扰（比如开槽、切角或加入小的贴片、内切角等），会改变原正交简并模的电场分布，使得一对正交简并模之间发生耦合，两个耦合简并模的作用相当于两个耦合谐振器，从而在保持谐振回路不变的情况下，使谐振器的个数减少一半，可以减小电路体积[1]。

因为Wolff和Knoppik（1971）首先分析了环形谐振器的双模特性，所以双模谐振器备受多关注，并具有吸引力[2-3]。因为每个双模谐振器可以用作双调谐的谐振电路，在设计给定指标要求的滤波器时，所需的谐振器数量可以减少了一半，使得滤波器结构更加紧凑。

研究表明，基于微带开环谐振器的微带滤波器可以为信号在输入和输出端口之间提供多条传输路径，其阻带中具有两个传输零点，使通带边沿的频率响应更为陡峭，带外抑制能力更强[4]。

本文研制了一种开环短路双模带通滤波器，工作于694MHz~806MHz，插入损耗减小并且小型化。测试结果与仿真结果吻合良好，通带的中心频率为736MHz，其中3dB带宽频率带宽为217MHz，相对带宽为29.4%时，滤波器的3dB带宽插入损耗为0.37dB。

2 开环双模微带谐振器

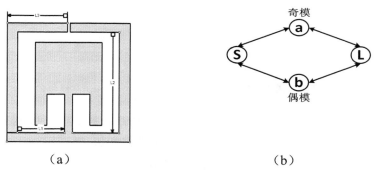

图1（a）开环双模微带谐振器，（b）耦合模型

一种开环双模微带谐振器如图1(a)表示[5-6]。由图可见开环双模谐振器由一个开环方形二分之波长谐振器和一个加载在该谐振器中心位置的弯折T型开路枝节构成。显然，开环双模微带谐振器的结构是对称。因此，奇-偶模场分布理论可以用来分析这种谐振器。当应用奇模场分布理论时，对称面的开环双模谐振器为短路面。没有电流流入T型开路枝节，其上电场强度为零，可以忽略[7]。因此，开环双模谐振器的奇模谐振频率与传统的方形开环谐振器的谐振频率一致。其谐振条件可以为：

$$Y = -jY_0 ctg\theta_0 \tag{1}$$

当 $f = f_0$，

$$\theta_0 = \beta(L_1 + L_2 + L_3) = \pi/2 \tag{2}$$

其中，θ_0是开环方形微带线的电长度，f_0是奇模谐振频率，β为在该基片上的微带线中的电磁波传播相速度，Y_0是开环微带线的特征导纳。

其耦合模型如图1（b）所示，其中，S和L分别表示输入和输出端口，节点a表示谐振器奇模而节点b表示谐振器偶模。在图2中开环双模谐振器周围开环上的场分布表现出奇偶两个谐振模式，因此输入/输出端口存在奇模和偶模性两种模式耦合。

3 开环短路双模带通滤波器设计与测试结果

本文提出的开环短路双模带通滤波器的结构如图2（a）所示，设计在Taconic TSM-30基板上，其相对介电常数为3.0，厚度为0.76mm。短路枝节线原理是将四分之一波长基波或谐波进行模式分裂，在中心频率附近形成所需要的两个极点。在设计中，用Sonnet仿真软件对其进行了仿真设计，其尺寸如下：$W0 = 2$ mm, $W1 = 1.4$ mm, $W2 = 1.6$ mm, $L1 = 18.4$ mm, $L2 = 24$ mm, $L3 = 5$ mm, $L4 = 5.8$ mm, $L5 = 18.7$ mm。输入/输出馈线设置在滤波器两侧，为特性阻抗50Ω的微带线，带线宽度0.2mm。

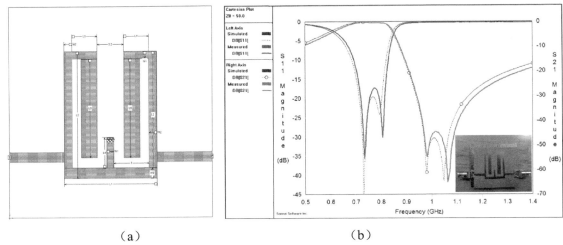

图2 （a）短路双模带通滤波器结构，（b）测试结果和仿真结果的对比

设计中，用 Sonnet 仿真软件[8]对滤波器进行了仿真设计，测量采用 Agilent N5230A 网络分析仪完成。图 2（b）所示为开环短路双模滤波器的 S 参数测试和仿真结果，虚线为仿真结果，实线为测试结果。通过测试可知，通带的中心频率为 736MHz，其中 3dB 带宽为 217MHz。相对带宽会随着频率的变高而稍微变宽，为 29.4%时，滤波器的 3dB 带宽插入损耗为 0.37dB。通过测试结果和仿真结果对比，可以看出设计仿真和测量结果比较吻合。

4 结论

本文设计了开环短路双模谐振器结构的滤波器，它具有加强带外抑制的特性，插入损耗减小并且小型化，设计的结构灵活，有一定的实用价值。在无线通信系统射频接收机可以用于抑制镜像频率的干扰。

参考文献

[1] Lin Li , Zheng-Fan Li, Qi-fu Wei. Dual-mode filter design based on uniform or stepped impedance resonator. International Journal of Electronics, 96(4): 373-385.

[2] 毛睿杰. 高性能小型化平面滤波器设计与应用研究计[D]. 成都：电子科技大学，2007.

[3] Jia-Sheng Hong and Michael J. Lancaster. Theory and experiment of novel microstrip slow-wave open-loop resonator filters. IEEE Trans. Microw. Theory Tech., 1997, 45(12):2358-2365.

[4] Trong-Hieu Le; Chuan Ge; Xiao-Wei Zhu. Design of compact dual-mode open-loop microstrip filter. The 2012 International Conference on Advanced Technologies for Communications, 2012:183-186.

[5] Jia-Sheng Hong and M. J. Lancaster. Bandpass characteristics of new dual-mode microstrip square loop resonators. Electron. Lett., 1995, 31(11)：891-892.

[6] Jia-Sheng Hong and Michael J. Lancaster. Microstripbandpass filter using degenerate modes of a novel meander loop resonator. IEEE Microw. Guided Wave Lett., 1995, 5(11)：371-372.

[7] Jia-Sheng Hong and Michael J. Lancaster. Couplings of microstrip square open-loop resonators for cross-coupled planar microwave filters. IEEE Trans. Microw .Theory Tech., 1996, 44(12):2099-3109.

[8] Sonnet Softw. Inc. EM User's Manual. Ver. 12.56. Syracuse, NY: 1986-2009.

基于正交多项式的数字预失真研究

曹 瑶，朱晓维

（东南大学信息科学与工程学院，南京，211100）

marinecao@163.com

摘 要：现代移动通信系统对功率放大器的线性度提出了更高的要求，本文探讨了基于正交多项式功放预失真模型的构建，给出了正交多项式组的推导方法，并提出了利用高斯列主元法来提取逆模型参数。采用峰均比（PAPR）7.5dB、20MHz带宽的LTE-Advanced信号验证数字预失真（DPD）性能，结果表明该数字预失真方法能有效地补偿功率放大器失真。

关键词：线性度；数字预失真；正交多项式；高斯列主元

Research on Digital Predistortionusing Orthogonal Polynomials

CAO Yao, ZHU Xiaowei

(School of Information Engineering, Southeast University, Nanjing, 211100)

Abstract: With the development of modern wireless communication technology, the linearity of the power amplifiers needhigher requirements. We propose a pre-distorter method which is based on orthogonal polynomials.Based on the literature, derivation method of Orthogonal Polynomialsis put forward. We use Gauss Elimination method to calculate model parameters.The DPD test is driven by a LTE-Advanced signal with bandwidth of 20MHz and PAPR of 7.5dB. The results show that the proposed pre-distorter can effectively compensate the distortions produced by power amplifier.

Keywords: Linearity; Digital Predistortion; Orthogonal Polynomials; Gauss Elimination

1 引言

随着现代无线通信的迅猛发展，通信频率资源变得越来越紧张，这就导致了各种具有高频谱利用率和宽频带通信体制的出现，而发射信号具有很高的峰均比和较宽的带宽，对功率放大器的非线性失真非常地敏感[1]，所以数字功放的线性化技术受到越来越多的重视。

由于宽带系统的信号带宽较宽，高功率放大器（HPA）的记忆效应就不能忽略[2]，这样就对功放的线性化技术提出了较高的要求。参考相关文献，现有的数字预失真技术中，基于Volterra多项式的数字预失真[3]能够有效改善功放的非线性，文献[4]提出了一种基于正交多项式的数字预失真技术，而基于正交多项式的数字预失真通常又分为基于均匀分布的正交多项式的数字预失真[5]和基于高斯分布的正交多项式的数字预失真[6]。本文将应用基于均匀分布的正交多项式的数字预失真模型对20MHz带宽的LTE-Advanced信号进行数字预失真验证，最后通过仿真测试数字预失真的性能，为后续实际中的预失真器和功放系统的实现提供理论依据。

2 正交多项式数字预失真实现

2.1 正交多项式模型

传统的记忆多项式模型对补偿功放的非线性性比较有效,但是它存在模型系数矩阵的不稳定性,影响了矩阵求逆的准确度。而基于正交多项式的数字预失真模型在解决功放的非线性问题的同时也能够很好的弥补传统方法在数值稳定性上的不足。正交多项式的预失真模型的表达式如下[4]:

$$y(n) = \sum_{k=1}^{K} \sum_{q=0}^{Q} a_{kq} \psi_k(x(n-q)) \tag{1}$$

Q 是记忆深度,K 是阶数,a_{kq} 为记忆多项式系数,$\psi_k(x)$ 为一组正交多项式。文献[5]给出基于均匀分布的正交多项式推导过程。如下给出面向均匀分布过程的正交多项式:

$$\psi_{k,n} = \sum_{l=1}^{k} (-1)^{l+k} \frac{(k+l)!}{(l-1)!(l+1)!(k-l)!} \cdot |x_n|^{l-1} x_n \tag{2}$$

由于该多项式表达简洁,易于实现,而且不需要统计输入数据的方差,因此预失真器设计多是基于面向均方分布的正交多项式进行。

2.2 逆模型参数的求解

预失真器的实现本质上就是对功放逆模型的求解,而逆模型的参数提取决定了算法的精度以及复杂度。传统的逆模型求解一般采用自适应迭代算法,比如递归最小二乘 RLS(Recursive Least Square)。本文介于正交多项式相互之前的非相关性较大的特点给出一种较为简单的逆矩阵求解方法:高斯列主元法[6]。通过对先验信号的处理,得到一个具有高数值稳定性的正交多项式矩阵,再利用高斯列主元法求解逆矩阵,在求解过程中对矩阵数值进行微量调动减小矩阵奇异性以确保矩阵求解的可靠性。

3 数字预失真实验验证

对于 DPD 的性能测试采用间接学习的结构模型,原理框图如图 1,基本思路是对于功放的输出序列 $y(n)$,除以功放的理想增益 G,而得到的归一化输出序列 $y(n)/G$ 作为预失真训练器的输入,归一化输入序列 $x(n)$ 经过预失真器的输出 $z(n)$ 作为预失真训练器的另外一个输入,通过算法将 $y(n)/G$ 逼近于 $z(n)$,从而训练器得到一组预失真校准系数 $w(n)$,将提取出来系数 $w(n)$ 传送给功放前的预失真器(Predistorter,PD),这样输入的预失真器 $x(n)$ 经过预失真器得到输出 $z(n)$,作为功放的新输入已到达功放的线性化要求。$y(n)/G$ 经过预失真训练器得到一个逼近 $z(n)$ 的序列 $\tilde{z}(n)$,定义 $e(n) = z(n) - \tilde{z}(n)$ 作为误差判别序列,用于控制预失真训练器的误差,只要让 $e(n)$ 尽可能的小即可。

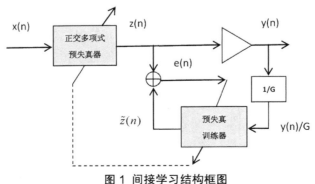

图 1 间接学习结构框图

测试所用信号采用峰均比 7.5dB 的 20MHz 带宽 LTE-Advanced 信号，预失真模型采用记忆深度 2、阶数 7 的正交多项式模型，预失真前后归一化的 AM/AM 曲线以及 AM/PM 曲线如图 2 和图 3 所示，可以看到 DPD 之后 AM/AM 曲线变得更细更直，AM/PM 曲线变得更细更收敛。

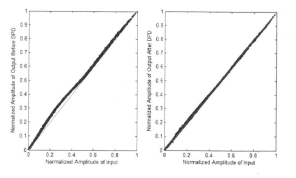

图 2　DPD 前后 AM/AM 曲线变化　　　　图 3　DPD 前后 AM/PM 曲线变化

通过对比预失真前后的功率谱密度（PSD）和邻带抑制比（ACPR），可以对预失真器效果进行评估，预失真仿真效果图 4。从图 4 中可以看出，未经过预失真的信号在带外有严重的频谱再生，计算的 ACPR=-27.1759dB，经过预失真信号的线性度有明显改善，ACPR=-49.3546dB，改善程度大约在 22dB 左右，从效果上看，记忆多项式模型对补偿功放的非线性性比较有效。

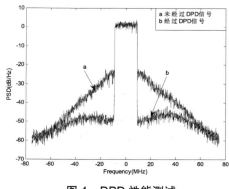

图 4　DPD 性能测试

4　结论

本文探讨了基于正交多项式功放预失真模型的构建，该模型的不同于传统的多项式模型，有利于解决功放预失真模型系数矩阵不稳定的问题，能够在现有的计算条件下提高矩阵运算精度。给出了 2 记忆深度 7 阶的正交多项式模型，同时使用了高斯列主元的逆矩阵求解方法。DPD 效果验证采用了间接学习结构，通过对功放预失真器和功放模型的仿真，得出正交多项式模型能够有效补偿功放的非线性性的结论，同时也为下一步实际中的预失真器和功放系统的实现提供理论依据。

参考文献

[1] 刘文开，刘远航，等.地面广播数字电视技术[M]. 北京：人民邮电出版社，2003.

[2] 何华明，唐亮，张春生，俞凯，卜智勇，刘文开.一种基于正交多项式的自适应预失真方法[J].计算机应用与软件，2013,30(4).

[3] Ding L, Zhou G T, Morgan D R, et al. A robust digital baseband predistorter constructed using memory polynomials[J]. IEEE Trans. Commun., 2004, 52: 159-165.

[4] Raich R, Qian H, Zhou G T. Digital baseband predistortion of nonlinearpower amplifiers using orthogonal polynomials[C].Proc. IEEEICASSP. Los Alamitos : IEEE ComputerSociety Press, 2003.

[5] Raich R, Qian H, Zhou G T. Orthogonal polynomials for power amplifiermodeling and predistorter design[J]. IEEE Trans. on VehicularTechnology, 2004, 53: 1468-1479.

[6] Raich R, Zhou G T. Orthogonal Polynomials for Complex GaussianProcesses[J]. IEEE Trans. Signal Process, 2004, 10: 2788-2797.

[7] 喻文健.数值分析与算法[M]. 北京：清华大学出版社，2012.

一款应用于 FTTH 光接收机的设计

任 萍

(俊英科技（上海）有限公司，上海，200233)

摘 要：本文对 FTTH 产品进行了概述，并选用比较主流的 pHEMT 放大器 MMIC 芯片 AE342a 及衰减器芯片 SMP1307-027LF，设计了一款带有 AGC 功能的 FTTH 光接收机产品，并对其增益、噪声、CTB/CSO 等指标进行了测试。

关键词：光纤到户；FTTH；AGC；光接收机

Design of FTTH Optical Receiver for FTTH

REN Ping

(Well Genius Technology (Shanghai) Ltd, Shanghai, 200233)

Abstract: This paper summarizes FTTH products. And a FTTH optical receiver with AGC function is designed with pHEMT MMIC amplifier AE342a and attenuator SMP1307-027LF. Meanwhile its RF specifications Gain, NF together with CTB/CSO are tested.

Keywords: FTTH; AGC; Optical Receiver

1 光接收机原理

光纤到户(FTTH)指一根光纤直接接到家庭，以光纤替代传统铜线电缆作为传输媒介，为家庭用户提供高品质互联网服务的接入方式，具有接入速率高、稳定性好、使用寿命长、兼容性高等特点。在国家政策的扶持引导下，近几年 FTTH 将得到长足的发展。

在光纤通信系统中，光接收机的任务是以最小的附加噪声及失真，恢复出光纤传输后由光载波所携带的信息，因此光接收机的输出特性综合反映了整个光纤通信系统的性能。光接收机原理框图如图 1 所示：

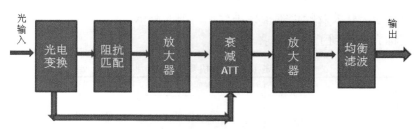

图 1 光接收机原理框图

在信号的光传输链路中，光电转换组件将光信号转换为电信号，经过阻抗匹配电路到前置放大器进行信号放大。阻抗变换器实现光探测器与 RF 前置放大电路的阻抗匹配连接。前置放大器将光探测器输出的微弱电信号进行适当放大，以保证光接收组件有足够输出电平，该放大电路的噪声系数及等效输入阻抗对光接收组件的载噪比也有影响。光接收机增益调节通过衰减器来实现，在实用化的产品中固定衰减器、可调衰减器都有应用[1-2]。

2 光接收机电路的设计

能用于光接收机的放大器产品有众多型号,排除品牌命名的差异,根据放大器的增益划分有 14dB、18dB、20dB、22dB、27dB 等;根据放大元件工艺的不同,放大模块又分为硅放大工艺、砷化镓工艺等。砷化镓工艺放大器是近几年才发展起来的,用砷化镓金属场效应管设计的放大器具有优良的低噪声特性,同时具有优良的低失真特性。而 AGC 控制是光接收机档次的象征,AGC 控制电路用以确保各端口输出电平的稳定。

本文选用 RFHIC 公司的一款工作电压为 5V 的 GaAs MMIC 芯片 AE342a 作为放大级芯片,压控衰减器 SMP1307-027LF 作为 AGC 控制芯片,采用 AE342a+SMP1307-027LF+AE342a 的方案,设计开发了一款增益可调的 FTTH 光接收机。为了降低功耗,将系统的工作电压设定在 12V,采用两级放大器串联分压的方式工作。电路结构及 PCB 电路,如图 2 所示。

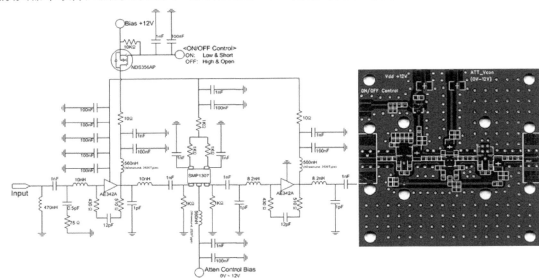

图 2 光接收机原理框图及 PCB 电路

3 电路测试

在设计过程中,能够保证良好的匹配和阻抗变换,就能够使参数达到我们所需要的值。所以在调试过程中,更换了几种不同的阻抗变换器,以达到最佳的效果。将设计的电路在 50MHz~1000MHz,工作电压 12V,电流 110mA 的条件下进行了测试,结果如表 1 所示。对其增益、衰减控制性能,输入输出驻波及噪声等指标进行了详细的测试,测试结果曲线图如图 3 所示。测试结果表明,性能指标完全达到了设计要求。

表 1 光接收机测试数据

参数	单位	测试值	备注
增益	dB	34	Vcon = 12V
增益平坦度	±/dB	±1	
增益控制范围	dB	30	Pin Diode (SMP1307-027LF)
输入/输出 RL	dB	-13/-17	Vcon = 12V
噪声系数	dB	2	
CSO	dBc	-66	135 channel,+25dBmV/ch
CTB	dBc	-70	
XMOD	dBc	-75	

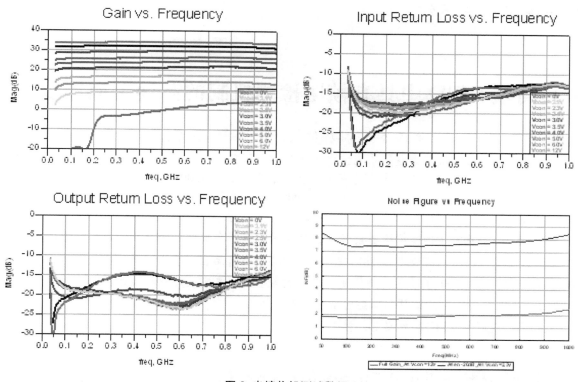

图 3 光接收机测试数据

4 结论

本文简述了光接收机的原理,并选用市场比较主流的芯片,设计并制作了一款用于光纤到户并带 AGC 功能的接收机产品,通过对产品增益、噪声、CTB、CSO 等指标的测试,确认该接收机完全达到了设计要求,满足现在市场需求,是一款可以商业化的产品。

参考文献

[1] 程远东.FTTH 光接收机前置放大器的设计与改进[J].有线电视技术,2006,7.
[2] 周承刚,朱百生,周铀,周彤.宽带城域光纤网络技术[M].北京:科学出版社,2004.

● 无线通信与系统

超高频 RFID 中具有帧尾检测机制的高速解码器设计

齐玲玲[1]，孙智勇[2]，严迪科[2]，陈科明[2]

(1. 诺基亚通信系统技术（北京）有限公司，北京，100000；
2. 杭州电子科技大学，杭州，610000)
keming@hdu.edu.cn

摘 要：在超高频 RFID 阅读器设计中，对帧尾的快速准确地判断是提升解码器速度的关键部分。本文提出了一种具有帧尾检测机制的高速解码器。本文给出了模块化的架构，描述了数据流在解码器的流向，并且分析了帧尾检测机制的工作过程。最后本文设计的解码器在 FPGA 平台上进行了实现，实验结果表明，该解码器延时低，所耗资源少。

关键词：超高频 RFID；解码器；帧尾检测

Design of the Fast Decoder with Detection of the Frame End in UHF RFID System

QI Lingling[1], SUN Zhiyong[2], YAN Dike[2], CHEN Keming[2]

(1. Nokia Solutions and Networks System Technology (Beijing) Co., Ltd, Beijing, 100000；
2. Hangzhou Dianzi University, Hangzhou, 610000)

Abstract: In the design of UHF RFID reader system, it is key to speed up decoding that the frame end can be fastly and correctly detected. The fast decoder with detection of the frame end was proposed. The architecture of decoder was described. The dataflow in the decoder was given. More, the mechanism to detect the frame end was analysized. This decoder was implemented in the FPGA flat form. The result showed that this decoder worked fasted with the less consumption of resources.

Keywords: UHF RFID; Decoder ; Detection of the frame end

1 引言

无源 UHF（Ultra High Frequency，超高频）射频标签识别技术是工作在 860～960MHz 的射频识别技术，该技术具有可读距离长、阅读速度快、防碰撞能力强与作用范围广的特点，可广泛应用于物流管理、门禁、交通管理等领域。目前 RFID 技术已经在全球各地域形成各自的统一标准，这种标准化的发展将推动 RFID 技术走向更大规模的应用。

在无线通信系统中，传输信号总是会受到很多外界信号的干扰，由于标签是通过反向散射阅读器提供的连续载波的方式将信息回传，所以该信号的能量大小受到空间电磁波、标签与阅读器之间的距离以及其他一些因素影响。并且考虑到发射端与接收端的信号隔离，设计中采用环形器进行隔离,由于环行器的特性,也会对接收信号存在较强的干扰。因此采用简单的低通滤波和解调解码难以实现对多频率下的低延迟低功耗的数据信号进行高准确度解码。科研工作者已经针对这一问题,做了大量的研究工作。文献[1-4]中的解码技术都各有可取之处,也有自己的缺陷,并且这些方法都没有针对信号的帧尾检测给出相关方案,而帧尾的快速准确地判断是提升解码器速度的关键部分。本文提出了一种具有帧尾检测机制的高速解码器。

2 具有帧尾检测机制的高速解码器设计

本文设计的解码器由预处理部分与解码预处理两部分构成。这样的结构有利于模块的分离。设计的解码器整体框如图1所示:

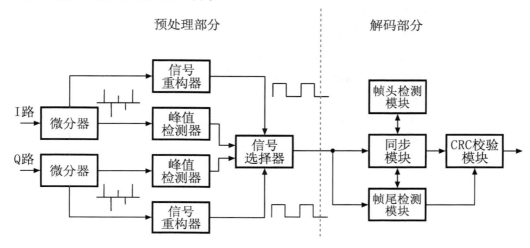

图 1 解码器的结构图

I/Q 两路信号首先进入微分器,微分器在此处相当于一个高通滤波器,通过一阶微分器达到边沿检测效果,获取边沿信息。然后,接收到的信号每一路分别进入信号重构期和峰值检测器。峰值检测器通过阀值选择器和累加器计数累加获得接收到的峰值的电压值,信号重构器用来将阀值选择器输出的信号理想化地恢复出来。最后,这些信号在信号选择器中做比较并决定接收哪一路信号。信号选择器从选择好接收的信号中分析出同步信号,并将这些信息传递到同步模块与帧尾检测模块。同步模块将根据前面接收到的信息结合系统的配置信息解码接收到的数据,而帧头检测模块用于利用解码模块的信息控制同步解码模块输出解码的数据。与此同时,帧尾检测模块也利用接收到的信号结合同步解码模块给出的使能信号开始工作,并在帧尾检测末尾给出相应信息。CRC 校验模块用于在需要的时候校验接收数据的 CRC 码,并给出校验信息,这个信息同时有帧尾检测的作用。

3 帧尾检测机制

在解码器中，快速、准确判断帧尾是减少解码延时的重要手段。文献[5]介绍了一种利用 CRC 校验方法检测帧尾的方案。以 crc16 为例，在开始的时刻，将 CRC 校验的初值预设为 0xFFFF。因为接收数据的 CRC 运算的正确结果为 0x1d0f，所以当接收数据中出现 0x1d0f 时则认为已检测到帧尾。此方法虽能快速判断帧尾，但是当数据流中出现 0x1d0f 时，就会现误判为数据帧帧尾，引起出错。本文中针对这个问题提出方法。

接收到 0x1d0f 时，同样给出接收完成信号，但是依然接收后续的数据；

后续的电路会得到两个信号，一个是 CRC 校验完成并成功获得 0x1d0f 的有效信号，另一个是通过检测方波周期获得帧尾的信号；

后续的电路在得到 CRC 校验成功信号后将数据传递给处理器，处理器开始处理接收完成的数据。这些数据结果将最终得到确认，而确认的触发信号是通过检测方波周期获得帧尾的使能信号在经过 3 个方波后有效。否则，该方案认为接收到的数据存在错误，并重新在接收到下一个 CRC 校验结果为 0x1d0f 时重复这个过程。

这个方案充分利用了数据处理需要一定的时间，此时并行接收数据，并能及时确认接收的信息是正确的。具体实现的波形图如下：

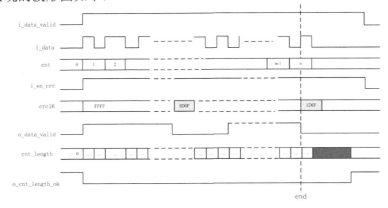

图 2 改进的 CRC 帧尾检测波形

4 实验结果

本文设计的具有帧尾检测机制的高速解码器在 FPGA 平台进行了实验。FPGA 使用 ALTERA 公司的 EP2C35F672C6 芯片。

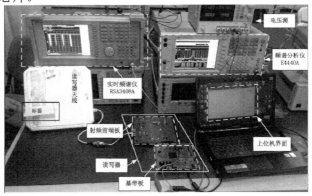

图 3 UHF RFID 系统测试实物图

比较已有的实现方案中，文献[3]的方案在延时上控制的相对较好，本文设计的解码器与其的延时比较如下所示：

表 1 接收频率为 40KHz 时，与文献[3]实现的延时比较

本文的解码器机制	文献 0 的方法
2us	大于 12.5us

表 2 本文设计所用的硬件资源

模块	所用逻辑单元	所用寄存器
预处理模块	162	128
解码器	218	123

本文设计的解码器具有较好的延时控制，并且使用较少的资源，同时复杂性较低，易于实现。

5 结论

在 UHF RFID 系统中，射频前端给出的信号对解码器设计的挑战并分析了帧尾检测控制延时对整体系统延时带来的优势。在分析了设计的基本原理后，本章给出了一种新型的解码器结构。该结构不仅能够重构欲解码的数据，而且能够利用新的帧尾检测机制减少 UHF RFID 系统中数字基带的延迟，从而为控制中心的处理提供更宽裕的时间。本章最后给出了具有帧尾检测机制的高速解码器的实现结果以及实验的数据，并通过对比说明本设计的优势。

参考文献

[1] Daniel Dobkin. The RF in RFID: Passive UHF RFID in Practice [M]. America: ELSEVIER, 2008: 103-186.

[2] N.Fernando, B.Bautista, Joel Joseph, et al. Enhanced FM0 Decoder for UHF Passive RFID Readers Using Duty Cycle Estimations [C]. Sitges: RFID-Technologies and Applications, 2011: 306-312.

[3] Yi Feng Su, Tai Lang Jong, Chi Wen Hsieh. Signal Recovering for UHF RFID by Matching Algorithm [C]. Chengdu: Computer and Communication Technologies in Agriculture Engineering, 2010: 63-66.

[4] Chenling Huang, Yuan Liu, Yifeng Han, etal. A New Architecture of UHF RFID Digital Receiver for SoC Implementation [C]. Kowloon: Wireless Communications and Networking Conference, 2007: 1659-1663.

[5] 杭州电子科技大学. 射频识别数据通信中数据帧结尾的检测方法：中国，200810060207.2[P/OL]. 2008-08-27.

ETC 系统车载单元发射机设计

郝 清[1]，孙佳文[1]，田林岩[2]，赵煜阳[2]

(1. 清华大学电子工程系，微波研究所，北京，100084；
2. 北京万集科技公司，北京，100085)
haoqing@tsinghua.edu.cn

摘 要：ETC 用 OBU(车载单元)发射机是 ETC 专用短程通信系统(DSRC)的关键技术之一。本设计采用并联反馈式介质振荡器结构，用一个简单电路同时实现振荡、ASK 调制器和发射天线功能，实现成本低于 10 元、工作电压 3V、电流 5mA、1mS 快速启动和 5.79GHz 和 5.80GHz 双信道发射等特性。设计指标满足 2007 年出台的 ETC&DSRC 中国国家标准：GB/T 20851-2007。

关键词：电子不停车收费；车载单元；ASK 调制器；路侧单元

Design of OBU Transmitter in the ETC System

HAO Qing[1], SUN Jiawen[1], TIAN Linyan[2], ZHAO Yuyang[2]

(1. Tsinghua University of China, Beijing, 100084；
2. Beijing Wanji of China, Beijing, 100085)

Abstract: ETC OBU (on board unit) transmitter is ETC dedicated short range communication system (DSRC) is one of the key technology, this design uses a parallel feedback type dielectric resonator oscillator with a simple circuits tructure, at the same time, the oscillation of ASK modulator and transmitting antenna function, realizes the low cost, low voltage, low power consumption, quick start and 5.79GHz and 5.80GHz channel transmission characteristics, and all indexes meet the design requirements of the system.

Keywords: ETC；OBU；ASK；RSU

1 引言

不停车收费系统简称：ETC(Electronic Toll Collection)，ETC 系统中"车载单元"简称：OBU (On Board Unit)。为满足 OBU 用电池供电，需要设计能够较低电压和功耗工作的电路要求，设计的电路包含了唤醒功能，仅在收到路侧单元（简称：RSU）发出的唤醒和数据信号后快速启动控制器，进入工作状态，进而降低功耗，OBU 发射机具备低电压和低功耗工作、快速启动和 5.79GHz 和 5.80GHz 双信道发射等特性。

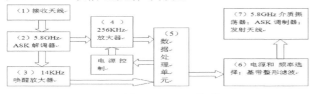

图 1 OBU 构成

图 2 双通道 OBU 发射机 PCB 板图

OBU 包括：接收机、发射机和基带数据处理。发射机组成:5.79GHz 和 5.8GHz 的 2 个介质振荡器；发射天线；ASK 调制器；电源控制；频率选择；基带整形滤波器；基带数据处理。

2 设计过程

2.1 介质振荡器

采用并联反馈式介质振荡器结构，一个电路同时实现产生振荡、ASK 调制器和发射天线功能。介质谐振器稳频的振荡器（简称 DRO）如图 2.

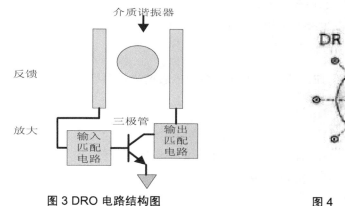

图 3 DRO 电路结构图　　　　　　　　　图 4 TE$_{01\sigma}$ 模式介质谐振器

振荡的建立过程：加直流电压，三极管导通产生频域宽带阶跃信号，和介质谐振器频率相同的振荡频率，正反馈耦合到三极管输入端，产生由小到大幅度的振荡，随幅度的增大，放大器进入非线性区，增益下降，到一定幅度时进入平衡状态。

介质型号： TE$_{01\delta}$　5.8GHz 谐振器 ，张家港灿勤电子元件有限公司生产。

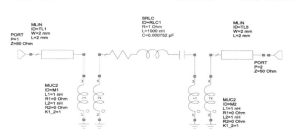 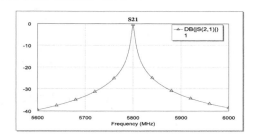

图 5 介质谐振器和反馈网络等效电路图　　　图 6 介质谐振器和反馈网络仿真：S21

选 BFP405 作为放大器。稳定震荡时放大管进入非线性饱和区，增益下降。

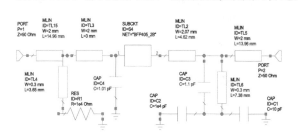 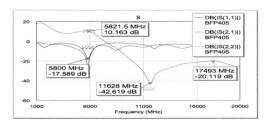

图 7　BFP405 三极管仿真原理图　　　　　图 8　BFP405 三极管 S 参数仿真结果

如图 7，三极管前后加 C3 和 C4 电容,仿真结果可以看到，振荡器基波的增益和输出功率略有增加，2 次、3 次谐波减小 15 到 30dB。实测结果：2 次谐波改善 30dB，3 次谐波改善 21 dB，再配合其他措施，满足 1GHz 到 20GHz 的杂散发射指标要求。

频率调整和系统温度补偿:

调整介质谐振器下方安置的铜螺钉,调谐频率范围在100MHz以上。但是温度稳定度很高的频率调谐范围只有30MHz,原因是频率温度稳定度是由系统温度补偿决定的,补偿只在小范围有作用。

通过仿真和试验发现,振荡频率和介质摆放的位置有关。改变放置在两根耦合微带线中间的介质与三极管之间的相对距离可以实现频率的较大范围调整,原因是距离的改变使耦合微带线的长度发生了变化,导致了谐振频率的变化,同时辐射强度也变化。

受温度变化影响最大的是OBU的振荡频率。温度从-20℃到65℃,频率降低3MHz,温度从65℃到-20℃,频率升高3MHz。加温度补偿电阻后,频率变化小于1MHz。

2.2 发射天线

如图4所示,利用介质谐振器$TE_{01\delta}$模式的场分布结构,通过激励可以产生良好的辐射的一个结构,实现了反馈和辐射两种作用。

2.3 ASK调制器和数据整形滤波

ASK调制又称:开关键控,相当于调幅。用三极管和1V稳压二极管结合,实现幅度低电平1V（BFP405三极管维持良好振荡的最低电压是0.9V）,高电平到电源电压（3.3V）,实现了调制系数0.53。

如图10和12所示,调制信号码速较高:512Kb/S,谐波分量将直接调制到射频上,使频谱变宽,实测占用带宽大于10MHz。采用阻容低通滤波器,对数据信号整形滤波,占用带宽降为4.5MHz。

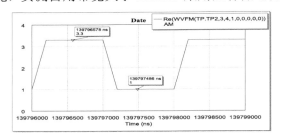

图9 整形后数据时域波形

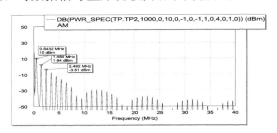

图10 整形后数据频谱波形

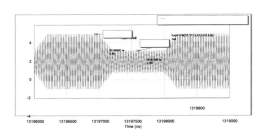

图11 5.8GHz ASK调制时域波形

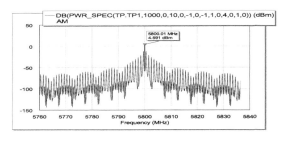

图12 5.8GHz 输出频谱波形

3 环境方面

考虑安装、振动、高低温、多尘、潮湿等方面。

4 信号分析和信号完整性

在要求的范围内,仿真解调ASK的调制信号,解调输出的数据波形和输入整形后数据波形一致。

高电压 3.05V,低电压 1.0V,调制系数 0.51。在一帧中波形完整，没有失真。

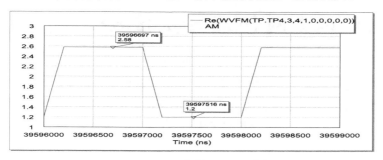

图 13 ASK 解调后输出数据波形

5 结论

设计实现：工作温度： -20°C - +65°C；唤醒启动时间：1ms；功耗，唤醒前状态：1μA（标准值）；发射状态：5mA（标准值）；输出功率：+7dBm（平均值）；调制系数：0.52（要求 0.5≤m≤0.9）；等效全向辐射功率：7mW（要:≤10mW）；占用带宽：4.5MHz（要求:≤5 MHz）；带外杂散 满足指标，所有指标满足系统设计要求

参考文献

[1] 电子收费设备技术要求.

[2] 全国智能运输系统标准化技术委员会.GB/T 20851-2007 电子收费专用短程通信[S].北京：中国标准出版社，2007.

[3] 徐勇. 5.8GHz 低功耗射频接收机研究与设计[D].北京：清华大学，2008.

[4] 王同文.基于 2.45GHz 微波链路的电子自动收费系统[D]. 北京：清华大学，1998.

[5] 顾其诤,项家桢.微波集成电路设计[M]. 北京：人民邮电出版社，1978.

[6] 清华大学. 微带电路[M]. 北京：人民邮电出版社，1978.

[7] 高葆新. 微波集成电路[M].北京：国防工业出版社,1995.

100G 以太网 PCS 子层接收模块的设计

任 文[1]，胡庆生[2]

(1. 东南大学集成电路学院，东南大学射频与光电集成电路研究所，南京，210096；
2. 东南大学信息科学与工程学院，东南大学射频与光电集成电路研究所，南京，210096)
dodowendy@126.com

摘 要：本文设计了基于 IEEE802.3ba 标准的 100G 以太网(100GE)物理编码子层接收电路。其主要模块包括码块同步、对齐标志锁定、通道对齐重排和删除对齐码块、解扰和 64B/66B 解码等模块。电路采用 Verilog HDL 设计，并使用 Modelsim 和 Quartus 9.0 进行仿真验证，仿真结果显示本设计能正确实现 100G 以太网 PCS 层接收模块的功能，速率满足 100G 以太网的指标要求。

关键词：100G 以太网；PCS 子层；64B/66B 解码；多通道分发

Design of PCS Receive Process of 100GE

REN Wen[1], HU Qingsheng[2]

(1. School of Integrated Circuits, Institute of RF -& OE-ICs, Southeast University, Nanjing, 210096;
2. School of Information Science and Engineering, Institute of RF -& OE-ICs, Southeast University, Nanjing, 210096)

Abstract: This paper presents the design of PCS receive process of 100GE compatible with the protocol of IEEE 802.3ba. The functional modules of the design are Block Sync, Alignment Lock, Lane de-skew, Lane Reorder, Alignment Removal, Descramble and 64/66B Decode. Verilog HDL is used for the design and the simulation is based on Modelsim and Quartus 9.0, which shows that the design can correctly implement the function of 100GE PCS and the rate meets the targets of 100GE.

Keywords: 100G Ethernet; PCS sub-layer; 64/66B decoder; MLD

1 引言

随着以太网的不断发展，信息流量暴增，对高速以太网的需求也越来越迫切。IEEE 于 2010 年 6 月颁布了 100G 以太网的标准 IEEE802.3ba[1]，它是在 10G 以太网技术发展起来的，继承保留很多原有的特性。然而，两者在结构上却有所不同，每一帧的数据被分离，并同时通过所有的物理虚通道进行传输，因此需要添加对齐校验码用以校准各个不同的通路,本论文主要研究 100G 以太网 PCS 子层的接收电路设计。

2 PCS 子层接收模块构架

PCS 子层是 100G 以太网物理层的核心，主要完成 64/66B 的编解码以及码块的分发重组，其发送端包括：64B/66B 编码、加扰、码块分发、插入对齐码块这几大功能模块；接收端包括：码块同步、对齐标志锁定、通道重排、删除对齐码块、解扰、64B/66B 解码这几大功能模块，图 1 给出了接收模块的框图。为了达到 100Gps 的传输速度，100G 以太网采用多通道分发技术，例如当虚通道数为 20 路时，可适配多种不同的光模块器件；另一方面降低了对时钟频率的要求，便于逻辑实现，因此多通道分发是 100G 以太网 PCS 子层实现的核心技术[2]。然而，由于多通道传输存在延时，在虚通道中需要添加对齐码块，进行虚通道对齐，以此消除通道延时。

图 1 100G 以太网 PCS 子层的接收模块结构

3 主要模块设计

3.1 码块同步模块

由 64/66B 编码的格式可知 66B 码的最低两位是码块的同步头，其中 10 表示数据码，01 表示控制码。码块同步模块的实现是通过搜索同步头实现的，搜索过程就是对输入的数据流中连续的两位数据进行异或计算，若为真则假定这两位为同步头，然后对其后 64 位的两位数据做相同的同步头检测，并以此类推。如果在假定的同步头后的同步头搜索检测中有 64 次都搜索到了同步头，那么则认定块同步成功。若超过 16 次同步头检测失败，则将假定的同步头检测位置滑动到下一位，重新启动同步头检测模块[3]。

一旦同步头锁定之后，模块向上级发送锁定信号，并停止同步头的检测。根据同步头锁定的位置将码块进行调整，将同步头移到码块的最低两位。锁定之后，复检模块开始工作，在 1024 个周期内如果同步头检测有 65 个检测失败，则再次重新启动同步头检测模块，重新对同步头进行检测和锁定。

3.2 对齐标志锁定、通道对齐、重排和对齐标志删除模块

为了解决 PCS 通道偏移和乱序的问题，在每个通道中都会周期性地加入对齐标志，对齐标志的格式是确定的，两个对齐标志之间间隔 16383 个周期。首先将输入码块与对齐标志进行比较，如果相同则比较 16383 个周期后的码块是否也为对齐标志，连续检测到两次，则可认为对齐标志锁定，并将对齐锁定信号传送给通道对齐模块。

由于每个通道所对应的对齐标志是特有的，根据对齐标志可获得这个通道的通道号，如果 20 路虚通道的通道号不重复，则根据通道号将数据输出到对应的通道之中，实现通道重排。

在 PCS 的发送端，20 路虚通道中对齐标志出现在相同的周期内。因而，在接收端，一旦对齐标志锁定，就将数据缓存到 FIFO 中，当 20 路通道都完成对齐标志锁定后，同时开启 FIFO 读出数据，完成通道的对齐[4]。在对齐标志锁定模块中，会将检索到对齐标志的周期进行标记，一旦这个信号被检测到，就会用一个空闲字符替代对齐标志，从而实现对齐标志的删除。

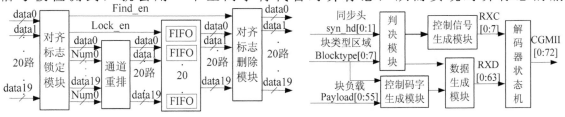

图 2 通道对齐、重排和对齐标志删除模块　　图 3 64/66B 解码器模块框图

3.3 64/66B 解码器

本模块主要完成 64/66B 的解码过程,将解扰器生成的 64bit 数据和 2bit 的同步头总共 66bit 的数据转换成满足 CGMII 接口要求的 64bit 数据码和 8bit 的控制码。IEEE802.3ba 标准中给出了 64/66B 码块的格式和控制字转换的格式,本文设计的 64/66B 解码器如图 3 所示。

判决模块先根据同步头判断其后 64 位是数据代码还是控制代码,如果是数据代码则直接将这 64 位输出,并将控制信号 RXC 清零,如果是控制代码再根据块类型区域判断是哪一种类型的控制代码,并根据 64/66B 码块格式表和控制码转换表将块负载做相应的控制码字转换,同时产生相应的控制信号[5]。解码的过程由接收状态机控制,IEEE802.3ba 标准中给出了解码器状态机的状态转换图,将转换后的结果输出到解码器状态机,最后输出的就是解码后的结果。

4 仿真结果

本文的 100G 以太网 PCS 子层接收模块采用 Verilog HDL 设计,并用 Modelsim 和 Quartus 9.0 进行仿真验证。仿真时主时钟频率设为 156.25MHZ,器件采用 Altera StratixII EP2S180F150814。在对各个模块分别进行仿真和验证的基础上,将各个模块组合起来综合成一个整体的 PCS 子层的接收模块。图 4 是通道 0 的对齐标志锁定模块,产生通道号 num=5'b00000,对齐标志出现周期的标记信号 am_find 和对齐标志锁定信号 am_lock。图 5 是对齐标志删除模块,am_find 信号为高时,将对应周期的码字替换为空闲字符。图 6 是两路通道对齐模块仿真结果,设计中是 20 路通道对齐,只需要将通道数增加为 20 路。两路通道延迟 5 个周期,经过该模块后,输出是对齐的。图 7 是 64/66B 解码器仿真结果,输入码字前三个周期为控制码块、启动码块和数据码块,符合解码器状态机的输入,解码输出的结果与标准中给出的 64/66B 码块格式相符合。仿真结果表明整个接收模块功能正确,速率达到 100Gb/s 的指标要求。

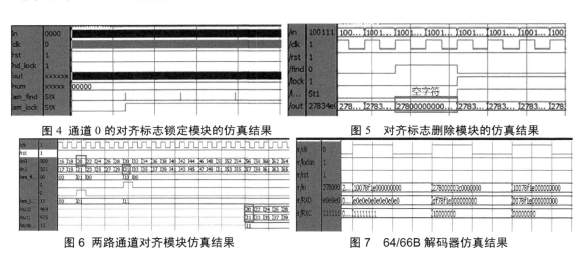

图 4 通道 0 的对齐标志锁定模块的仿真结果　　图 5 对齐标志删除模块的仿真结果

图 6 两路通道对齐模块仿真结果　　图 7 64/66B 解码器仿真结果

5 结论

本文采用 Verilog HDL 设计了 100G 以太网 PCS 子层接收模块,并用 Altera FPGA 实现,仿真结果验证了电路能正确工作在 156.25MHz 主频下,速率满足指标要求。本文的设计对 100G 以太网的应用具有实际意义。

参考文献

[1] IEEE 802.3ba. 2010 Edition.

[2] GUSTLIN M, NICHOLL G, TRAINlN O, et al.100GE and 40GE PCS and MID proposal [S]. 2008.

[3] 刘孜学. 基于 IEEE802. 3ba 标准下 100Gb/s 以太网 PCS 层多通道分发机制的研究与逻辑实现[D]. 成都：西南交通大学, 2010.

[4] 张立鹏. 100G 以太网 PCS 子层研究及其在 FPGA 的实现[D]. 成都：电子科技大学, 2010.

[5] 张鹏，邱琪. 100G 以太网中物理层编解码器设计[J]. 光通信研究, 2009(1).

基于可见光无线通信的 WiFi 接入系统的设计与实现

沈雅娟，黄嘉乐，胡　静，宋铁成

（东南大学信息科学与工程学院，南京，210096）

摘　要：本文将可见光无线通信和 WiFi 技术结合起来，首先对系统的总体方案进行分析，接着依次设计了系统的硬件平台和软件系统，其中，后者主要包括对 WiFi-AP 模块和拆帧组帧模块的设计。最终实现了一种基于可见光无线通信的 WiFi 接入系统，提高了路由器配置时的灵活性，并能提供有效的接入。

关键词：可见光无线通信；接入点（AP）；WiFi；拆帧组帧

The Design and Implementation of WiFi Access Point System based on VLWC

SHEN Yajuan, HUANG Jiale, HU Jing, SONG Tiecheng

(School of Information Science and Engineering, Southeast University, Nanjing, 210096)

Abstract: By combining visible light wireless communication (VLWC) with WiFi technique together, this paper firstly analyzes the overall design architecture of our system, and then elaborates the design of hardware platform and software system, of which the latter one includes the design of WiFi-AP module and frame-fragmentation-and-reassembly module. And eventually implements an WiFi access point system based on VLWC, which enhances the flexibility of the deployment of WiFi routers, and can provide effective access to the Internet.

Keywords: Visible Light Wireless Communication (VLWC); Access Point (AP); WiFi; Frame-fragmentation-and-reassembly

1 引言

众所周知，可见光无线通信具有频谱资源丰富、保密性好、绿色安全、无需许可证等优点[1]。然而，为了实现真正意义上的"LiFi"（Light Fidelity），要求每个用户终端设备上都配有可见光无线收发装置，目前距离该实现还有很长的一段时间[2]。鉴于 WiFi 技术已经相当成熟，本文考虑将可见光无线通信与其结合起来，实现一种新型应用。通过在 WiFi 接入侧和以太网接入侧之间插入可见光通信链路，来解决当前配置 WiFi 路由器时需通过有线方式连接到固定以太网端口的不便，提高了路由器配置时的灵活性。

2 系统总体方案

系统总体结构框图如图 1 所示，主要包括以太网接入侧①和 WiFi 接入侧②两个部分。在实际应用场景中，①与固定的以太网口相连，且照明 LED 配置在其中的可见光收发模块内，为光通信提供下行链路；而②为接入系统的关键，它相当于一个光路由器，一方面与①通过光链路交互数据，另一方面则为多用户提供有效的 WiFi 接入。用户可携带并移动②，在任意安装有①的场所通过无线方式接入①，实现"光-WiFi"信号的转换，配置方式较为灵活。

工作原理如下：WiFi 站点（STA）首先搜索到 AP 的信号，并与 AP 完成认证和关联；然后，WiFi-AP 模块将 WiFi STA 发来的数据帧通过 iptables/netfilter 数据包过滤系统经过以太网口转发给拆帧组帧模块 2，并在其中将以太帧拆装成固定长度的光链路帧，之后交由可见光收发模块处理，使数据流通过一定的调制方式在光链路上传输；对端的可见光收发模块接收到数据并经过适当的解调后，恢复出发端发送的光链路帧，再交由上层的拆帧组帧模块 1 处理；接着，拆帧组帧模块 1 将固定长度的光链路帧恢复成拆帧组帧模块 2 处的以太帧，并从以太网口发送出去，从而完成系统与以太网的数据交互。反向通信过程与此类似。

受篇幅限制，本文主要讨论系统链路层及以上层次的实现，物理层部分的可见光收发模块主要完成了调制解调等工作，本文不详细说明。此外，由于拆帧组帧模块 1 和 2 的功能是对称的，因此，下面主要对 WiFi-AP 模块和拆帧组帧模块进行设计和实现。

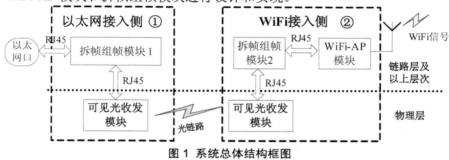

图 1 系统总体结构框图

3 硬件平台的设计与实现

接入设备采用 ARM 嵌入式系统进行开发。为使拆帧组帧模块 1、2 对称，且使不同的功能模块分工明确，本文的拆帧组帧模块 1、2 均选用英蓓特公司生产的 SBC6020 开发板，而 WiFi-AP 模块则采用该公司的 SBC8600B 开发板来作为其主控部分。其中，SBC8600 单板机基于 TI AM3359 处理器，主频 720MHz，主板板载 2 个千兆以太网口和 2 路 USB Host，为系统的速度和开发便利提供保障。SBC6020 单板机的处理器为 Atmel AT91SAM9G20，支持板载的两个以太网口开启混杂模式，使拆帧组帧模块的功能得以施行。此外，对于 WiFi-AP 模块而言，本文选用腾达的 W311Ma USB 无线网卡，将其与 SBC8600 通过 USB Host 相连接，用以实现系统的 AP 功能。该无线网卡支持 softAP，并支持 IEEE 802.11b/g/n 三种 WLAN 标准，最高传输速率可达 150Mbps，符合系统要求。图 2 给出了 WiFi 接入侧的硬件连接示意图。

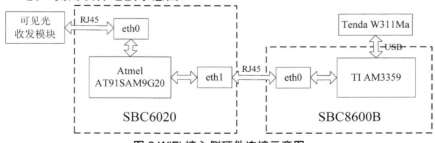

图 2 WiFi 接入侧硬件连接示意图

4. 软件系统的设计与实现

本文采用嵌入式 Linux 系统，选用交叉编译的开发方式。其中，宿主机为装有 ubuntu 10.04 的

PC，交叉编译工具为 arm-none-linux-gnueabi-gcc 和 arm-linux-gcc，分别用于 SBC8600（Linux 3.2.0 内核）和 SBC6020（Linux 2.6.30 内核）的程序编译。下面，以此为基础对 WiFi-AP 模块和拆帧组帧模块进行设计。

4.1 WiFi-AP 模块

WiFi-AP 模块基于 SBC8600 单板机，软件层次框图如图 3 所示。为使系统支持无线网卡，需对相关驱动进行移植。考虑到腾达 W311Ma 采用的是 Ralink rt5370 芯片，而 Linux 3.0 之后的内核中已经集成了 rt5xxx 的驱动，因此，只需对内核进行相关配置，使其支持 rt5370 softAP 驱动即可。配置好后，重新编译内核，并依次向 NAND Flash 中写入 bootloader、内核和 ubifs 根文件系统，就可以对用户级的软件程序进行移植了。

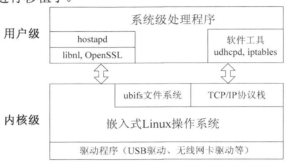

图 3 WiFi-AP 模块软件层次框图

无线网卡的 AP 功能主要由 hostapd 来实现，它是一个实现 AP 和鉴权服务器的用户空间的守护进程[3]。其数据收发结构图如图 4 所示。驱动从 STA 接收 WiFi 协议帧，该帧主要有三种类型，即数据帧、管理帧和控制帧。如果接收到的是后两种帧，驱动将其转发给 hostapd，用于协调 STA 与 AP 之间的关联、认证、同步以及对 STA 间竞争的处理；如果收到的是数据帧，则转发给上层接口，如 netfilter 等进行处理。

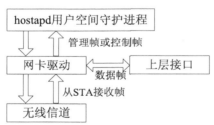

图 4 hostapd 数据收发结构图

在移植 hostapd 之前，需先移植 libnl 和 OpenSSL。其中，libnl 是应用程序处理 Netlink sockets 所需的库，而 hostapd 需使用 Netlink 作为其与驱动的通信接口；OpenSSL 是为网络通信提供安全及数据完整性的一种安全协议[4]。移植完 hostapd 后，为使 AP 能在关联过程中为用户动态分配 IP，还需移植 udhcpd 并进行适当的配置。至此，WiFi STA 已经能顺利地搜索并连接到 AP 了。在此基础上，只需再移植 iptables 工具并设定相应的路由规则[5]，即可将 WiFi 端口（wlan0）接收到的数据帧从指定以太网口（eth0）发送到拆帧组帧模块 2。

4.2 拆帧组帧模块

拆帧组帧模块采用 SBC6020 单板机实现，需要用到板载的两个以太网口 eth0 和 eth1。它们均开启为混杂模式，并分别与程序创建的两个套接字 sock0 和 sock1 进行绑定。由于这两个套接字被创建为 socket (PF_PACKET, SOCK_RAW, htons(ETH_P_ALL))，因此由数据链路接收的任何协议的以太网帧都将返回到这些套接字[6]，供程序处理。其中，eth0 与可见光收发模块通过 RJ45 双绞线相连，该网口收发的均为固定长度的光链路帧；而 eth1 则与 WiFi-AP 模块的 eth0 或以太网相连，用于收发以太帧。下面，将对拆帧组帧模块的具体实现过程进行分析。

首先，对光链路帧的帧格式进行定义，如表 1 所示。如前所述，光链路帧的长度是固定的，设为 564 字节。其中，帧首部占用 5 个字节，包括帧序号、分段标志和数据长度三个字段。由于以太帧的长度在 64~1518 字节之间[7]，因此，任意以太帧最多能拆分成 3 个光链路帧。每个光链路帧对应于一个帧序号 SN，它在 0~4095 之间循环取值。分段标志占用一个字节，本文只使用其最高两位 f_7f_6，其余的为保留位，取为 000001。其中，f_7 表示该帧的前面是否要接其他光链路帧来构成一个以太帧；而 f_6 则表示该帧的后面是否还需接其他光链路帧来构成一个以太帧。数据字段存放的是实际被拆分后的以太帧部分，不足 559 字节的部分直接补零；len 字段用于记录数据字段实际包含的以太帧长度。

表 1 光链路帧帧格式

字段	序号（SN）	分段标志（flag）	数据长度（len）	数据（data）
长度	2 字节	1 字节	2 字节	559 字节

为了使数据的收发和拆帧组帧过程同时进行，本文采用多线程的方法，分别创建了接收、发送、拆帧和组帧四个线程。其中，拆帧和组帧这两个线程比较复杂，本文将着重进行分析，其流程图如图 5 所示。对于图 5(a)，拆帧线程首先从 eth1（也即 sock1）接收以太帧，长度为 n 字节。若 n 不大于 559 字节，则说明该以太帧无需拆分，只需加上帧首部构成光链路帧并放入发送缓存队列 send_buff 即可；若 559<n≤1118 或 n>1118，则需分别拆分为两个或三个光链路帧，其 flag 字段的取值规则如前面所述。发送线程循环进行，只要 send_buff 中有帧，就依次将帧取出并通过 eth0（也即 sock0）发送到可将光收发模块。同样的，接收线程也不断地从 eth0 接收光链路帧，并将帧按序号依次存入接收缓存队列 recv_buff 中。

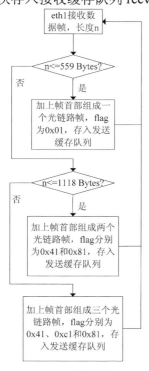

（a）拆帧线程　　　　　　　　　　　（b）组帧线程

图 5 拆帧组帧线程流程图

下面讨论组帧线程。如图 5(b)所示，只要 recv_buff 中有帧存在，组帧线程就将其取出，并判断该帧是否与上一帧连续，用以检测是否丢帧。若连续，则 succ=1；否则，succ=0。接着，判断 flag 字段的取值，若为 0x01，说明该光链路帧即能构成一个完整的以太帧，置 discard 标志为 0，表明该帧不被丢弃，并将还原后的以太帧从 eth1 发出；若 flag 为 0x41，则表明该帧为一个完整以太帧的第一个分段，后面还需接其他分段，先将该光链路帧的数据部分拷贝到缓冲区 eth1_send_buff 偏移量为 0 的位置，并使 discard=0；若 flag 为 0xc1，说明该帧需跟其前后两个连续的帧组成一个以太帧，首先判断 suc 是否等于 1，若不是，则置 discard=1，说明该帧被丢弃，否则，置 discard 为 0，并将帧的数据部分拷贝到缓冲区 eth1_send_buff 偏移量为 559 字节的位置；若 flag 为 0x81，说明该帧为一个完整以太帧的最后一个分段，且前面需接其他分段，首先，判断该帧是否连续且前一帧没被丢弃，若是，则跟前面的帧一起构成一个以太帧，并从 eth1 发送出去，否则，直接置 discard 为 0，相当于丢弃整个以太帧。

至此，拆帧组帧模块的功能已经基本实现。需要注意的是，由于引入多线程，在用到进程中的共享资源，如 send_buff，recv_buff 等时，需要进行同步，本文采用互斥锁[8]来实现。

5 结束语

本文将可见光无线通信与 WiFi 技术结合起来，通过对硬件平台和软件系统进行设计，并采用类似图 2 的硬件连接方式对系统进行联调，实测表明可以方便地使用。

总的来说，该 WiFi 接入系统提高了路由器配置时的灵活性，思路新颖，实现方式简洁。但是，仍存在一定的改进空间，如在拆帧组帧模块中可以对光链路丢帧、错帧的情况加以处理，并进行适当的流量控制和拥塞控制等，来提高链路的传输效率。

基金项目：江苏省科技支撑计划（BE2011177）

参考文献

[1] 洪文昕, 禹忠, 韦玮, 等. 短距离可见光通信技术进展与 IEEE802.15.7 [J]. 光通信技术, 2013, 37(7).

[2] 王辰越. LiFi 来了：灯泡变身路由器[J]. 中国经济周刊, 2013 (42): 80-81.

[3] Jouni Malinen. hostapd[OL]. [2010-9-7]. http://hostap.epitest.fi/hostapd/.

[4] 陈曾海, 张琳. 基于嵌入式 Linux 的 3G-WiFi 接入功能的研究与实现[J]. 2011.

[5] 沈雅娟, 梁飞虎, 胡静, 等. 多网融合网关网络资源共享功能的设计与实现[J]. 信息化研究, 2014, 40(001): 18-22.

[6] Stevens W R, Fenner B, Rudolf A M. UNIX 网络编程：第 1 卷：套接字联网 API[M]. 3 版.北京：人民邮电出版社, 2010:626-627.

[7] 黄贻望, 万良, 李祥. 以太帧的捕获, 解析与应用[J]. 贵州大学学报：自然科学版, 2009, 26(1): 44-46.

[8] 吴宇佳, 浦伟, 周妍, 等. Linux 下多线程数据采集研究与实现[J]. 信息安全与通信保密, 2012 (7): 92-94.

一种可见光传输链路的设计与实现

黄嘉乐，沈雅娟，胡 静，宋铁成

(东南大学信息科学与工程学院，南京，210096)
huangjialerick@gmail.com

摘 要：本文设计了一种可见光传输链路的总体方案，包括发送端、接收端硬件平台的设计和数字基带处理部分的设计。发送端 LED 驱动电路设计主要采用射频功放加 Bias-Tee 直流馈电的结构，而接收端光电感应电路则主要基于雪崩二极管和跨阻抗放大器进行设计。基带采用 OOK 的调制方式，并对信道进行检测和均衡。联调和测试结果表明该可见光链路可以在 50Mbps 的数据速率下进行可靠传输。

关键词：可见光通信；发射机；接收机；信道检测；均衡算法

Design and Implementation of a Visible Light Transmission Link

HUANG Jiale, SHEN Yajuan, HU Jing, SONG Tiecheng

(School of Information science and engineering, Southeast University, Nanjing 210096)

Abstract: This paper describes a design and implementation of a visible light transmission link, including hardware design for a transmitter and a receiver and implementation for baseband digital signal processing. The transmitter is based on power amplifier and bias-tee structure. The receiver consists of avalanche photo diode and transimpedance amplifier. As for the digital transmission, an OOK(on-off-keying) scheme is used, and channel estimation as well as pre-equalization is employed to enhance the transmission rate. The result shows that the system works well at a data speed of 50Mbps.

Keywords: Visible light communication; Transmitter; Receiver; Channel estimation; Equalization algorithm

1 引言

可见光通信作为短距离无线通信的一种新手段，以其独有的安全，绿色，高效的特性，受到越来越多的重视。受自身结电容的影响，大功率 LED 灯的响应带宽一般小于 2MHz[1,2]。据悉，采用 MOS 管直接驱动的方式可以实现 10Mbps 的实时通信[3]；而通过在发送端增加 RC 均衡网络[4]和选频谐振电路[5]，在接收端增加有色滤镜及 RC 后均衡网络[6]等硬件手段能进一步克服 LED 对带宽的限制。然而，硬件方法虽然有效，但容易受到器件、环境等因素影响，自适应能力较差，加入软件均衡的方法则能弥补这个问题[1]。基于此，本文提出一种可见光传输链路，在运用硬件方法提升信道带宽外，还通过软件的方法对信道进行检测和均衡，有效地克服码间干扰，提高了通信速率。

2 总体方案

可见光传输链路的总体方案如图 1 所示，系统包括发送端和接收端，通过建立无线光信道，实现两台电脑之间的 MAC 层通信。发送端由基于 FPGA 的数字基带处理模块，D/A 转换模块和 LED 驱动模块组成。接收端由基于雪崩管和跨阻放大器(TIA)的光电转换模块，A/D 转换模块以及接收端 FPGA 模块组成。

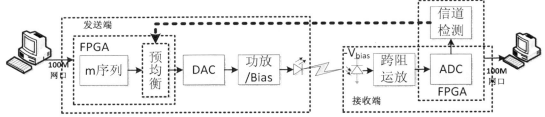

图 1 可见光传输链路总体方案

用户数据通过百兆网口进入 FPGA，经预均衡等数字处理后，在 OOK 调制方式下，由 D/A 转换模块串行输出，经由功放电路和 Bias-Tee 电路驱动 LED 灯发光。在接收端，光信号通过 APD 感光元件和跨阻放大器，转变为模拟电信号，再由 ADC 采样后转变为数字信号。经过信道后的数据会带有信道的信息，因而可以用来对信道进行检测和参数估计，估计结果被反馈到发送端，就可以在发送端对发送序列进行预均衡，从而得到更好的接收波形。

3 硬件平台的设计与实现

可见光传输链路的硬件平台包括发送端和接收端两个部分，它们的数字处理都采用了 XILINX® 公司 ML605 的处理平台。在发送端，FPGA 与 D/A 转换模块直接相连，D/A 转换模块中采用 ADI® 公司 AD9112 芯片，它具有双通道、16 位、1230MSPS 转换速率。在接收端，FPGA 与 A/D 转换模块直接相连，A/D 转换模块采用 TI® 公司 ADS5474，采样速率 400MSPS。除了上述硬件，本文还设计了发送端 LED 驱动电路，和接收端的光电转换电路。

3.1 发送端驱动电路

发送端 LED 驱动电路结构如图 2 所示。信号从 D/A 输出经过两级放大，第一级进行了二阶高通滤波，目的在于抑制低频部分的响应，均衡 LED 的带宽；第二级对信号进行功率放大，采用并馈方式对功放馈电，并设计谐振网络对信号进行均衡。其中第一级采用 OPA2674 运算放大器，4 倍增益时有 220MHz 的带宽。第二级功放采用三菱公司 RD06HVF1 射频功放管，它的输出功率在 175MHz 工作点能够大于 6W。此外采用的 LED 灯为 Cree®公司 XLamp®系列 RGB 结构的 MC-E 型灯，其每种颜色灯片最大正向电流可达 700mA，最大功率接近 3W。

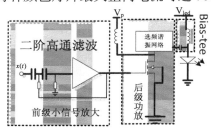

图 2 发送端 LED 驱动电路结构

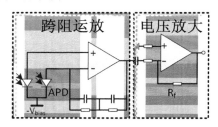

图 3 接收端光电转换电路结构

3.2 接收端驱动电路

接收端光电转换电路结构如图 3，光信号在接收端被感光二极管接收，光的强弱变化被转变为电流的强弱变化。感光二极管采用 AD500-9 雪崩二极管，有 500MHz 的响应带宽。雪崩二极管输出的电流极小，需要用较大增益的跨阻抗放大器将电流强度的变化转变成电压大小的变化，为此系统采用 TI 公司 opa657 作为跨阻运放，其带宽增益积为 1.6G，反馈回路串接的增益电阻为 6KΩ。后级放大芯片为 MAX477，带宽可达 300MHz，用来进行电流放大，驱动后级的 A/D 模块。雪崩二极管具有灵敏度高，带宽大的优势，但是需要在较高的负偏压下工作，这会增大二极管本身的暗电流，进而引入噪声。为了克服这个噪声影响，设计中采用两个相同的雪崩管，接在运放的两个差分端，遮挡其中一个雪崩管，使其不接受信号只产生暗电流，这样让两个雪崩管的暗电流效应相互抵消，从而大大降低了噪声。

4 软件系统设计与实现

4.1 数字基带处理

通信实现的主要流程如图 4 所示，在发送端用户数据通过百兆以太网接口由 PC 机传到 FPGA 中。在 FPGA 中，首先对网口的并行数据转换成串行数据，然后将串行数据经过加扰模块与 m 序列进行异或加扰，之后组成物理发送帧。在发送之前与估计的信道参数相卷积，进行预均衡，均衡后的数字信号经过 D/A 转换模块后，送入光信道。

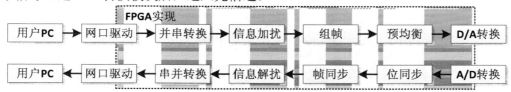

图 4 通信实现的主要流程

光信道中的数据流结构如图 5 所示，主要包括两类传输帧，一类是包含用户数据的数据帧，一类是在空闲时间发送的空闲帧。数据帧包括用于帧检测和位同步的 56 比特前导码、用于判别帧头的 8 比特帧界定符以及用户的 4512 比特数据三个部分。空闲帧则由周期为 255 的 m 序列构成，也是用于信道估计的探测信号。

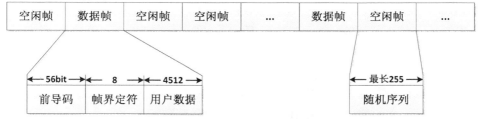

图 5 光信道中的数据流结构

在接收端，用 A/D 转换模块在 400MSPS 速率下进行采样，采样数据进入 FPGA 后由 IDDR 模块从单路转为双路，每一路的数据速率就降至原来一半，便于 RAM 的操作。在帧检测的过程中，将 56 比特前导码设计为前后 28 比特相同的结构，在每个时钟比较这 28 比特的内容，相似度超过一定阈值就判定帧到达。确定 d 时刻相似度的公式为[7]：

$$M(d) = \frac{|P(d)|}{R(d)} = \frac{|\sum_{i=0}^{N-1} r(d+i)r(N+d+i)|}{\sum_{i=0}^{N-1}(|r(d+i)|^2 + |r(N+d+i)|^2)} \quad (1)$$

其中，分子上是前后 28bit 采样数据的互相关，分母上是这 56bit 采样数据的自相关，$r(d)$ 是 d 时刻的接收信号采样值。由公式可知前导码的前后两个部分越相似，计算出的相似度值 $M(d)$ 越高。

确定帧到达后，再比较帧界定符是否正确，若正确则对后续的数据进行判决和处理，最后要从加扰信息中把用户数据还原，通过网口发给接收端电脑。

4.2 信道检测和均衡

(1)信道检测

在接收端利用空闲帧的 m 序列进行信道检测。设 m 序列 $[u_1,...,u_n]$ 满足 $u_j=\pm a$, $1 \leq j \leq n$，并且有

$$\sum_{j=1}^{n} u_j u_{j+m} \approx \begin{cases} a^2 n, & m=0 \\ 0, & m \neq 0 \end{cases} = a^2 n \delta_m \tag{1}$$

可以证明式中第二个等号在较长的 m 序列情况下带来的误差可以忽略[8]。

把信道建模成一个有限冲击响应的滤波器，对信道参数的估计就是求解这个滤波器的抽头系数。假设 $G_{k,m}$ 是在时刻 m 第 k 个抽头系数的值，并且假设信道是时不变的，不考虑噪声影响，那么这个 m 序列在输入信道后得到的输出可以表示成

$$V_m = \sum_{k=0}^{n-1} G_k u_{m-k} \tag{2}$$

若将这个输出和输入的 m 序列作相关运算则有

$$K_j = \sum_{m=-j+1}^{-j+n} V_m u_{m+j} = \sum_{m=-j+1}^{-j+n} \sum_{k=0}^{n-1} G_k u_{m-k} u_{m+j} = \sum_{k=0}^{n-1} G_k a^2 n \delta_{j+k} = a^2 n G_k \tag{3}$$

由最后推导可知在以上假设的条件下，这个相关的结果对应于信道抽头系数的常数倍。

(2)信道均衡

得到信道参数后，就可以求解预均衡器系数。用矩阵的形式来表示预均衡系统的响应：

$$\mathbf{y=XHg+z} \tag{4}$$

其中 $\mathbf{y}=[y(0), y(1), ..., y(N-1)]^T$ 为接收向量，$\mathbf{g}=[g(0), g(1), ..., g(M-1),0,...,0]^T$ 为预均衡滤波器的抽头系数向量，$\mathbf{z}=[z(0), z(1), ..., z(N-1)]^T$ 是加性噪声向量，

$$\mathbf{X} = \begin{pmatrix} x(0) & 0 & 0 & \cdots & 0 \\ x(1) & x(0) & 0 & \cdots & 0 \\ x(2) & x(1) & x(0) & \ddots & 0 \\ \vdots & \vdots & \ddots & \ddots & \vdots \\ x(N-1) & x(N-2) & \cdots & x(1) & x(0) \end{pmatrix}, \mathbf{H} = \begin{pmatrix} h(0) & 0 & 0 & \cdots & 0 \\ h(1) & h(0) & 0 & \cdots & 0 \\ h(2) & h(1) & h(0) & \ddots & 0 \\ \vdots & \vdots & \ddots & \ddots & \vdots \\ h(N-1) & h(N-2) & \cdots & h(1) & h(0) \end{pmatrix}$$

分别是发送信号矩阵和信道的抽头系数矩阵，且 $h(M)=h(M+1)=\cdots=h(N-1)=0$。信道的抽头系数矩阵 $\mathbf{H}$ 的其余参数可通过上文的信道估计得到。这里假设信号序列长度 N 是大于信道阶数 M 的。根据 LS 准则可以推导预均衡器抽头系数

$$\hat{\mathbf{g}} = \arg\min_{\mathbf{g}} \{J(\mathbf{g})\} = \arg\min_{\mathbf{g}} \left\{ \left\| \mathbf{XHg - X} \right\|^2 \right\} \tag{5}$$

要求得最小值，需满足 $J(\mathbf{g})$ 对 $\mathbf{g^H}$ 偏导数为零，可以求得估计值 $\hat{\mathbf{g}}$ 如公式(7)

$$\hat{\mathbf{g}} = (\mathbf{H^H H})^{-1}\mathbf{H^H D} \tag{6}$$

其中 $\mathbf{D}=[1,...,0]^T$.

5 联调与测试

测试表明，经硬件均衡后的系统能达到大于 25MHz 的带宽，并能实现 50Mbps 速率的传输。此外，测试还用 25Mbps 速率的 m 序列，对 11MHz 带宽的系统进行信道估计和软件均衡测试，测试结果如图 6 所示。图 6(a)为未预均衡时的发送（上）和接收（下）波形，发送波形是方波，接收端波形出现了明显的失真，无法进行正确判决。图 6(b)是增加预均衡后的发送波形（上）和接收波

形（下），信号在发送端进行了预均衡处理，得到的接收波形失真明显减小。图(c)和(d)中对应的眼图情况表明信号在预均衡后的接收波形得到明显改善。

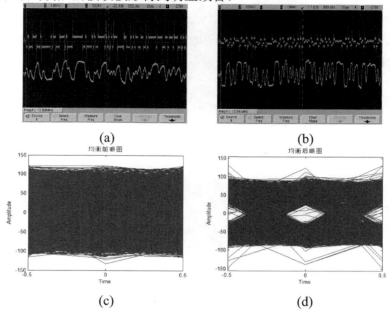

图 6　(a)和(b)分别是均衡前后发送波形（上）和接收波形（下），(c)和(d)分别是均衡前后的眼图

6　结束语

本文提出了一种可见光传输链路的设计方案，主要介绍了发送端和接收端的硬件平台，以及数字基带处理软件的设计与实现。实际测试结果表明，通过硬件均衡的方法，系统可达到 50Mbps 传输速率。此外，系统采用的软件预均衡方法也可以有效地提高系统的性能。

项目基金:江苏省科技支撑计划（项目编号：BE2011177）：基于可见光的无线局域网技术研究及系统开发

参考文献

[1] Boyuan J., et al. Visible light communications using blind equalization. Communications and Photonics Conference and Exhibition, 2011. ACP. Asia.

[2] Liu Y. F., et al. Equalization and pre-distorted schemes for increasing data rate in in-door visible light communication system. Optical Fiber Communication Conference and Exposition (OFC/NFOEC), 2011 and the National Fiber Optic Engineers Conference.

[3]刘伟,张常年,钟豪,康小麓.实时以太网视频的室内可见光通信系统研究[J].北方工业大学学报,2014.3(26.1).

[4] Le Minh, H., et al. 80 Mbit/s visible light communications using pre-equalized white LED. IEEE.

[5] Minh H. L., D. O'Brien. High-speed visible light communications using multiple-resonant equalization. Photonics … 20: 1243-1245.

[6] Ming H. L., O'Brien O, FAULKNER G, et al.100-Mb/s NRZ visible light communications using a postequalized white LED[J]. IEEE Photonics Technology Letters, 2009,21(15):1063-1065.

[7] Tian, Panta K., Suraweera H.A., Schmidt B., McLaughlin S., Armstrong J.. A novel timing synchronization method for ACO-OFDM-based optical wireless communications. IEEE Transactions on Wireless Communications, 2008,7(12):4958-4967.

[8] Gallager R, Zheng L. 2002 Channel measurement and Rake receivers, Introduction to Digital Communication, MIT Course, 6.450, 2002.

● 其 他

基于 BLT 方程的双绞线电磁耦合特性建模

梁云泽，牛臻弋，刘 峰

(南京航空航天大学雷达成像与微波光子技术实验室，南京，210016)
789217789@126.com

摘 要：本文研究了基于 BLT 方程的双绞线场线耦合特性的建模方法。将双绞线看作一组均匀传输线以交叉方式的级联，在两扭绞部分的级联处引入理想节点，并计算节点的散射参数，将双绞线等效为多导体传输线网络进行求解。采用上述方法，求解了在平面波激励下双绞线共模等效模型和差模等效模型的终端负载响应，并比较了两种模型的感性耦合大小。计算结果与 CST 软件仿真结果吻合较好，表明了该方法的正确性和高效性，并且在低频时双绞线的差模等效模型的感性耦合小于共模等效模型。

关键词：双绞线；电磁耦合；BLT 方程

Modeling of Electromagnetic Coupling Behavior of Twisted-Wire Pairs Based on BLT Equation

LIANG Yunze, NIU Zhenyi, LIU Feng

(Radar Imaging and Microwave Photonic Technology Lab, Nanjing University of Aeronautics and Astronautics, Nanjing, 210016)

Abstract: The electromagnetic coupling characteristic of the twisted-wire pair is analyzed by using Baum-Liu-Tesche (BLT) equations. The twisted-wire pair is modeled as a cascade of loops consisting of uniform two-wire sections with abrupt interchanges of wire positions at the end of each loop. After introducing ideal junction to the cascade of two twisted parts to calculate the scattering parameters, the twisted-wire pair is transformed to multi-conductor transmission line network. Using the above method, terminal load response of the twisted pair about common-mode and differential-mode equivalent model excited by plane wave is solved, and the induced coupling of the two models is compared. The numerical results obtained by using the method proposed in this paper agree with the simulation results. It indicates the validity and efficiency of the method, and in the low frequency, the induced coupling of differential-mode equivalent model is less than common-mode equivalent model.

Keywords: Twisted-wire pair; Electromagnetic coupling; BLT equation;

1 引言

高强辐射场（HIRF）[1]被认为是飞行器飞行安全最危险的电磁骚扰来源之一，它通过外接的各种电源线、电气线以及信号线对电子设备造成干扰耦合。双绞线良好的抗电磁干扰能力以及低损耗、价格便宜的性能，使其在航空飞行器、汽车等得到广泛的应用，因此开展双绞线电磁耦合问题的研究具有重要的现实意义。

双绞线是一种360°扭绞的不均匀的传输线，不能直接应用传输线方程来求解其负载响应。应用传统的全波分析方法、双螺旋线模型、FDTD法等方法[2-4]，虽然计算结果精确，但分析和计算过程复杂，效率低。本文提出了一种分析双绞线电磁耦合响应的简易高效的方法。将双绞线看作一组均匀传输线以交叉方式的级联，在两扭绞部分的级联处引入理想节点，并计算节点的散射参数，将双绞线等效为多导体传输线网络，建立BLT方程来计算该传输线网络，得到传输线近端和远端负载的电磁耦合响应。

2 双绞线场线耦合模型

双绞线模型如图1所示，按照端接负载接地情况的不同可分为共模等效和差模等效，两种模型两端都分别接有电阻R_1和R_2。图1(b)中R_1的一端接地，由于双绞线中的一根导线与另外一根构成回路，与图1(a)相比其接收环面积（即图中的阴影部分）变得很小，双绞线绞环中感应的电磁场相互抵消，从而能够降低电路中的电感耦合干扰[5]。

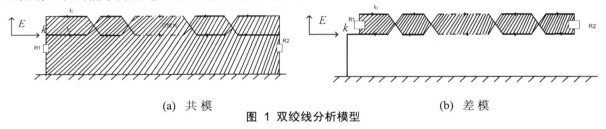

(a) 共模　　(b) 差模
图1 双绞线分析模型

为了对图1中的双绞线进行场线耦合的分析，对双绞线做如下近似[6]：①扭绞部分为均匀传输线；②两扭绞部分间距近似为无限小。图2给出了双绞线其中的一段。

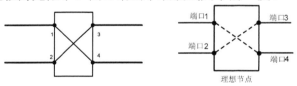

图2 双绞线绞环　　图3 双绞线理想节点示

为了使双绞线各个绞环两端的传输线连续，人为地在两扭绞部分的级联处引入理想节点[7]，级联处的理想节点如图3所示。关于理想节点详细的描述这里不再赘述。理想节点的散射矩阵为

$$S = \begin{bmatrix} -C_V \\ C_I \cdot Y_c \end{bmatrix}^{-1} \cdot \begin{bmatrix} C_V \\ C_I \cdot Y_c \end{bmatrix} \tag{1}$$

Y_c是各端口所连接管道的特性导纳矩阵。求出所有理想节点散射矩阵后，结合物理节点的电压散射系数便可以构造整个传输线网络的散射矩阵。最后，建立BLT方程[8]来计算该传输线网络，得到双绞线近端和远端负载的电磁耦合响应。其中BLT方程基于电磁拓扑理论，以管道和节点表示传输线及其终端。多导体传输线网络中的各节点和管道的关系为

$$V = [I+S] \cdot [\Gamma - S]^{-1} \cdot V_S \tag{2}$$

V为节点总电压；V_S为激励源向量；I为单位矩阵；Γ为传输矩阵；S为散射矩阵。将求出的整个传输线网络的散射参数和传输函数带入到式（2）可得到各节点的电压，即得到了双绞线近端和远端负载的电压响应。

3 仿真结果与分析

双绞线的结构图如图4所示，算例中，双绞线的线长均为2.09m，距地高度h=2cm，半径均为16mils。双绞线单个绞环长度为2.09cm，两导线间距的一半为Δh=33mils，端接电阻$R_1=R_2=50\Omega$。平面波的入射方向与极化方向如图1所示，入射平面波电场幅值为1V/m。将双绞线看作100个绞环的级联，建立BLT方程求解级联后的传输线网络，分别计算出双绞线的差模等效模型和共模等效模型端接负载的电压频域响应。

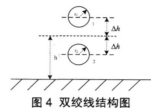

图4 双绞线结构图

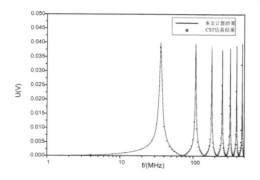

图5 差模等效近端负载电压响应　　**图6 差模等效远端负载电压响应**

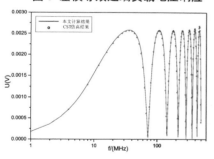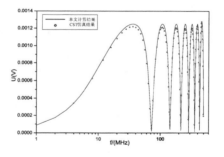

图7 共模等效近端负载电压响应　　**图8 共模等效远端负载电压响应**

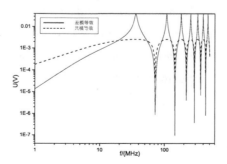

图9 共模与差模等效模型近端负载电压

图 5 和图 6 为双绞线差模等效模型端接负载的电压频域响应，图 7 和图 8 为双绞线共模等效模型端接负载的电压频域响应，图 9 为双绞线共模与差模等效模型近端负载电压的对比。从图 5~8 可以看出两种结果基本吻合，验证了本文方法的正确性，但也存在一定的误差，误差产生的原因是双绞线绞环级联处的理想化。由图 9 可以看出在低于 10MHz 频率范围内，差模等效模型的感性耦合明显小于共模等效模型，且感性耦合均随频率的升高而增大，但在大于 10MHz 时，出现了振荡现象。

在对差模等效模型的计算中，CST 仿真所用的时间为 58s，而本文方法所用的时间为 28s，比使用 CST 软件仿真的总时间减少了 50%。该数据可以验证本文方法对于双绞线电磁耦合问题计算的高效性。所有的仿真均在双核 Pentium（R）2.50GHz、内存 2.0GB 的个人计算机上进行，编程计算的开发环境为 Matlab。

4 结论

本文采用了一种简单易行、低频仿真精度较高、效率高的分析双绞线电磁耦合特性的方法。将双绞线看成 N 个绞环级联，引入理想节点，应用 BLT 方程，计算了在平面波激励下双绞线共模等效模型和差模等效模型终端负载的电压频域响应。本文工作对于研究飞行器电子设备抗电磁干扰能力具有重要的指导意义。

参考文献

[1] Ling H, Chou R, Lee S.W. Shooting and bounding rays: Calculating RCS of an arbitrary cavity. IEEE Antennas and ProPagation Society International Symposium, 1986, AP-24:293-296.

[2] Alksne, Alberta Y. Magnetic fields near twisted wires. IEEE Transactions on Space Electronics and Telemetry, 1964, 10(4):154-158.

[3] Taylor, C. D., Castillo, J. P. On the response of a terminated twisted-wire cable excited by a plane-wave electromagnetic field. IEEE Transactions on Electromagnetic Compatibility, 1980(1):16-19.

[4] 任武，丁四如，高本威.双绞传输线电磁兼容特性的 FDTD 分析[J].电波科学学报，2002（1）：45-49.

[5] 马明.屏蔽双绞线抗电磁干扰研究及其在城轨车辆上的应用[J].电力机车与城轨车辆，2006,5:14-17.

[6] Tang L., et al. The study on crosstalk of single wire and twisted-wire pair. 2013 Proceedings of the International Symposium on Antennas & Propagation (ISAP), 2013,2.

[7] Parmantier J.P. An Efficient Technique to Calculate Ideal Junction Scattering Parameters in Multi-conductor Transmission Line Networks. Interaction Notes, Note 536,1998.

[8] Maity S., Maitra S. Minimum distance between bent and 1-resilient Boolean functions[C]. Fast Software Encryption. Springer Berlin Heidelberg, 2004: 143-160.

开缝腔体内场线耦合特性建模

刘峰，牛臻弋，梁云泽

(南京航空航天大学雷达成像与微波光子技术实验室，南京 210016)

lf040810312@163.com

摘 要：本文采用一种半解析半数值的方法分析了外部电磁场通过孔缝进入腔体内部并耦合到腔内线缆的问题。首先，采用矩量法和腔体格林函数求得孔缝上的等效磁流，并计算出其在腔体内产生的场。然后，运用 BLT 方程计算线缆终端负载上产生的响应。采用上述方法，求解了外部平面波照射下，开缝腔体内线缆终端负载的响应，计算结果与软件仿真结果吻合良好，表明了此方法的有效性。

关键词：矩量法；腔体格林函数；BLT 方程；终端响应

Modeling of Coupling onto Wires Enclosed in Cavities with Apertures

LIU Feng, NIU Zhenyi, LIANG Yunze

(Radar Imaging and Microwave Photonic Technology Lab, Nanjing University of Aeronautics and Astronautics, Nanjing, 210016)

Abstract: This paper uses a semi-analytic methed to analyze the issue of the electromagnetic field penetration through apertures to a cavity and coupling to a transmission line in the cavity. On the apertures, the equivalence sources is obtained by the method of moments (MoM) along with the cavity Green's function. Then, based on the Baum-Liu-Tesche(BLT) equation, we obtain the semi-analytic solutions of the load response of the transmission line in the cavity. Using the above method, the terminal responses of the two-wire transmission line in a cavity with apertures illuminated by a plane wave is solved. The numerical results obtained by the methods proposed in this paper agree with the results of simulation software. It indicates the validity of the method..

Keywords: The method of moments (MoM); Modal Green's function; Baum-Liu-Tesche(BLT) equation; Load response

1 引言

在复杂电磁环境下，电磁场耦合到屏蔽腔体内的电子设备或电子元件，会使电子设备或电子元件受到干扰，造成性能降低甚至损坏，进而使整个电子系统失效。因此，带有孔缝腔体的电磁耦合研究成为电磁兼容研究的一个重要课题[1]。

对于孔缝耦合的研究，既有时域有限差分法（FDTD）、矩量法（MoM）、有限元法（FEM）等数值方法，也有等效电路法等解析方法[2,3]。但是数值方法会占用大量的计算资源，而解析法在应用范围上有较大的局限性。本文提出一种半解析半数值方法，将矩量法与腔体格林函数结合，精确计算出了孔缝处的等效磁流，并利用并矢格林函数求得孔缝腔体内的电磁场分布，然后运用 BLT 方程得到了腔体内线缆终端负载上的响应。

2 孔缝耦合模型

孔缝耦合模型如图 1 所示，矩形腔体表面开有狭长缝隙，内部放置平行的双线，外部电磁场通过孔缝进入腔体并在线缆负载上产生响应。

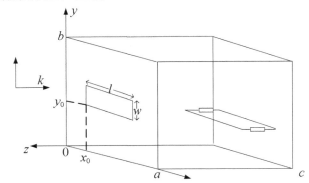

图 1 孔缝耦合模型

腔体外部的散射场可以表示为

$$\overline{H}^a(\overline{r}) = -jk_0 Y_0 \int_S 2\overline{M}(\overline{r}) \cdot \overline{\overline{\Gamma}}_0(\overline{r};\overline{r}') ds' \tag{1}$$

其中 $\overline{M}$ 为孔缝处的等效磁流，$\overline{\overline{\Gamma}}_0$ 为自由空间并矢格林函数。

腔体内的场可以表示为

$$\overline{E}^b = \int_S \nabla \times \overline{\overline{G}}_{HM} \cdot \overline{M} ds \tag{2.a}$$

$$\overline{H}^b = j\omega\varepsilon \int_S \overline{\overline{G}}_{HM} \cdot \overline{M} ds \tag{2.b}$$

其中 $\overline{\overline{G}}_{HM}$ 为矩形腔并矢格林函数[4]。

为了计算等效磁流 $\overline{M}$，采用权函数 $\overline{W}$ 对孔缝处的磁场连续性方程进行离散，得到孔缝处边界条件的加权残差方程

$$\int_S \hat{z} \times [\overline{H}^a(\overline{M}) + \overline{H}^b(\overline{M})] \cdot \overline{W} ds' = -\int_S \hat{z} \times \overline{H}^i \cdot \overline{W} ds', z = 0 \tag{3}$$

其中权函数 $\overline{W}$ 定义如下[5]：

$$W_{xp'q'}(x,y) = P_{p'}(x-x_a)T_{q'}(y-y_b)$$
$$W_{yp'q'}(x,y) = T_{p'}(x-x_a)P_{q'}(y-y_b) \tag{4}$$

这样，即可得到矩阵

$$[Y^{a+b}][M] = [C^{inc}] \tag{5}$$

通过求解矩阵，可以计算出等效磁流 $\overline{M}$，进而得到腔体内的场分布[6]。

然后，建立 BLT 方程[7]来求解线缆终端负载上的响应，感应电流和电压可以表示为：

$$\begin{bmatrix} I(x_0) \\ I(x_0+L) \end{bmatrix} = \frac{1}{Z_c}\begin{pmatrix} 1-\rho_1 & 0 \\ 0 & 1-\rho_2 \end{pmatrix}\begin{pmatrix} -\rho_1 & e^{\gamma L} \\ e^{\gamma L} & -\rho_2 \end{pmatrix}^{-1}\begin{pmatrix} S_1 \\ S_2 \end{pmatrix} \tag{6.a}$$

$$\begin{bmatrix} V(x_0) \\ V(x_0+L) \end{bmatrix} = \begin{pmatrix} 1+\rho_1 & 0 \\ 0 & 1+\rho_2 \end{pmatrix}\begin{pmatrix} -\rho_1 & e^{\gamma L} \\ e^{\gamma L} & -\rho_2 \end{pmatrix}^{-1}\begin{pmatrix} S_1 \\ S_2 \end{pmatrix} \tag{6.b}$$

这样，即可求解外场照射下开缝腔体内线缆的终端负载响应。

3 仿真结果与分析

本文对如图 1 所示矩形腔体模型进行了理论计算与数值仿真，具体参数如下：入射波极化角 $\alpha=2/\pi$，入射角 $\phi=0, \varphi=0$，电场幅值 $|E^i|=1$，腔体尺寸 $a=0.3m, b=0.3m, c=0.2m$，孔缝尺寸 $l=0.1m, w=0.005m$，观察点位置 (0.15m,0.15m,–0.1m)，线缆直径 $r_a=0.0003m$，长度 $L=0.15m$，两线间距 $d=0.02m$，特征阻抗 $Z_c\approx 503\Omega$，负载阻抗 $Z_1=Z_2=503\Omega$。

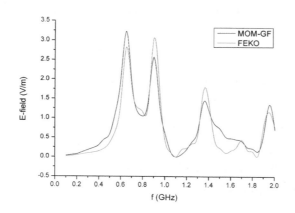

图 2 观察点处电场强度

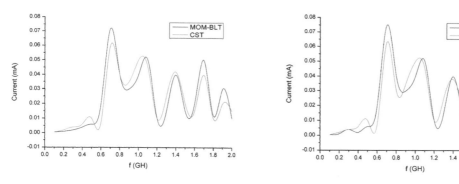

图 3 终端负载 1 和 2 上的电流响应

图 2 为 0.1GHz 到 2GHz 频率范围内观察点处的电场强度。可以看出，在 0.7GHz 左右出现一个电场峰值，与腔体的第一个谐振点吻合。图 3 为负载 1 和 2 上的电流响应，由于线缆两端相对于孔缝是对称的，所以两端负载的电流响应基本一致。本文方法与软件仿真结果基本吻合，验证了此方法的正确性。

4 结论

本文采用了一种半解析半数值的方法分析开缝腔体的场线电磁耦合问题。首先将矩量法和腔体格林函数结合得到孔缝上的等效磁流，并计算出其在腔体内产生的场。然后，运用 BLT 方程计算线缆终端负载上产生的响应。采用上述方法，求解了外部平面波照射下，开缝腔体内线缆终端负载的响应，计算结果与软件仿真结果吻合良好，表明了此方法的有效性。

参考文献

[1] Ely J J, Nguyen T X., Dudley K L. Investigation of electromagnetic field threat to fuel tank wiring of a transport aircraft [R]. NASA, TP-2000-209867, 2000.

[2] B.Audone, M.Balma. Fast Shielding Effectiveness of Apertures in Rectangular Cavities[J]. IEEE Trans. On Electromagnetic Compatibility, 1989,31: 102-106.

[3] R.Azaro, S.Caorsi, M.Donelli. A Circuital approach to Evaluating the Electromagnetic Field on Rectangular Apertures Backed by Rectangular Cavities[J]. IEEE Trans. On Microwave Theory Tech., 2002,50: 2259~2266.

[4] 史记元.激励源对孔缝腔体内导线的耦合参数计算[D].长沙: 国防科技大学, 2009.

[5] Taesik Yang, John L. Volakis. Coupling onto Wires Enclosed in Cavities with Apertures[J]. Electromagnetics, 2005,25:655–678.

[6] Ying Li, Jianshu Luo, Guyan Ni, Jiyuan Shi. Electromagnetic Topology Analysis to Coupling Wires Enclosed in Cavities with Apertures[J]. Mathematical Problems in Engineering, 2010: 11.

[7]Baum C E, Liu T K,Tesche F M. On the analysis of general multiconductor transmission-line networks[J]. Interaction Notes 350, 1978:230-331.

嵌入式视频监控网关的设计与实现

梁飞虎[1]，宋铁成[1]，胡静[1]，刘柏全[2]

(1. 东南大学移动通信国家重点实验室，南京，211100；
2. 南京东大移动互联技术有限公司，南京，210018)
liangfhhd@163.com

摘 要：介绍了一种嵌入式视频监控网关的软、硬件设计与实现，该方案调用 H.264 编码库对视频数据进行压缩，通过网络传输至监控中心软件实时显示，同时实现了在摄像头监控范围内对移动目标的检测报警功能，并详细介绍了采用的关键技术——H.264 编码库、动态图像检测工具包 Motion 的移植以及视频传输及检测报警程序的设计流程。

关键词：视频监控网关；H.264 编码；视频传输；动态检测

Design and Implementation of Embedded Video Surveillance Gateway

LIANG Feihu[1], SONG Tiecheng[1], HU Jing[1], LIU Boquan[2]

(1. National Mobile Communications Research Lab, Southeast University of China, Nanjing, 211100;
2. Nanjing SEU Mobile & Internet Technology Co., Ltd , Nanjing, 210018)

Abstract: This paper introduces the hardware/software design and implementation of embedded video gateway.The system calls for H.264 compression library to encode video data, then transmittes the encoded video data to the software of monitoring center to real-time display over the network.The system also achieves the function of moving target detection and alarm within the monitoring scope of cameras.The key techniques such as H.264 encoding library, moving image detection kits of Motion, and the program design process of video transmission and alam are introduced in detail.

Keywords: Video surveillance gateway; H.264 encoding; Video transmission; Motion detection

1 引言

这些年以来，随着人民生活水平的不断提升和信息技术的高速发展，人们对安防监控的要求不断提高，安防报警及视频监控在超市、银行防盗以及智能小区监控等多方面有着广泛的应用前景[1]。据 IHS 公司的新白皮书，在过去的十年中，视频监控设备市场增长迅速，在大多数年份均以两位数的速度上升，2014 年全球视频监控设备市场预计将超过 12%的增长。

本文介绍了一种具有多种功能的嵌入式视频监控网关的设计方案，该方案采用处理器 Atmel AT91SAM9G20 作为硬件平台，采用操作系统 Linux 作为软件平台。视频监控网关对摄像头采集的视频数据进行 H.264 编码压缩，并传输至监控中心软件实时显示；在摄像头监控范围内，视频监控网关还可以对移动目标进行检测，保存此刻图像并进行报警处理；此外，用户也可以根据自己的需要来选择是否开启动态图像检测部分的功能。

2 视频监控网关总体方案

整个视频监控系统由摄像头、视频监控网关、传输网络和监控中心构成，如图 1 所示。

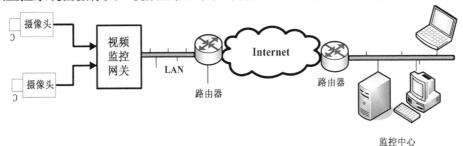

图 1 视频监控系统总体架构图

摄像头负责将采集的监控现场的视频数据传输至视频监控网关，视频监控网关对视频数据经过压缩处理后，通过网络传输至监控中心，监控中心软件负责实时显示监控现场的视频。视频监控网关是整个系统的核心，分为硬件和软件两部分，功能包括：对摄像头采集的视频数据进行压缩编码并实时传输至监控中心；在摄像头监控范围内，视频监控网关提供动态图像检测和报警的功能；用户也可以根据自己的需要通过开关选择是否开启动态图像检测部分的功能。该系统可广泛应用于生产、试验过程和小区安防等领域，给视频监控网关安装好摄像头和连接好网线后，监控中心可实时了解监控现场的情况。

3 视频监控网关硬件实现

视频监控网关采用嵌入式实时操作系统，其内部的应用程序负责对摄像头传进来的视频数据压缩和分析后，通过以太网接口 RJ45 向外发送。整个视频监控系统硬件由摄像头和视频监控网关两部分组成，视频监控网关包含了系统控制和接口模块及时钟、电源、下载调试等辅助模块，如图 2 所示。

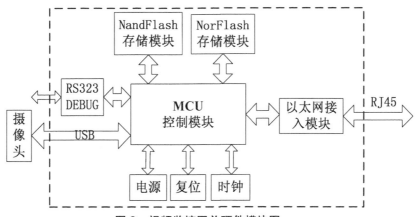

图 2 视频监控网关硬件模块图

MCU 控制模块是视频监控网关硬件平台的核心部件，需要对外界环境具有良好的适应能力。本方案选用 Atmel 公司工业级芯片 AT91SAM9G20 作为处理器，其 CPU 是 32 位的，该芯片拥有 400MHz 的时钟频率、32KB 指令以及 32KB 数据缓存，带有虚拟内存控制单元(MMU)，能够运行嵌入式 Linux 操作系统。南京东大移动互联技术有限公司（Semit）已采用 AT91RM9200 开发了核心系统板，该核心板带有 64M 字节的 SDRAM 和 16M 字节的 Nor Flash ROM 并将所有的外设管脚接出，支持包括 USB、以太网、USART 在内的广泛的外围设备。此外，开发板具备看门狗控制器、实时时钟、12V 的系统电源和系统复位键，能够灵活方面地进行开发工作，故采用其作为主控模块的核心板。

存储模块部分，核心板已集成了一块 Nor Flash ROM，用于存储底层软件，芯片采用的是 Intel 公司 16M 字节的 TE28F128J3C-150。因 Nor Flash 可擦写次数远远小于 Nand Flash，而视频监控网关的应用程序需要随时访问监控网关上摄像头等设备的状况，读写较为频繁，所以 Nor Flash 不适宜用作数据信息的存储空间。Nand Flash 不仅有较长的读写使用寿命，其存储空间的性价比也很高。经过慎重考虑，网关系统采用 64M 字节的 Nand Flash ROM 作为辅助 ROM。此辅助 ROM 选用三星公司的 K9F1208U0C，其电压为 3.3V，与 MCU 和以太网芯片可用同一电源。

以太网接入模块采用的是台湾 DAVICOM 公司的一款高度集成而且功耗很低的 DM9000AEP 高速以太网控制处理器，支持标准 10M/100M 自适应以太网连接，芯片内部自带了 16K 大容量的 FIFO（3KB 用来发送，13KB 用来接收），具有全双工工作等功能；支持 8 位和 16 位寻址，可与 MCU 中 EBI 的 16 位数据线配合进行控制；数据线和地址线复用，操作便利。该网络模块主要完成数据链路层的工作，如自动添加帧头、帧起始定界符和校验等，负责数据帧的发送和接收，使视频监控网关通过 RJ45 接口连入以太网。

USB 摄像头具有价格低廉、安装简单和方便开发和测试等优点，本文采用的是一款网眼 2000 USB 摄像头，其芯片型号是 OV511，元件像素为 35 万，硬件可支持最大分辨率：640 x 480 像素 DPI，采用 CMOS 感光元件，输出格式：RGB24、YUV420，在 CIF 模式下可达 30 帧 / 秒，在 VGA 模式下传输速率可达 10-15 帧 / 秒，可以满足本课题要求。由于监控网关使用的 Linux 操作系统内核版本为 2.6.30，该内核支持 OV511 芯片的驱动，只需在内核配置时选上相应的选项即可，所以省去了驱动移植的工作，使用非常方便。

4 视频监控网关软件实现

本方案采用在嵌入式系统中使用最广泛的 Linux 操作系统。它的主要特点：(1) 源码开放，无需缴纳许可费即可使用；(2)可根据功能需要，任意裁剪内核；(3)支持多种硬件和目前所有的网络协议[2]。Linux 系统对 ARM 处理器和 TCP/IP 网络协议提供了良好支持，使得在其上开发应用程序更加方便快捷，大大缩短了系统的开发周期。视频监控网关软件总框架如图 3 所示。

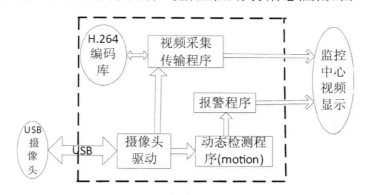

图 3 视频监控网关软件架构图

由图 3 可知，为实现视频监控网关应用程序，需要的准备工作有 USB 摄像头驱动程序的编写，H.264 编码库的移植，动态图像检测工具 motion 的移植。由于视频监控网关使用的 Linux 操作系统内核版本为 2.6.30，该内核已经支持摄像头驱动，只需在内核配置时选上相应的选项即可。

视频监控网关应用程序负责整个系统的逻辑，主要分为两部分：负责对视频数据压缩并传输至监控中心的视频压缩传输程序；负责对监控区域移动目标动态检测的报警处理程序。

4.1 视频压缩传输程序

1) 视频数据采集

要从摄像头驱动获取视频数据，就需要和 Linux 内核打交道。幸运的是 Linux 内核为视频设备提供了一套标准的 API 接口，简称 V4L(Video for Linux)，其目的是为上层应用程序可以用一套标准的接口来访问视频驱动，屏蔽了视频设备的硬件细节，这些接口的实现由驱动程序负责。V4L 具体在 Linux 上以 ioctl 系统调用提供给用户，通过 ioctl 写入不同的命令实现对视频设备的不同操作。

在视频数据采集中，应用程序首先使用 open()函数打开视频采集设备获取一个文件描述符，该文件描述符就代表了捕获的视频设备。成功开启设备后，利用 ioctl() 函数获取设备文件的相关信息，并且将获取的信息放到 video capability 结构中，同样调用 ioctl()将视频窗口信息放到 video picture 结构中。视频设备的关闭使用 close()函数来实现[3]。

获取视频图像一般有两种方法，一种比较简单的方法就是直接调用 read()，一般来说，read()是通过内核缓冲区读取数据的。另一种方法就是用 mmap()内存映射的方法获取视频。本方案采用 mmap()的方式实现，mmap()通过系统调用使得进程之间映射到同一个普通文件来实现共享内存。普通文件被映射到进程地址空间后，进程可以向访问普通内存一样对文件进行访问，不必再调用 read()，write()等操作。视频数据采集的流程如图 4 所示。

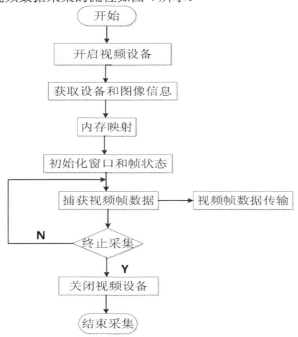

图 4 V4L 下视频采集流程图

2) H.264 编码库的操作

目前，针对 H.264 开源的编码库不是很多，主要有以下几种：JM、X264、T264、Hdot264 等。本方案采用由中国视频编码自由组织联合开发的开源编码器 T264 对采集到的视频图像数据进行编码压缩，T264 对 H.264 的特性支持单一，编码器可输出标准的 264 码流，解码器能解 T264 编码器生成的码流，它吸收了 JM、X264 和 XVID 的优点，适用于网络流媒体的传输[4]。

在 Linux 系统下编译 T264 编码库的过程很简单，本文将下载的 T264 源码解压完放在了

/home/H264 目录下，然后依次用如下命令操作即可：

cd /home/H264/avc-src-0.14/avc/build/linux
#make

编译成功后会在/home/H264/avc-src-0.14/avc/build/obj 目录下生成以.o 结尾的目标文件，然后用如下命令删除 T264.o 目标文件即可：

#rm -rf /home/H264/avc-src-0.14/avc/build/obj/T264.o

视频采集程序可以调用上述编译生成的目标文件提供的相应的功能函数对视频数据进行编码压缩。具体流程如图 5 所示。

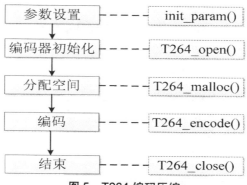

图 5 T264 编码压缩

首先 init_param 函数读取配置文件的一些编码配置信息，包括图像帧大小，帧间距，参考帧数目等，T264 的源码库中有配置参考文件 enconfig.txt，一般只需要改变图像帧大小的配置。然后 T264_open 函数调用 init_param 函数，读取配置信息对 264 编码器进行初始化。接着调用 T264_malloc 函数为编码器分配空间用于存储编码后的帧数据。最后调用 T264_encode 函数开始编码，该函数的参数包括上一部分 V4L 操作中为视频数据映射的内存地址，且该函数会返回编码后一帧数据大小。这样视频数据就被压缩并放到为 T264 分配的内存空间中了。当不需要编码的时候要调用 T264_close 函数关闭编码器。

3) 视频实时传输程序的设计

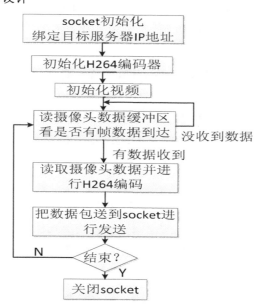

图 6 视频实时传输程序流程图

视频实时传输程序采用基于 UDP 协议的 Socket 编程实现。UDP 协议属于传输层协议，它的传输速度较快，多用于视频点播。Socket（套接字）编程有三种，流式套接字（SOCK_STREAM），数据报套接字（SOCK_DGRAM），原始套接字（SOCK_RAW）。基于 TCP 的 socket 编程是采用的流式套接字(SOCK_STREAM)，基于 UDP 的 socket 编程采用的是数据报套接字(SOCK_DGRAM)。程序实现流程如图 6 所示。

4.2 报警处理程序

1）动态图像检测工具 motion 的移植

该系统的运动图像检测程序使用的开源软件包 motion.3.2.11，集成了运动图像检测、保存变化的图片；当系统检测到目标运动时，就可执行设定的目录里文件(或脚本文件)等功能。

(1) motion 的交叉编译

将源码 motion-3.2.11.1.tar.gz 解压到指定的目录并进入源码主目录，依次进行如下命令即可：

\#./configure --host=arm-linux --build=i486-gnu-linux --prefix=/opt/motion

　　　　　/*--host：arm-linux 交叉编译，--prefx：安装目录*/

\#make

\#make insatall　　\# 此时就生成了可执行文件 motion

接着把编译好的配置文件和可执行程序复制到根文件系统里。

(2) 修改配置文件 motion.conf

locate on ：设置当探测到图像中有运动时，是否把运动区域用矩形框起来；

videodevice　/dev/video0：设置加载 USB 摄像头的设备文件；

width 320、height 240　：摄像头采集图像的大小；

threshold 80：它表明了比较的阈值，当对两帧图像进行比较时，若变化的像素点超过阈值，就认为图像有变化；

target_dir　/root/motion/ ：当探测到图像运动时，图片和视频保存的路径；

on_event_start　/move/appon ：若系统探测到运动，就执行设定目录里的文件，这里设定为文件是 move/appon ，该文件可以是一段脚本，也可以是一个程序，只要能执行就可以；

当开发板系统跑起来之后，连接好摄像头，运行如下命令：

\#./motion　-c　motion.conf

当摄像头移动时，就会发现在目录/root/motion 下保存有变化的图片。

(3) 相关文件的介绍

将 motion/src/shell 脚本拷贝到文件系统根目录下,该目录里面包括：报警铃声 11.mp3、22.mp3，count.txt 用于计算存放在/root/motion/中的图片数,key_pic_motion 是总的程序运行的脚本,pic.txt 用于记录是否有运动图像被检测到。

2）报警程序的编写

该嵌入式系统具体的设计目标是，当有移动物体进入摄像头监控区域之内，系统会将移动物体判断出来，并立即播放报警音乐和将此时的图像以.jpg 的形式保存下来。

在某些情况下，比如，雨雪天气，因为图像频率会有较大的变化，那么我们在编写程序的时候认为如果在三分钟内图像连续变化次数超过 20 次，那么就认为是上述这种情况，检测系统就自动的暂停两小时，两小时后再自动的开启检测系统。所以该系统的图报警程序流程设计如图 7 所示。

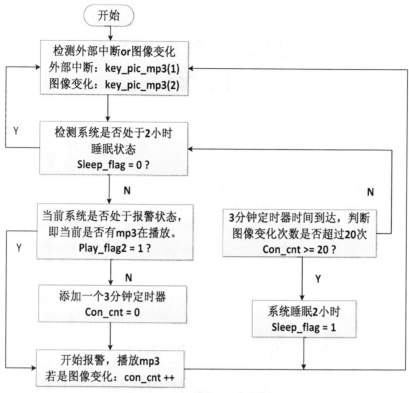

图7 报警程序设计流程图

5 结论

本文实现了一种以嵌入式 ARM 处理器和 USB 摄像头为硬件平台的视频监控及移动目标检测报警系统，配合监控中心的客户端软件，该系统功能稳定，取得了良好的监控效果，监控画面稳定流畅。随着人们对安防监控的意识不断增强，本文提出的解决方案在诸如超市、银行等公共场所、生产试验过程和家庭安防监控等方面将会有广泛的应用前景。

基金项目：江苏省科技型企业技术创新资金—科技创业园内企业项目（BC2012006）

参考文献

[1] 丁华等. 运营商开展家庭视频监控业务的现状和未来[J].电信科学,2008,10.
[2] 韩少云等.ARM 嵌入式系统移植实战开发[M].北京：北京航空航天大学出版社，2012.
[3] 刘富强. 数字视频监控系统开发及应用[M].北京：机械工业出版社，2003.
[4] 马亮. 基于 H.264 无线视频监控系统的研究[D].大连：大连海事大学,2011.

40Gb/s 以太网 PCS 层 64B/66B 编码及 IPG 删除的研究与实现[1]

李 伟，高 轩，张大敢

(东南大学信息科学与工程学院，南京，210096)

摘 要：本文对 IEEE 802.3ba 标准中 40Gb/s 以太网 PCS 子层在 FPGA 中的实现进行了设计。采用 XLGMII4 倍位宽，研究了协议中发送状态图并根据实际情况做出一些改变使其在 FPGA 上得到实现。本文还对 IPG 的删除进行了分析讨论，并在 4 倍位宽输入的情况下和 64B/66B 编码结合设计，节省逻辑资源。

关键词 40Gb/s 以太网；64B/66B 编码；IPG 删除；FPGA

The Research and Implementation of 64B/66B Encoding and IPG deleting in 40GbE PCS

LI Wei, GAO Xuan, ZHANG Dagan

(School of Information Engineering, Southeast University, Nanjing 210096)

Abstract: The implementation of 40Gb/s Ethernet PCS (Physical Coding Sublayer) described in IEEE Standard 802.3ba was designed. 4 times wide of XLGMII were used in the design and the change of the transmitting state diagram in the standard in this case is discussed in this paper. It is discussed when the IPG can be deleted in this paper designed together with the encoding part in order to save some logicresource.

Keywords: 40Gb/s Ethernet; 64B/66B encoding; IPG deleting; FPGA

1 引言

随着人们对带宽的要求越来越高，进行下一代高速以太网技术的研究非常必要。IEEE 802.3ba 标准，即40G/100G以太网标准的两种传输速率主要针对服务器和网络方面不同的需求，40GbE适用于服务器和存储应用，100GbE 适用于聚合及核心网络应用[1]。本文对64位数据块的编码，协议中数据块之间顺序的处理以及IPG删除等问题进行讨论和研究，以完善802.3ba标准PCS层的实现。

---

[1]国家国际科技合作项目资助 硅基双面打孔 12×(5-10)Gbps 高速并行光互连平台（2011DFA11310）

2 64B/66B 编码

编码按照标准需要完成 64bits 数据到 66bits 数据的转换以及输出数据块或错误块[2]。由发送状态图 1 可以看出，reset 时发送 LBLOCK_T，正常工作时可以看作只有两种情况：发送编好的码块 ENCODE 或发送错误码块 EBLOCK_T。在标准中，编码有 12 种类型，根据数据类型，又可将 12 种类型归纳为 5 种码块类型。64bits 码块中的 8 个字节都是数据的码块记为 D；第一个字节为 start 控制字后 7 个字节为数据的码块记为 S；8 个字节都是 idle 控制字的码块归于 C，为区分，在本文中记为 C_I（C 包含 C_I）；第一个字节为 ordered 控制字跟着 3 个数据字节后四个字节为数据零的码块也归于 C，区分 C_I 时记为 C_O；包含 terminate 控制字的 8 种类型数据块都归于 T；不属于 12 种类型的码块都记为 E。

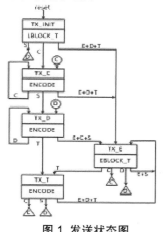

图 1 发送状态图

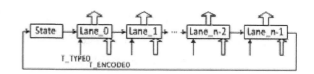

图 2 N 路数据并行传输的状态处理

如果用"前一个码块类型/当前码块类型"的格式表示，则 C/C、E/C、T/C、S/D、D/D、E/D、S/T、D/T、E/T 这 9 种情况下，当前码块的输出为码块的编码结果 ENCODE；C/E、S/E、D/E、T/E、E/S、S/S、D/S 这 8 中情况是正确传输时不会出现的，是错误的，所以不输出当前码块的编码 ENCODE，而是输出 EBLOCK_T；剩下的 8 种情况的输出无法仅根据前一个码块类型和当前码块类型进行判断。要想判断当前输出，除了上述两个变量外，还需要前一个输出状态 state，输出为 ENCODE 时记为 R、输出为 EBLOCK_T 时记为 W。则原先无法判断的 8 种情况变为 16 种情况，RC/S、RT/S、WS/C、WD/C、WC/D、WT/D、WC/T、WT/T 这 8 种情况当前输出为 ENCODE，另外 8 种输出为 EBLOCK_T[3-4]。

通过上面对发送状态图的分析解读，对于多路路数据并行传输的情况就可以得到处理。假设有 n 路并行输入数据，每一路码块变换部分输出变换后的 66bits 码块 T_ENCODE 和码块类型 T_TYPE 这两个信号，第 i 路记为 T_ENCODE_{i-1} 和 T_TYPE_{i-1}，则 n 路数据可如下图 2 所示进行处理。

3 IPG 删除

为讨论方便，将含有 terminate 控制字却又不在第 8 个字节位置的 7 种情况又记为 T'。MAC 层的标准规定数据帧之间 IPG 为 96bits，即 12 个字节。我们不知道协调子层（RS）采用怎样的策略，所以不能排除 terminate 控制字在第 8 个字节的码块后只跟了 1 个由 8 个 idle 控制字构成的码块这种情况。由于在接收方向，IPG 至少为 1 个 idle 控制字。所以上述情况下 IPG 不能被删除，只有 T' 后面的 C_I 可以被删除。由标准中接收状态图可以看出，当 T 块后跟着一个 E、D 或 T 块时，T 块不能正确输出，而是输出错误块 EBLOK_R。所以如果出现这种情况：T'C_IE 这种数据块顺序时，C_I 也不能被删除，否则 C_I 之前的一个数据帧会因此缺失 terminate 控制字变成无效的。

综上所述，要判断一个 C_I 块可以被删除，必须往前看 2 个数据块、往后看一个数据块。如果用"前两个数据块/当前数据块/后一个数据块"的格式表示，则 DT'/C_I/C、DT'/C_I/S、$C_I C_I$/C_I/S、$C_I C_I$/C_I/C 这四种情况下的 C_I 可以被删除。如果考虑所有的可删除情况，应该往前看 3 个数据块，往后看一个数据块。用"前 3 个数据块/当前数据块/后一个数据块"的格式表示，在上面 4 种情况的基础上，DT'C$_I$/C_I/C、DT'C$_I$/C_I/S 中的当前 C_I 也可被删除。

4 编码及 IPG 删除的设计

因为数据加扰后很难判断数据的类型，所以 IPG 的删除应该在加扰之前完成。IPG 的删除需要对数据块进行判断，要节省逻辑资源的话需和编码共用判断逻辑，数据块的类型判断完成时也基本完成了码块转换，所以本设计将 IPG 的删除工作放在编码之后，加扰之前完成。

如果采用单路传输数据，可以采用一个简单 FIFO[5]，对判断好的可删除的数据块控制不写就可以完成 IPG 删除任务。但采用 4 路数据并行传输时，难度就增加了，因为 4 路数据相当于高频的一路数据到低频的 4 路分接，4 路数据块之间有顺序关系。此时的数据块删除还影响到数据块路径的变换，比如某一时刻 4 路输入数据，第 2 路是个可删除的，在允许删除的情况下，第 3 路的数据在输出时应在第 2 路的位置，第 4 路在第 3 路的位置，至于输出的第 4 路数据则由下一时刻的第 1 路数据取代。所以，完成 IPG 删除的功能，需要对数据进行缓存，又不能用独立的 4 个 FIFO 单独对每路数据处理，本文采用的是用一个存储器 4 路数据写入，4 路数据读出，对写入指针进行逻辑控制。

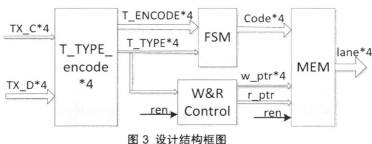

图 3 设计结构框图

综上所述，编码和 IPG 删除设计的机构框图如上图 3 所示。T_TYPE_encode 部分完成码块的变换，FSM 完成标准中发送状态图需要完成的工作，E&R Control 完成存储器读写指针的判断。

5 设计验证

该设计用 verilog 语言编写代码，用 ModelSim SE 10.0a 版本的软件进行了行为仿真，如图 4 所示，仿真结果表明设计完整地完成了 IEEE 802.3ba 标准在编码和 IPG 删除上的要求。

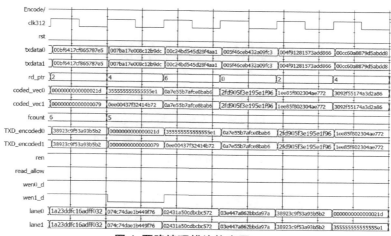

图 4 两路编码模块仿真图

参考文献

[1] 张小丹, 程丹, 徐晶, 等.40G/100G 以太网关键技术的研究与应用[J].光通信技术, 2011, (4): 1-4.

[2] 张鹏.100GbE 物理层编解码和传输技术研究[D]. 成都: 电子科技大学, 2009.

[3] 张立鹏.100G 以太网 PCS 子层研究及其在 FPGA 的实现[D]. 成都: 电子科技大学, 2010.

[4] 刘孜学.100Gb/s 以太网 PCS 层多通道分发机制的研究及其在 FPGA 的实现[D]. 成都: 西南交通大学, 2010.

[5] 苗澎, 王志功. 万兆以太网物理层编码子层转换芯片研究[J].固体电子学研究与进展, 2008, 28(4):549-553.

[6] 周晴伦, 王勇. 万兆以太网中 64B/66B 编解码的硬件实现方法[J]. 光通信技术, 2006, (2):21-23.

某型雷达天线跟踪方式的原理及算法研究

卢桂琳[1]，徐开清[2]，王绍红[2]

(1. 广西科技大学，柳州，545006；
2. 空军95275部队，空军基地，545005)
lifishspirit@126.com

摘 要：根据影响雷达机动性能的关键因素，某型雷达天线的系统电磁系统采用三维目标宽带电磁散射的阻抗矩阵的填充方式，分析了雷达天线的结构频率选择性滤波性能，仿真实验证明有效地消除旁瓣噪声压抑干扰，还应用于优化航迹跟踪的多峰值函数，提高了仿生优化算法的精度。

关键词：阻抗矩阵；频率选择性；滤波；旁瓣噪声；仿生优化算法

Study on the Principle and Algorithm of Radar Antenna Tracking Mode

LU Guilin[1], XU Kaiqing[2] WANG Shaohong[2]
（1. Guangxi University of Science and Technology, Liuzhou,545006;
2. Air Force No.95275 ,air base; AFB, 545005)

Abstract: According to the key factors affecting radar maneuvering performance, system of electromagnetic system of a certain type of radar antenna impedance matrix by filling mode scattering broadband, structure frequency selective filtering performance of radar antenna was analyzed, simulation experiments effectively eliminate the noise suppressed sidelobe interference, genetic algorithm is used to optimize the trajectory tracking of multi peak function the bionic optimization algorithm, It improves the accuracy of bionic optimization algorithm.

Keywords: Impedance matrix; Frequency selective; Filtering; sidelobe noise; bionic optimization algorithm

1 引言

雷达天线的举升系统要经受航迹非线性骤然变化的考验，根据多层纳米吸波材料的介电常数和电磁波的衰减能力的关系的研究进展，采用高性能无源监视雷达的 ADS-B 数据融合技术，综合雷达回波的 VGA 图像信号和意图信息，基于坐标变换矩阵奇异值分解的飞行冲突实时探测的新技术，在此基础上，采用模糊双门限航迹关联方法能与最小二乘法融合后的航迹数据较好地拟合，但却增加了旁瓣噪声，为此，将防脉冲扰动平均值滤波与上述方法结合起来，形成复合滤波，展开仿生优化算法设计。解决雷达散射截面(RCS)减缩的问题。

2 雷达天线跟踪

电偶极子所建立的模型在三维目标带宽任意一点 P 点产生的辐射场：

$$E = j\frac{ql\mu}{2fr}\sqrt{\varepsilon}\cos\alpha e^{-jr} \tag{1}$$

$$H = j\frac{ql}{2fr}\cos\alpha e^{-jr} \tag{2}$$

对于现代作战平台，诸如飞机剖面，船舰等，可通过一组曲面片的组合类似于三角面元的代数和，应用到电大尺寸目标或复杂形状的电磁散射问题，归结为基于三角面元的 PO 积分的求解方法包括：Green 定理，GAUSS 积分方法，来分析复杂载体天线电磁波特性：

Green 函数可以展开成零级、二级……Green 函数之和，完全自能 Σ 的全部自能之和，即

$$\int_r \sum \Delta r^2 dr = \int_h \prod l du \tag{3}$$

式中，u 为任意围成面积，r 为围成面积中心距离，反映了场量与边值问题的对偶关系，根据 Stratton 的《电磁理论》，时间因子采用 $\cos\theta$，二次辐射的电磁场可表示为[1]：

$$E = \frac{1}{\eta}E\cos\frac{\cos kl\cos\theta + \sin kl}{\cos\theta} \tag{4}$$

$$H = (k\times l)\frac{\sin\theta}{2\lambda r} \tag{5}$$

利用边界条件和波动方程给出矩阵形式：

$$G(E) = \frac{1}{1-j}(\hat{A}\left|\frac{1}{E-j\hat{L}}\right|\hat{A}) \tag{6}$$

以上的解析法普遍适用于球、圆柱等形状简单的目标，而在某些舰艇部件中可能存在曲面与平面所形成的二面角，目标存在有边缘或楔形，例当电磁波入射到目标的边缘棱线时，成为目标的较强的散射源，二次散射场会产生人工棱边拟合过程的"面元噪声"，在 RWG 基函数阻抗矩阵的混合积分方法的基础上，从均匀原始网格开始要求电磁场沿着畸变的轨迹，在卡氏坐标通过拉伸记录下畸变后的位置，引起反射系数，磁位矢和电极化率的改变，

$$H = H(R,\phi)\hat{R} \tag{7}$$

$$E = E_R(R,\phi)\hat{R} - E_\phi(R,\phi)\hat{\phi} \tag{8}$$

$$\nabla\times H = R\cos\phi\frac{\partial H}{\partial\phi}\hat{R}\frac{\partial H}{\partial R}\hat{\phi} \tag{9}$$

$$\nabla\times E = \cos\phi\frac{\partial}{\partial R}(RE_\phi) + \cos\phi\frac{\partial E_R}{\partial\phi}\hat{Z} \tag{10}$$

将三种不同的函数 B 样条基函数，径向基函数，拉格朗日插值基函数代入以上电磁场积分方程，得出一般解析式[2]：

$$E = \begin{bmatrix} e^{jw\lambda 1}e^{jw\lambda 2}\dots\dots\dots\dots e^{jw\lambda 1}e^{jw\lambda n} \\ \dots\dots\dots\dots\dots\dots\dots\dots \\ e^{jw\lambda 1}e^{jw\lambda n}\dots\dots\dots\dots e^{jw\lambda n}e^{jw\lambda n} \end{bmatrix}$$

实现阻抗矩阵的填充方式，磁场矢量绕方向的轴旋转角 α 形成变换矩阵

$$H = E^t E$$

消除了积分中的变异性问题，对于任意形状的物体表面的网格简单扼要的划分，计算了传统平面片电流分布产生的电磁辐射场，片面单元尺寸小于十分之一个波长，而目标的电特大尺寸所导致的巨大未知量增长，故从研究高斯波束入射单层及多层粗糙面时的信号处理方法入手，计算有理

Bezier 曲线曲面上的物理光学感应电流积分。

3 PO 方法电大尺寸目标 RCS 计算技术

数据包从地面发出、经过卫星网络传输，直到返回地面的过程中产生的时延迟有通过星地链路的传播时延、发送及接收数据包所产生的传输时延和排队时延等。20 世纪 60 年代法国科学家 Bézier 提出 Bezier 曲线的特点是利用两曲线两端点对多边形内的网格与控制多边形的两个端点重合，我们利用任意形状的电大目标的手征参数的特点，得出积分式[3]：

$$T(k) = \iint g(t) je^{kf(t)} ds$$

基于二次规划算法和一维小波函数对内场和散射场展开的方法，将 NURBS 曲面曲线进行目标－源映射，拟合后分解为 Bezier 曲面，完成了形状可调性的迭代数值计算方法，NURBS 曲面建模的物理光学法研究性质：

$$\sum_{n+1} c_{1,n+1}^{(1)} \phi_2(t+1) e^{t+1} = \sum_n c_n^{(0)} \phi_1(t) + f(t)$$

由于基于 NURBS 曲面转化的 Bezier 曲线的不足之处：目标遮挡的判断速度较快，但数据量大，会出现一些关键点判断的失误，可选择采用驻相法，

既可提高建模精度，又可节约存储量，分析位于电大尺寸平台附近天线的辐射方向图.，计算了模型在 RCS 计算中的运用。

4 雷达散射截面数值计算模型

电磁波遇到目标在其界面上产生的极化电流的散射场：
$\vec{D}$ 与 $\vec{H}$ 的关系如下图 1 所示：

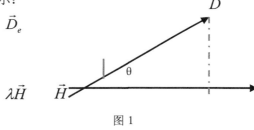

图 1

其中，λ 是误差系数，栅瓣产生的原因为：

$$\lambda = \frac{\vec{D} \cdot \vec{H}}{\left|\vec{H}\right|^2}$$

散射场的平均功率为：

$$p = \frac{1}{\delta} \frac{e^{-jkr}}{r} \sqrt{R_E R_H} I_H^H I_E^H$$

为了确保主瓣辐射强，量测数据大多有噪声和扰动，故首先对动态目标按雷达系统的分辨率尺度进行预处理提高信噪比，需要引入方向系统，根据运动目标和协助扫描波束是同向还是反向，用最优化理论进行航迹、点迹相关，通过动态计算得出雷达更新点迹对应的目标精确位置。

5 航迹动态预测

我们主要讨论在回波环境下，编队飞行目标密集跟踪，关键要掌握数据关联和优化的滤波算法，

寻找驻相点，通过模拟天线与平台组成的电磁系统相互作用的过程求解整个系统的散射场，用此确定候选区域与目标区域相似度函数在当前帧中的极值位置，主波、次主波与高次波的截止波长的分布满足独立增量过程，由于目标函数或约束条件包含有非线性函烽，选择搜索方向和确定沿此方向的迭代参数，以矩量法和 RWG 基函数为基础，数据关联是利用隐身设计技术的吸波材料的介质参数和用量，关联函数具有非负定性，PowerBuilder 通过数据库驱动程序接口实现与 ODBC 等各类数据库的连接，算法的主要步骤是：

设一个过程的量测数据为 $F^*(t)$，另有一个有用信号 $H(t)$，$\mu(t)$ 表示白噪声过程，采用 α-β-γ 滤波方法，由过去时刻确定当前时刻的估值是[4]：

$$\widetilde{F}_{n+1/n} = \widetilde{F}_n + 2\widetilde{F}_n'T + \widetilde{F}_n''(T^2/4)$$
$$\widetilde{F}_{n+1/n}' = \widetilde{F}_n' + 2\widetilde{F}_n''T$$
$$\widetilde{F}_{n+1/n}'' = 0.75\widetilde{F}_n''$$

设 α,β,γ 为滤波器结构参数，当前时刻的滤波估值公式为：

$$\widetilde{F}_n = \widetilde{F}_{n+1/n} + 2\alpha(F_{n+1}^* - \widetilde{F}_{n+1/n})$$
$$\widetilde{F}_{n+1}' = \widetilde{F}_{n+1}' + \beta/2T(F_{n+1}' - \widetilde{F}_{n+1/n})$$
$$\widetilde{F}_{n+1}'' = \widetilde{F}_{n+1}'' + \frac{0.75\gamma}{T^2}(F_{n+1}' - \widetilde{F}_{n+1/n})$$

式中，$\widetilde{F}$ 为当前时刻的位置滤波估值，求导后得出的是当前时刻的速度及加速度滤波估值，能克服漏报和虚警，但往往要采用约束化处理，因此我们引入以概率论为基础的遗传优化算法，作为一种全局优化的搜索算法，

$$Z(t) = \sum_{k=0}^{n+1} A_K e^{wt+i\varphi_k}, \qquad -\infty < t < +\infty$$

设复随机过程：相当于随机产生初始化群体。数学期望为：

$$w_z(t) = E\{Z(t)\}$$

其自相关函数具有遍历性，子程序 Fitness.m 用于计算群体中每一个染色体的目标函数值，采用二进制进行编码，决定了天线的结构，由此计算染色体的适应值，其数字特征是目标优化方向为适应值增大的方向，电磁场的边值问题可化为积分方程或偏微分方程求解，从而在所得激励源分布的数值解基础上，算出场分布，结合 HFSS 仿真，拟合结果如图 2。

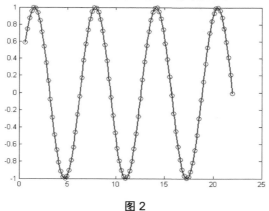

图 2

6 结束语

常见的电大尺寸电磁计算方法包括一致性几何绕射理论 UTD 和物理光学方法，利用不同的材料具有不同的频率特性，本文采用平板面元拟合目标外形的建模方法，目的是将多边形平板表面感应电流的积分式解析成一个式子，减少矩量法阻抗矩阵的填充时间，把天线的参数用基因表示，采用小规模的初始种群，改进了算法的编码方式，从而使群体的染色体在适应环境过程得到进化，从而得到问题的最优解，仿真结果表明，此种遗传优化算法用于雷达天线跟踪，得到的拟合曲线与实际值误差很小，现广泛应用于最新雷达系统。

参考文献

[1] 保铮,邢孟道.王彤.雷达成像技术[M].北京，电子工业出版社，2005.

[2] 楚玉焕.计算 RWG 基函数阻抗矩阵的混合积分方法[J].电子测量技术,2008,31(9).

[3] 陈铭.基于 NURBS 建模技术的迭代 MoM_PO 方法分析电大尺寸平台天线方向图[J].电子学报,2007,3.

[4] 尹庆标.基于智能优化算法的微波吸波材料结构设计研究[D].南京：南京邮电大学，2013：2.

并行交叉熵蜂群算法及其在天线阵方向图中的应用

吴昊，薄亚明

(南京邮电大学电子科学与工程学院，南京，210003)

360405092@qq.com

摘 要：为了改善人工蜂群算法对大规模多变量问题的求解性能，并提升阵列天线方向图综合优化计算的效率，提出了一种并行交叉熵人工蜂群算法。在以交叉熵改进人工蜂群观察蜂机制的基础下，提出一种粗粒度环形并行交叉熵蜂群算法。数值实验结果验证了该算法与串行人工蜂群算法相比具有更好的性能，并应用到阵列天线方向图综合上，验证了新算法的有效性。

关键词：交叉熵；人工蜂群算法；并行计算；函数优化；方向图综合；天线阵列

Parallel Cross-entropy Bee Colony Algorithm for Pattern Synthesis of Antenna Arrays

WU Hao, BO Yaming

(School of Electronic Science and Engineering, Nanjing University of Post and Telecommunications, Nanjing, 21003)

Abstract: In order to improve the solving performance of artificial bee colony algorithm to large-scale multi-variable problem, and improve the efficiency of pattern synthesis of antenna arrays, a parallel cross-entropy bee colony algorithm is proposed. And propose a coarse-grained ring model of parallel cross-entropy bee colony algorithm which is based on improved onlooker mechanism using cross-entropy method. The simulation results show that this algorithm has a better performance than serial artificial bee colony algorithm, and then apply it into pattern synthesis of antenna arrays, indicate that the new algorithm is effective.

Keywords: Cross-entropy; Artificial bee colony algorithm; Parallel computing; Numerical function optimization; Pattern synthesis; Antenna arrays

1 引言

人工蜂群算法[1] (Artificial Bee Colony algorithm, ABC 算法)是 Karaboga 博士于 2005 年提出的一种新型群体智能优化算法，该算法源于对蜂群采蜜机制的研究，在函数优化上比遗传算法、粒子群算法等具有更好的效果[2]。ABC 算法作为一种比较新颖的智能优化算法，还处于发展阶段，虽然有学者对其做出过一些改进[3-5]，但是仍然存在容易陷入局部最优、收敛速度较慢等缺点。而在天线方向图综合应用方面，还是以遗传算法较多，ABC 算法还很少得到应用。

本文提出一种新型交叉熵并行人工蜂群算法（PCABC），首先串行上在人工蜂群算法的观察蜂蜜源选择上引入交叉熵方法[7]，并采用均匀分布拟合以增强种群多样性，同时不断地缩小搜索范围，随后采用粗粒度环形模型并行化方案，加快算法收敛速度和跳出局部最优解的能力。数值试验表明算法具有其独特的寻优机制，寻优成功率高、计算开销小、参数设置较为简单等优点，并利用 PCABC

算法对天线阵馈电参数幅度优化的计算实例，表明算法具有实用效果。

2 新型交叉熵蜂群算法

针对人工蜂群算法中存在的多样性不足、易于陷入局部最优以及收敛速度较慢的缺点，本文主要在两方面做出改进。经过改进的人工蜂群算法成为交叉熵蜂群算法（CEABC 算法）。

一个函数优化问题可以表示为：$\min f=f(x), x=(x_1, x_2, \cdots, x_m) \in S, S=[x_{iL}, x_{iH}]$。式中，$f$ 表示目标函数，x 为 m 维变量，$[x_{iL}, x_{iH}]$ 为第 i 维变量的上界和下界，CEABC 具体操作步骤如下：

步骤 1 算法初始化，设置雇用蜂和观察蜂的数目均为 N，以及算法运行的最大迭代次数 G，随机产生初始种群，通过排序确定雇用蜂和观察蜂。

步骤 2 每个观察蜂按照式(1)搜索新的蜜源，并与当前开采蜜源比较，选择花蜜数量更优的作为新的开采蜜源，并记忆全局最优蜜源的位置和花蜜数量。

$$v_{ij} = x_{ij} + \Phi_{ij}(x_{ij} - x_{kj}) \tag{1}$$

式中，v_{ij} 为新的蜜源位置，x_{ij} 为原来第 i 个蜜源的第 j 维位置，x_{kj} 为相邻的不等于本身的蜜源的第 j 维位置，Φ_{ij} 为 [-1,1] 之间的随机数。

步骤 3 对雇用蜂的开采蜜源进行排序，选出花蜜数量最优的前 $M=[sN]$ 个样本取出，符号 $[\cdot]$ 表示四舍五入取整，s 是一个 [0,1] 间的小数，表示截优比例。通过式(3)和式(4)计算 M 个样本的均值和方差，并通过式(5)得出新的均值和方差。

$$\mu_i = \frac{1}{M} \sum_{m=1}^{M} x_{m,i} \tag{3}$$

$$\sigma_2^i = \frac{1}{M} \sum_{m=1}^{M} (x_{m,i} - \mu_i)^2 \tag{4}$$

式中，下标 i 表示变量维数。这里为了避免均值与方差的局部效应带来算法的早熟收敛，这里还要引入平滑公式(5)对均值、方差做出修正。用符号 v 来统一表示 μ 和 σ 变量，更新过程如下：

$$v_i^t = \alpha \tilde{v}_i^t + (1-\alpha) v_i^{t-1} \tag{5}$$

式中，t 表示当前迭代次数，α 称为平滑系数，根据 ABC 算法的交叉机制和采用均匀分布的抽样方式，种群多样性较为丰富，这里的 α 取值可以略小，通常在 0.2~0.5 之间，针对不同问题可以对 α 参数进行调整，以获得最优效果。

步骤 4 根据新的均值和方差得出新的均匀分布的样本区间 $[a_i^t, b_i^t]$，在新的样本区间内随机抽取 N 个样本作为所有观察蜂所依附的蜜源。

步骤 5 每个观察蜂在相邻区域内按照式(1)搜索新的蜜源，这里，式(1)中的 x_{ij} 为当前观察蜂所依附的蜜源位置，x_{kj} 为相邻的不等于本身的依附蜜源的位置，随后与当前开采蜜源比较，选择花蜜数量更优的作为新的开采蜜源，随后与全局最优蜜源进行比较，记忆全局最优的蜜源位置和相应的花蜜数量。

步骤 6 如果蜜源经过 limit 次迭代后都没有改进，那么雇用蜂变成侦查蜂，在新的样本区间内随机搜索一个新的蜜源替换当前蜜源。

步骤 7 判断是否满足终止条件，如果满足，输出最优结果；否则转至步骤2。

3 基于环形模型的粗粒度并行交叉熵蜂群算法

人工蜂群算法与遗传算法一样，是一种基于对自然界物种生存现象的模仿而产生的智能优化算法，它们都是基于群体模型的算法，群体中每个个体的行为在本质上都具有并行性，描述这种自然现象的模型也是并行的[5]。改进的交叉熵蜂群算法省去了繁琐的雇用蜂开采蜜源的适应值评价以及轮盘赌方式的选择，大大提高的算法的效率，而在本质上，它仍然具有同ABC算法一样的并行性。

多群体并行模型可以分为细粒度模型和粗粒度模型[9]，细粒度模型每个子群体只有一个个体，粗粒度模型每个子群体包含多个个体，细粒度模型可以发挥并行算法的最大优势，但是对处理机要求较高，通常很难实现。粗粒度模型即便没有并行计算机时也可以在网络或多核的单机系统上实现，因此本文采用粗粒度模型的并行交叉熵蜂群算法。

本文在改进的串行交叉熵蜂群算法的基础上，提出一种粗粒度环形模型的并行交叉熵蜂群算法（RPCABC），算法采用粗粒度模型，即将群体分为若干个子群体，每个群体分别运行串行的交叉熵蜂群算法，各自计算和评价自己的最优个体和全局最优值。结构上采用环形结构，也就是单方向的环形迁徙结构，每隔一定的迭代次数后，每个群体发送本群体中的最佳蜜源给予其相邻的群体，并随机取代相邻群体中雇用蜂的某一蜜源，在增强种群多样性的同时加快收敛速度，同时迫使所有子群体进行全局演化。

4 数值试验

为了验证RPCABC算法的有效性和正确性，本文采用5个无约束优化基准测试函数，分别用经典ABC和RPCABC进行仿真试验，并对结果进行比较。这6个测试函数为：Sphere函数、Rosenborck函数、Rastrigin函数、Griewangk函数和Salomon函数。

为了提高可比性，本文两种算法参数都尽可能进行调整以平衡寻优成功率和算法计算数之间的平衡，尽量达到最优效果。并行算法中每个群体用一个线程进行独立的子群演化，迁徙周期经过测试取10次迭代为宜。在评估中，优调用目标函数的次数以及函数的寻优成功率决定。本文分别用ABC和RPCABC对每个测试函数重复运行50次，达到运算精度后退出，所得的仿真结果如表1所示。

表1 RPCABC和ABC优化5个测试函数的50次数值试验结果比较

目标函数	维数	要求达到的最优值	成功率		平均计算数	
			ABC	RPCABC	ABC	RPCABC
Sphere	10	10^{-8}	0.96	1	9516	3384
Rosenborck	4	0.01	0.3	1	81450	20412
Rastrigin	10	10^{-8}	0.82	1	79456	9062
Griewangk	4	10^{-8}	0.66	1	34750	5112
Salomon	4	0.01	0.6	1	55442	6316

从表2中可以明显看出RPABC对所有5个测试函数的计算数上与ABC相比都大大降低，而成功率都为100%，不仅加快了收敛速度，同时也不会陷入局部最优解，算法性能大大提升。

图1则显示了2维Rastrigin函数的寻优过程曲线，其中横坐标表示迭代步数，纵坐标表示目标函数值。图1表明RPCABC最佳个体很快到达最优点附近，并且迅速接近指定精度，而ABC的最佳个体在陷入某局部极值点后需要经过一段步数的迭代，通过雇用蜂不断地搜索新蜜源和侦查蜂机制才能跳出局部最优值开始进一步收敛，而收敛速度也较为缓慢，较好的显示出RPCABC的优点。

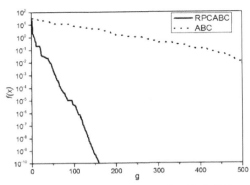

图 1 2 维 Rastrigin 函数的典型收敛曲线

本文的算法参数如表 2 所示，分别用 RPCABC(N,s,α,l,G)和 ABC(N,l,G)表示，其中，N 表示群体数目，s 表示截优比率，α 表示平滑系数，l 表示侦查蜂出现的临界迭代次数，G 表示最大限制迭代次数，RPCABC 5 个测试函数都使用 3 个进程，RPCABC 中 N 表示每个进程的群体数，迁徙周期选 10。

表 2 表 1 数值试验的算法参数

测试函数	算法	
	RPCABC	ABC
f_1	(10,0.2,0.2,50,200)	(20,50,500)
f_2	(20,0.1,0.2,50,500)	(100,400,1000)
f_3	(10,0.2,0.2,50,500)	(100,400,1000)
f_4	(10,0.2,0.2,50,500)	(100,400,500)
f_5	(10,0.2,0.2,50,500)	(100,400,700)

5 阵列天线方向图例算

本文将 RPCABC 应用在直线天线阵列的方向图综合中，以降低归一化最高旁瓣电平为目标函数，固定主瓣位置和主瓣宽度，激励相位取 0，优化激励电流的幅值。图 2 为 10 元等相位直线边射阵的归一化低旁瓣的综合结果。

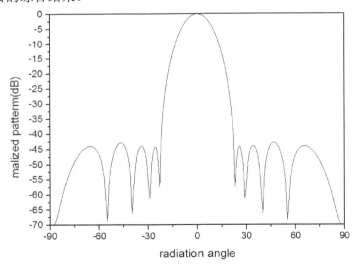

图 2 10 元等相直线边射阵归一化低旁瓣方向图

这个例子中，可以通过对称性和相对幅度将优化变量减少为 4 个实数[9]，同时限定激励电流幅值在(0,10)的区间范围内。图中横坐标表示方位角与阵列法相的夹角，纵坐标以分贝表示归一化的方向性函数。优化后最高旁瓣电平被压低至-42dB 一下，对应阵列馈电幅度为（1.00，2.31，3.57，6.40，9.93，9.93，6.40，3.57，2.31，1.00）。

6 结论

本文通过引入交叉熵机制改进串行人工蜂群算法的基础上，提出一种环形模型的粗粒度并行交叉熵蜂群算法。仿真试验验证了 RPCABC 与 ABC 有着不同的寻优机制，全局寻优成功率高，计算量小，收敛速度快，在一定程度上避免了快速收敛性和陷入局部最优之间的矛盾。对阵列天线方向图算例的试算也表明了 RPCABC 在工程应用上的可行性，说明该算法具有通用型，可以应用到更广泛的需要进行多峰函数优化的领域，并且也突出了未来智能优化算法走向并行化的趋势。

参考文献

[1] Karaboga D, Basturk B. A powerful and efficient algorithm for numerical function optimization: artificial bee colony(ABC) algorithm[J]. Journal of Global Optimization, 2007,39(3):459-471.

[2] Karaboga D, Basturk B. On the performance of artificial bee colony(ABC) algorithm[J]. Applied Soft Computing, 2008,8(1):687-697.

[3] 丁海军，冯庆娴. 基于 Boltzmann 选择策略的人工蜂群算法[J]. 计算机工程与应用，2009,45(31):53-55.

[4] 毕晓君，王艳娇. 加速收敛的人工蜂群算法[J]. 系统工程与电子技术，2011,33(12):2755-2761.

[5] 罗钧，樊鹏程. 基于遗传交叉因子的改进蜂群算法[J]. 计算机应用研究，2009,26(1):3751-3753.

[6] 杨丽娜，丁君，郭陈江，许家栋. 基于遗传算法的阵列天线方向图综合技术. 微波学报，2005, 21(2):38-41.

[7] Kroese D P, Rubinstein R Y, Porotsky S. The cross-entropy method for continuous multiextremal optimization methodology and computing[J]. Applied Probability, 2006,8(6):383-407.

[8] 黄芳，樊晓平. 基于岛屿群体模型的并行粒子群优化算法[J]. 控制与决策，2006, 21(2):175-179.

[9] 薄亚明. 一种新的天线阵方向图综合演化算法[J]. 微波学报，2007, 23(5):1-6.

RLMN 衰落信道模型的研究与仿真

张国亮，任文平，陈剑培，崔燕妮，申东娅

（云南大学信息学院，昆明，650000）
942281095@qq.com

摘 要：面对越来越复杂的通信环境，无线衰落信道的模型研究越来越得到人们的重视。本文首先在一种新的信道模型 RLMN 基础上进行研究，采用了直接方法对其的概率密度函数进行了推导，降低了数学复杂度。并且采用 Sum-of-Sinusoids（SOS）统计方法对其概率密度函数、累积分布、电平通过率和平均衰落持续时间进行了仿真,在此方法中参数的计算采用了精确多普勒扩展法。仿真结果证明了其有效性和实用性。

关键词：RLMN；SOS；概率密度；累积分布；电平通过率；平均衰落持续时间

Abstract: In the face of increasingly complex communications environment, research of wireless fading channel model focus more and more on people's attention.In this paper, first of all, on the basis of a new channel model RLMN are studied, the direct method is applied to its probability density function of deduction, reduces the complexity of mathematics.And the Sum - of - Sinusoids (SOS) statistical method for the probability density function, cumulative distribution, level crossing rate and average duration of fades are simulated, in this method the calculation of parameters use the accurate doppler extension method.

Keywords: RLMN；SOS；PDF；CDF；LCR；AFD

1 引言

在无线通信系统中，无线衰落信道的研究至关重要，衰落包括小尺度衰落，如多径时延，常见的有 Rayleigh 分布、Rician 分布、Nakagami 分布、Weibull 分布等，大尺度衰落如阴影效应，常见的是 Lognormal 分布。这些模型已经被广泛应用于传统的通信网络中，适用于最基础的通信信道，虽然这些模型简单而且应用已经相当成熟，但这些模型已不能很好地适用越来越复杂的通信环境，因此一些新的信道模型开始产生。Michel Daoud Yacoub 在 2002 年提出了一种基于参数的 $\eta\text{-}\mu$ 模型[1]，此模型可以很好的应用于小尺度衰落信道环境中，在此基础上其他模型像 $\kappa\text{-}\mu$ 模型[2]、$\alpha\text{-}\mu$ 模型[3]等相继产生，这几种模型虽然能够通过调节参数来适应不同的环境，但是它只是一种单一的模型，只应用于小尺度衰落信道中。

上述都是一些描述单一衰落的信道模型，而目前对于同时描述大尺度衰落和小尺度衰落的复合信道模型正在得到重视，如 Suzuki 模型[4]，它是由 Rayleigh 分布和 Lognormal 分布相乘得来。Corazza 模型[5]是由 Rician 分布和 Lognormal 分布相乘得来,它增加了直射分量。后来又有人提出了 Weibull-Lognormal[6]、Nakagami-Lognormal 模型[7]，它们也是复合模型，它们可以通过调节参数来自适应环境的变化，虽然计算复杂度增加，但是能够适应越来越复杂的环境。

2012 年，RLMN 模型[8]被提出，它也是一种将多径衰落和阴影效应相结合的模型，它在 Suzuki 的基础上，增加了衰落因子，能够通过改变衰落因子的大小更加精确的描述大尺度衰落和小尺度衰落，以实时的适应环境的变化。

在仿真方面，传统的对 Rayleigh 分布、Rician 分布、Suzuki 分布的仿真方法有频域法、莱斯法[9]等，对 Nakagami 分布的仿真方法常见的有 Brute force 法[10]、莱斯法、舍弃法[11]等，对于莱斯法，需要计算如多普勒系数、多普勒频率等参数，这些参数的计算常见的方法有：等距离法、等面积法、蒙特卡洛法、精确多普勒法等[12]。

本文对 RLMN 模型进一步研究并对其特性进行了仿真。仿真时，在精确多普勒的基础上进行了改进，采用了改进型的基于 Jakes 功率谱的精确多普勒扩展法对多普勒系数、多普勒频率等参数进行计算，并且对 RLMN 信道模型的 PDF、CDF、LCR、AFD 进行了仿真。仿真结果证实了其实用性和有效性。

2 RLMN 模型[8]特性仿真

仿真框图如图 1，其中，$\tilde{\mu}_1(t)$ $\tilde{\mu}_2(t)$ $\tilde{\mu}_3(t)$ 为用莱斯法产生的高斯分布，其中，$f_{1,i}$，$c_{1,i}$，$\theta_{1,1}$ 分别为多普勒频率，多普勒系数和多普勒相位，$m_1(t), m_2(t)$ 直射分量，m_ρ，σ_ρ 分别为产生对数正态分布的正态分布的均值和标准差。$|\cdot|$为求模计算。

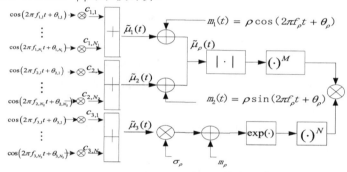

图 1 RLMN 的仿真过程

多普勒频率、多普勒系数分别为

$$f_{i,n} = f_{\max} \sin\left[\frac{\pi}{2N_i}\left(n - \frac{1}{2}\right)\right], \quad c_{i,n} = \sigma_0 \sqrt{\frac{2}{N_i}}$$

3 仿真结果分析

通过以上仿真方法可得仿真结果如下图：

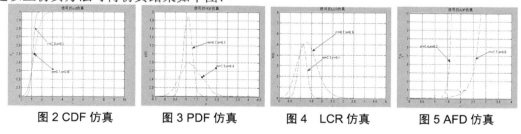

图 2 CDF 仿真   图 3 PDF 仿真   图 4 LCR 仿真   图 5 AFD 仿真

通过改变 M，N 的值分别仿真 CDF、PDF、LCR、AFD，根据仿真图可知，随着 M，N 逐渐增大，特性也在不断地改变，当 M=1, N=1 是为 Suzuki 模型。当 M=0, N=1，为对数正态分布，当 M=1, N=0，为 Rician 分布。

结论：本文是基于一种新的信道衰落模型，既包含多径衰落成分，也包含阴影衰落成分，并且能够改变因子来调节多径衰落和阴影衰落的比例，能够很好地描述无线衰落信道的复杂环境，仿真方法是基于 jakes 功率谱密度的确定性莱斯法，通过仿真验证了其正确性和实用性。

参考文献

[1] M. D. Yacoub. The η-μ distribution: a general fading distribution. 52nd IEEE Vehicular Technology Conference, 2000,2: 872 – 877.

[2] M. D. Yacoub. The κ-μ distribution: a general fading distribution. IEEE Atlantic City Fall Vehicular Technology Conference, Atlantic City, USA, 2001.

[3] M. D. Yacoub. The α − μ distribution: a physical fading model for the stacy distribution. IEEE Transactions on Vehicular Technology, 2007,56(1): 27–34.

[4] H. Suzuki. A Statistical Model for Urban Radio Propagation. IEEE Transactions on Communications, 1977,25:673–680.

[5] G. E Corazza, E. Vatalaro. A statistical model for land mobile satellite channel and its application to nongeo-stationary orbit system. IEEE Transactions onl Vehicular Technology,1994,43(8)：738-742.

[6] Ismail M, Matalgah M. Outage probability in multiple access systems with Weibull-faded lognormal-shadowed communication links. Proceedings of the IEEE Vehicular Technology Conference (VTC'05), Dallas, TX, U.S.A., 2005.

[7] Tjhung T T, Chai C C. Fade statistics in Nakagami–lognormal channels. IEEE Transactions on Communications, 1999, 47(12):1769–1772.

[8] Dongya Shen, Jianpei Chen, Xiupu Zhang. A channel model for insufficient scattering mobile communications environment. Antennas and Propagation Society International Symposium (APSURSI), 2013 IEEE DOI:10.1109/APS: 2020 – 2021.

[9] Chengshan Xiao. Novel sum-of-sinusoids simulation models for rayleigh and rician fading channels. IEEE Transactions On Wireless Communications, 2006,5(12).

[10] Cui Cheng. A nakagami-m fading channel simulator[D]. A thesis submitted to the Department of Electrical and Computer Engineering in conformity with the requirements for the degree of Master of Science(Engineering)，2006:1-125.

[11] 陆安现,申东娅,等.基于舍弃法的 Nakagami 衰落信道仿真.云南大学学报，2008, 30(6)：575-578.

[12] Matthias Patzold. Mobile radio channel second edition. Norway: University of Agder,2012 .